高等学校人工智能专业规划教材·高级人工智能人才培养丛书

知识表示与处理

丛书主编：刘　鹏
主　　编：惠军华
副 主 编：米春桥　郭苏涵

电子工业出版社·
Publishing House of Electronics Industry
北京·BEIJING

内 容 简 介

本书以知识表示与处理所涉及的相关知识，如知识获取、知识表示、知识推理、知识迁移等内容为主体，完整呈现了知识表示与处理的知识体系。首先，本书介绍了知识表示与处理的发展、相关概念、流程等；其次，介绍了知识获取的内容；再次，重点介绍了知识表示的各种方法，如逻辑谓词、产生式规则、语义网络、本体、知识图谱等，以及知识推理所涉及的确定性知识推理和不确定性知识推理；最后，介绍了知识应用和知识迁移的相关内容。本书将免费提供配套PPT，请登录华信教育资源网（https://www.hxedu.com.cn/）下载。

本书注重基础性、系统性和实用性，力求为学习知识表示与处理知识的读者提供一本基础的教材，同时为在其他学科应用知识表示与处理技术的读者提供一本深入浅出的参考书。本书适合作为人工智能、计算机科学与技术、自动化控制等相关专业的本科生和研究生的教材，部分内容也适用于高职高专学校的教学。

图书在版编目（CIP）数据

知识表示与处理/惠军华主编. —北京：电子工业出版社，2021.4

（高级人工智能人才培养丛书/刘鹏主编）

ISBN 978-7-121-40680-5

Ⅰ. ①知… Ⅱ. ①惠… Ⅲ. ①知识表达－研究 Ⅳ. ①TP18

中国版本图书馆 CIP 数据核字（2021）第 041827 号

责任编辑：米俊萍　　　特约编辑：武瑞敏

印　　刷：北京虎彩文化传播有限公司

装　　订：北京虎彩文化传播有限公司

出版发行：电子工业出版社

　　　　　北京市海淀区万寿路 173 信箱　　邮编：100036

开　　本：787×1092　1/16　印张：18.5　字数：412 千字

版　　次：2021 年 4 月第 1 版

印　　次：2024 年 12 月第 11 次印刷

定　　价：78.00 元

凡所购买电子工业出版社图书有缺损问题，请向购买书店调换。若书店售缺，请与本社发行部联系，联系及邮购电话：（010）88254888，88258888。

质量投诉请发邮件至 zlts@phei.com.cn，盗版侵权举报请发邮件至 dbqq@phei.com.cn。

本书咨询联系方式：mijp@phei.com.cn。

编 写 组

丛书主编：刘 鹏

主 编：惠军华

副主编：米春桥 郭苏涵

编 委：樊友洪 邓 韧 张可迪 刘 晶

张 雨

前　言

各行各业不断涌现人工智能应用，资本大量涌入人工智能领域，互联网企业争抢人工智能人才……人工智能正迎来发展"黄金期"。放眼全球，人工智能人才储备告急，仅我国，人工智能的人才缺口即超过 500 万人，而国内人工智能人才供求比例仅为 1∶10。为此，加强人才培养、填补人才空缺成了当务之急。

2017 年，国务院发布《新一代人工智能发展规划》，明确将举全国之力在 2030 年抢占人工智能全球制高点，加快培养聚集人工智能高端人才，完善人工智能领域学科布局，设立人工智能专业。2018 年，教育部印发《高等学校人工智能创新行动计划》，要求"对照国家和区域产业需求布点人工智能相关专业……加大人工智能领域人才培养力度"。2019 年，国家主席习近平在致 2019 中国国际智能产业博览会的贺信中指出，当前，以互联网、大数据、人工智能等为代表的现代信息技术日新月异，中国高度重视智能产业发展，加快数字产业化、产业数字化，推动数字经济和实体经济深度融合。

在国家政策支持及人工智能发展新环境下，全国各大高校纷纷发力，设立人工智能专业，成立人工智能学院。根据教育部发布的《教育部关于公布 2020 年度普通高等学校本科专业备案和审批结果的通知》，2020 年，全国共有 130 所高校新增"人工智能"专业，84 所高校新增"智能制造工程"专业，53 所高校新增"机器人工程"专业；在 2021 年普通高等学校本科新增设的 37 个专业中，电子信息类和人工智能类专业共 11 个，约占本科新增专业的 1/3，其中包括智能交互设计、智能测控工程、智能工程与创意设计、智能采矿工程、智慧交通、智能飞行器技术、智能影像工程等，人工智能成为主流方向的趋势已经不可逆转！

然而，在人工智能人才培养和人工智能课程建设方面，大部分院校仍处于起步阶段，需要探索的问题还有很多。例如，人工智能作为新专业，尚未形成系统的人工智能人才培养课程体系及配套资源；同时，人工智能教材大多内容老旧、晦涩难懂，大幅度提高了人工智能专业的学习门槛；再者，过多强调理论学习，以及实践应用的缺失，使人工智能人才培养面临新困境。

由此可见，人工智能作为注重实践性的综合型学科，对相应人才培养提出了易学性、实战性和系统性的要求。高级人工智能人才培养丛书以此为出发点，尤其强调人工智能内容的易学性及对读者动手能力的培养，并配套丰富的课程资源，解决易学性、实战性和系统性难题。

易学性：能看得懂的书才是好书，本丛书在内容、描述、讲解等方面始终从读者的角度出发，紧贴读者关心的热点问题及行业发展前沿，注重知识体系的完整性及内容的易学性，赋予人工智能名词与术语生命力，让学习人工智能不再举步维艰。

实战性：与单纯的理论讲解不同，本丛书由国内一线师资和具备丰富人工智能实战经验的团队携手倾力完成，不仅内容贴近实际应用需求，保有高度的行业敏感性，同时几乎每章都有配套实战实验，使读者能够在理论学习的基础上，通过实验进一步巩固提高。"云创大数据"使用本丛书介绍的一些技术，已经在模糊人脸识别、超大规模人脸比对、模糊车牌识别、智能医疗、城市整体交通智能优化、空气污染智能预测等应用场景下取得了突破性进展。特别是在 2020 年年初，我受邀率"云创大数据"同事加入了钟南山院士的团队，我们使用大数据和人工智能技术对新冠肺炎疫情发展趋势做出了不同于国际预测的准确预测，为国家的正确决策起到了支持作用，并发表了高水平论文。

系统性：本丛书配套免费教学 PPT，无论是教师、学生，还是其他读者，都能通过教学 PPT 更为清晰、直观地了解和展示图书内容。与此同时，"云创大数据"研发了配套的人工智能实验平台，以及基于人工智能的专业教学平台，实验内容和教学内容与本丛书完全对应。

本丛书非常适合作为"人工智能"和"智能科学与技术"专业的系列教材，也适合"智能制造工程""机器人工程""智能建造""智能医学工程"专业部分选用作为教材。

在此，特别感谢我的硕士生导师谢希仁教授和博士生导师李三立院士。谢希仁教授所著的《计算机网络》已经更新到第 7 版，与时俱进且日臻完善，时时提醒学生要以这样的标准来写书。李三立院士为我国计算机事业做出了杰出贡献，曾任国家攀登计划项目首席科学家。他严谨治学，带出了一大批杰出的学生。

本丛书是集体智慧的结晶，在此谨向付出辛勤劳动的各位作者致敬！书中难免会有不当之处，请读者不吝赐教。邮箱：gloud@126.com，微信公众号：刘鹏看未来（lpoutlook）。

刘 鹏

2021 年 3 月

目　录

第1章　绪　　论

知识是智能的基础，知识表示与处理是机器获得、理解并利用知识的基础。只有解决了人类智能在计算机上的表示与处理问题，才能更好地实现人工智能，促进人工智能的进一步发展与完善。因此，合理地设计知识表示方案以更好地涵盖人类不同类型的知识，更加高效地在机器中处理各类知识以更好地发挥知识的应用价值，对机器智能的发挥具有重要的意义，对智能信息检索、知识工程、自然语言处理和人工智能等领域的进一步发展也将产生深远的影响。

本章重点对知识表示的基本概念、知识处理的基本流程及知识与人工智能的关系进行简要介绍。

1.1　知识表示基本概念

1.1.1　知识

知识是信息接收者通过对信息的提炼和推理而获得的正确结论，是人对自然世界、人类社会及思维方式和运动规律的认识与掌握，是人的大脑通过思维重新组合和系统化的信息集合。柏拉图说，知识是经证实的真实信念（Knowledge is Justified True Belief）[1]。人类的自然语言、创作的绘画和音乐、数学语言、物理模型、化学公式等都是人类知识的表示形式和传承方式。具有获取、表示和处理知识的能力是人类心智区别于其他物种心智的重要特征。

在知识表示中，知识是指以某种结构化的方式表示的概念、事件和过程。知识的特性包括如下几方面。①相对正确性，即任何知识都是在一定的条件及环境下产生的，在这种条件及环境下才是正确的。例如，在十进制中，1+1=2，而在二进制中，1+1=10。②不确定性，包括随机性引起的不确定性，如一个人头痛且流涕，则他有可能患了感冒，但这只是其中的一种可能而已；模糊性引起的不确定性，如张三长得很高，但这个高究竟怎么衡量呢，具有模糊性；经验引起的不确定性；不完全性引起的不确定性等。③可表示性与可利用性。知识的可表示性指用适当的形式表示知识，如用语言、文字、图形、图像、音频、视频、神经网络、概率图模型等；知识的可利用性指知识可以被利用。根据作用范围，知识可分为常识性知识、领域性知识。根据确定程度，知识可分为确定性知识、不确定性知识。根据结构及表现形式，知识可分为逻辑性知识、形象性知识。根据表达的内容，知识可分为事实性知识（真理、常识性知识）、过程性知识（具有一定规律性的处理问题的方法）、控制性知识（对事物的一些控制规则）、行为性知识（常表示为某种数学模型的知识）、实例性知识（只给出实例而规律隐藏在其中的案例）、类比性知识（只能给出相似性的描述而不能完整刻画事物的一些比喻等）、元知识（关于知识的知识）。

1.1.2　知识表示

知识表示（Knowledge Representation，KR）指把知识载体中的知识因子与知识关联起来，便于人们识别和理解知识[2]。知识表示就是对知识的一种描述，或者说是对知识的一组约定，是一种计算机可以接受的、用于描述知识的数据结构。从一般意义上讲，知识表示就是为描述世界所做的一组约定，是对知识的符号化、形式化或模型化；从计算机科学的角度来看，知识表示是研究计算机表示知识的可行性、有效性的一般方法，是把人类知识表示成机器能处理的数据结构和系统控制结构的策略。知识表示是知识组织的前提和基础，任何知识组织方法都建立在知识表示的基础上。美国麻省理工学院人工智能实验室的 Randall Davis 等人在 *What is a Knowledge Representation?* 一文中进一步将知识表示的作用归纳为 5 个方面：①知识表示是客观事物的机器标识；②知识表示是一组本体约定和概念模型；③知识表示是支持智能推理的理论基础；④知识表示是用于高效计算的数据结构；⑤知识表示是人可理解的机器语言。因此，知识表示具有实体ID、概念模型、支持推理、易于计算及人可理解等特征。在具体的表达形式上，知识表示可分为基于离散符号的知识表示和基于连续向量的知识表示两大基本类别。

知识表示的本质是将人类知识形式化或模型化，面对具体问题情境，选择知识表示方法的原则如下。

（1）能充分表示领域知识。即选择的方法具备足够的表示能力，针对特定领域能正确有效地表示问题求解所需的各种知识，尽可能地扩大表示范围。

（2）具有较高的知识使用效率。即选择的方法具有清晰自然的模块结构，有利于对知识的利用。另外，知识表示模式是否简单、有效，便于领域问题求解策略的推理和对知识库的搜索实现，也关系知识使用的效率。

（3）与推理方法匹配。人工智能只能处理适合推理的知识表示，因此所选用的知识表示必须适合推理才能完成问题的求解。同时，自然界的信息具有固有的模糊性和不确定性，因此对知识的模糊性和不确定性的支持程度也是选择知识表示方法时所要考虑的一个重要因素。知识表示方法还应具备良好定义的语义并保证推理的正确性。

（4）易于扩展与管理。由于知识库一般都要不断地扩充和完善，知识的表示模式必须能够非常方便地增加新的类、实体和关系，易于新知识的获取和知识库的维护、扩充与完善。

（5）知识和元知识的统一表达。知识和元知识是属于不同层次的知识，使用统一的表示方法可以简化知识的处理过程。在已知前提的情况下，要最快地推导出所需的结论及解决如何才能推导出最佳结论的问题，可在元知识中加入一些控制信息，也就是通常所说的启发信息。

（6）便于理解与实现。好的知识表示是同时为机器和人设计的。一般认为，说明性知识表示涉及的细节少、抽象程度高，因此表达自然、可靠性好、修改方便，但执行效率低，而过程性知识表示的特点恰恰相反。

　　知识表示方法选取得合适与否不仅关系到知识库中知识的有效存储，而且直接影响系统的知识推理效率和对新知识的获取能力。衡量一个知识表示方法的好与否，主要从知识表示的准则上来看。一个好的知识表示方法，首先，应该适用于计算机处理，应该能够尽可能广泛地表示知识的范围，包括陈述性知识和动态性知识、确定性知识和不确定性知识等；其次，知识表示方法应该自然、灵活，能对知识和元知识采用统一的形式化表示方式，并且能够在同一层次及不同层次上实现模块化；最后，知识表示方法应利于加入启发信息，具有高效的求解算法并适合推理。实践中，选取知识表示方法的过程往往是在表达的易懂性和使用的高效性之间进行折中平衡的过程。

1.1.3　知识表示方法

　　知识表示方法约定了知识表示的一系列规则，是构建各类知识库的关键。目前，国内外学者已经对许多知识表示方法进行了较为深入的研究。在人工智能领域，典型的知识表示方法有符号法和向量法两种。符号法具体包括一阶谓词逻辑表示法、产生式规则表示法、框架表示法、脚本表示法、语义网络表示法、知识图谱表示法等；向量法的典型的代表如分布式表示法等。知识表示方法的发展总体上经历了由基于数理逻辑的知识表示到基于向量空间学习的分布式知识表示的历程，各种表示方法都有其自身的特点。在实际应用过程中，一个智能系统往往包含多种知识表示方法。

1. 一阶谓词逻辑表示法

　　一阶谓词逻辑是最早出现的一种语言表示形式，是一种形式系统（Formal System），即形式符号推理系统，也称为一阶谓词演算、低阶谓词演算（Predicate Calculus）、限量词（Quantifier）理论，或者谓词逻辑。它是一种由命题、逻辑联结词、个词体、谓词与量词等部件组成的表示方法，是人工智能领域使用最早和最广泛的知识表示方法之一，在这种方法中，知识库可以看成一组逻辑公式的集合，知识库的修改是增加或删除逻辑公式。要使用这种方法表示知识，需要将以自然语言描述的知识通过引入谓词、函数来加以形式描述，获得有关的逻辑公式，进而以机器内部代码表示。在一阶谓词逻辑表示法下，可采用归结法或其他方法进行准确的推理。

　　一阶谓词逻辑表示法在形式上可接近于人类自然语言，表达较为精确且自然，但表示能力较差，只能表达确定性知识，对于过程性和非确定性知识的表达有限。另外，知识之间是相互独立的，知识与知识之间缺乏关联，使得实施知识管理相对困难。

2. 产生式规则表示法

　　1943 年，E. Post 第一次提出了称为"Post 机"的计算模型。该模型采用了一种描述形式语言的语法，又称为产生式规则表示法，与图灵机有相同的计算能力。1972 年，纽厄尔和西蒙在研究人类知识模型时开发了基于规则的产生式系统，目前，产生式规则表示法已成为人工智能中应用最多的一种知识表示方法。产生式规则表示法在一阶谓词逻辑表示法的基础上，进一步解决了不确定性知识表示的问题。产生式规则表示法在三元组（对象，属性，值）或（关系，对象 1，对象 2）的基础上，进一步加入置信度，形成四元组（对象，属性，值，置信度）或（关系，对象 1，对象 2，置信度）以表示事实，并使用 P→Q 或 IF P THEN Q 的形式表示规则。

产生式规则表示法可以表示不确定性知识和过程性知识，具有一致性和模块化等优点，通过规则可以实现推理功能，广泛应用于 20 世纪 70 年代的专家系统中，但这种方法不能表示结构性知识和层次性知识。

3. 框架表示法

框架（Frame）理论最早由明斯基（Minsky）在 1975 年作为理解视觉、自然语言对话及其他复杂行为的一种基础提出。框架表示法是以框架理论为基础发展起来的一种结构化的知识表示方法，它适用于表达多种类型的知识。框架理论的基本观点认为，人脑已存储大量的典型情景，当面临新的情景时，会从记忆中选择一个称为框架的基本知识结构（其具体内容依据新的情景而改变），形成对新情景的认识并记忆于人脑中。框架具体将知识描述成一个由框架名、槽、侧面和值组成的数据结构。框架表示法在框架这个层次上进一步引入了类和实例的概念，加入了 subclass of、instance of 等关系，实现了知识框架上的层次结构。

框架表示法具有结构化、继承性等优点，使得知识之间具有嵌套式结构信息，其中，框架内部表示知识结构，框架外部表示知识之间的外部关系；在继承性上，子类框架可以继承父类框架的属性和值，这样可以极大地减少建模空间。框架理论还最早提出了"默认"（Default）的概念，其成为常识知识表示的重要研究对象。但框架表示法不能表示过程性知识，缺乏明确的推理机制。

4. 脚本表示法

1975 年，夏克从框架发展出了脚本表示法。这种知识表示方法可以描述事件及时间顺序，并成为基于示例的推理（Case-Based Reasoning）的基础之一，可以实现过程性知识的表示。与框架表示法类似，脚本表示法的原理在于把人类生活中各类故事情节的基本概念抽取出来，构成一组原子概念，并确定这些原子概念间的相互关系，然后把所有故事情节都用这组原子概念及依赖关系表示出来。

从内部构成来看，脚本用来表示特定领域内的事件发生序列，包含了紧密相关的动作及状态改变的框架。在知识结构的表示上，脚本表示法引入进入条件、角色、道具、场景等组件作为整个事件的表示，可以细致地刻画一个事件内的步骤和时序关系，但这种方法较为局限，不能对对象的基本属性进行描述和刻画，对复杂事件的描述也能力有限。

5. 语义网络表示法

语义网络（Semantic Network）能够直接明确地表示概念之间的语义关系，是对人类语义记忆和联想方式的一种模拟，可用于快速推理。语义网络是奎廉（Quillian）于 1968 年在研究人类联想记忆时提出的一种心理学模型，其认为记忆是由概念之间的联系来实现的。随后，奎廉把语义网络用于知识表示。1972 年，西蒙（Simmon）在他的自然语言理解系统中采用了语义网络表示法，并论证了语义网络与一阶谓词逻辑的关系，认为语义网络是一种以网格格式表达人类知识构造的形式，使用相互连接的点和边来表示知识，节点表示对象、概念，边表示节点之间的关系。1975 年，亨德里克（Hendrix）对全称量词的表示使用了语义网络分区技术。目前，语义网络已经成为人工智能中应用较多的一种知识表示方法，尤其是在自然语言处理方面。

与一阶谓词逻辑表示法和产生式规则表示法中将事实和规则分别单独进行表示相比，语义网络表示法从整体上对各种事实和规则进行表示。从演绎结构上来看，语义网络表示法不具备特定的推理演绎结构，它对知识进行深层次的表示和推理；从知识表示的能力上来看，语义网络表示法还不能表示动态知识、过程性知识。此外，语义网络表示法没有公认的形式表示体系，并且由于语义网络表示知识的手段多种多样，这种不一致的表示形式使得处理的复杂度相对较高。

值得注意的是，随着互联网的发展，语义网（Semantic Web）于 2011 年被提出，它与语义网络是不同的概念，语义网并不是要构建一个通用的、综合性的、基于因特网的智能系统，而是要实现 Web 数据集间的互操作。语义网的概念来源于因特网，本质上是一个以 Web 数据为核心、以机器理解和处理的方式进行链接形成的海量分布式数据库。因此，严格来说，它不是一种知识表示方法，而是一种数据组织方式。

6. 知识图谱表示法

2012 年，Google 推出基于知识图谱的搜索服务，首次提出知识图谱的概念[3,4]。与语义网络不同，知识图谱不太专注于对知识框架的定义，而是从工程的角度处理知识问题，着重处理从文本中自动抽取或依靠众包方式获取知识三元组的问题。狭义上，知识图谱是指具有图结构的三元组知识库，内部包括实体、实体属性及实体之间的关系三类事实。知识图谱本身是一个有向图，实体作为知识图谱的节点，事实作为知识图谱的边，方向由头部实体指向尾部实体，边是实体之间的关系。知识图谱真正的魅力在于其图谱中的图结构，这种结构为运行搜索、随机游走、网络流等算法提供了可能。就知识的表达能力而言，领域性是知识图谱的一大特性，领域性图谱刻画领域性的知识。在描述知识的范围上，知识图谱既可以刻画确定性知识，也可以刻画不确定性知识（在关系边上标注置信度信息），这些知识组织可以表示整个领域的知识全景。在领域知识结构的表示上，知识图谱借助本体表示框架，可以对领域的整个知识体系，包括上下位概念体系、属性关系、结构信息等进行描述，并对人类认知能力进行模拟。抽象能力和概括能力是实现人类认知的两个必备能力。其中，抽象能力就是在思维活动中，通过对事物整体性的科学分析，把自己认为的事物的本质方面、主要方面提取出来，舍弃非本质、非主要的东西，从而形成概念和范畴的思维能力。美国心理学家贾德认为，概括是产生学习迁移的关键，学习者只有对他的经验进行概括，获得了一般原理，才能实现从一个学习情景到另一个学习情景的迁移，才能"举一反三""闻一而知十"。概括能力是智能的基本功，儿童将知识概括化的过程就是将知识结构转化成认知结构的过程，就是将知识智能化的过程。知识图谱中的概念及概念之间的上下位关系对应于抽象能力，而知识图谱中事实之间的相关性可以为概括知识提供帮助。

在形式上，语义网络（Semantic Network）、语义网（Semantic Web）、知识图谱（Knowledge Graph）三者十分相似。语义网络提出得最早，是为了描述人类知识而采用的一种图结构表示方法，这种表示方法与知识图谱在展示形式上基本一致。语义网是与语义网络不同的概念，语义网的出发点不是为了描述人类知识，而是为了表示 Web 资源，属于 Web 资源的一种描述框架，主要是面向计算机搜索而产生的一种表示方法。知识图谱的概念，从提出的方式来看，也是为搜索而产生的，可以认为知识图谱来源于语义网和语义网络，但与语义网以网络资源作为唯一实体不同，知识图谱中的节点以实体作为表示，在本体表示上是对语义网的一种简化。另外，与语义网络相比，知识图谱进一步引入了本体的概念，也继承了语义网络中的万物互联的思想，对事实进行了概念性和结构性约束，相当于是语义网络的升级版，但更偏向工程。

知识图谱主要描述的是领域的一些静态本体知识，即分类形式下的静态类型知识，在表达过程性知识上显得比较乏力。此外，知识图谱中所使用的本体建模，在实际的工程环节中存在一些问题：本体融合的问题，即在同一领域中，不同的知识生成者都会根据自己的需求和理解去定义一些存在差异性的本体，导致在后期进行知识融合时，需要在本体概念层进行融合；本体扩充的问题，即同一本体往往在后期的使用过程中需要不断进行扩充或更改，无法在开始时就定义完全。此外，本体往往需要专家进行构建，其成本十分高昂。从上面的介绍中可以看出，除了产生式规则表示法和脚本表示法能够对动态知识进行表示，其他几种知识表示方法都集中于描绘静态知识。因此，需要寻求一种新的知识本体表示形式，将脚本表示法和知识图谱进行融合，并找到一种新的知识表示方法，既能表示静态知识又能表示动态知识，且能够对动态知识中的空间和时间信息进行描述，同时与元知识类型进行对接，这也是未来知识表示发展的一个重要方向。

7. 分布式表示法

随着深度学习和表示学习[5]的革命性发展，研究者开始探索面向知识图谱的表示学习方法，其基本思想是将知识图谱中的实体和关系的语义信息用低维向量表示，即分布式表示（Distributed Representation）。在该低维向量空间中，两个对象距离越近，则说明其语义相似度越高[6]。其中，最简单有效的模型是最近提出的 TransE 模型[7]。TransE 模型基于实体和关系的分布式向量表示，将每个三元组实例（head，relation，tail）中的关系 relation 看作从实体 head 到实体 tail 的翻译，通过不断调整 h、r 和 t（分别表示 head、relation 和 tail 的向量），使（$h + r$）尽可能与 t 相等，即 $h + r = t$，具体如图 1-1 所示。

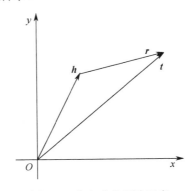

图 1-1　分布式表示法示意

通过 TransE 等模型学习得到的实体和关系向量，能够很大程度上缓解基于网络的知识表示方法的稀疏性问题，可应用于很多重要任务中。首先，利用分布式向量，可以通过欧氏距离或余弦距离等方法计算实体间、关系间的语义相关度。这将极大地改进开放信息抽取中实体融合和关系融合的性能。通过寻找给定实体的相似实体，分布式表示法还可用于查询扩展和查询理解等应用。其次，知识表示向量可以用于关系抽取。以 TransE 模型为例，由于其优化目标是让 $h + r = t$，因此，当给定两个实体 h 和 t 时，可以通过寻找与 $t-h$ 最相似的 r 来寻找两实体间的关系。该方法仅需要以知识图谱作为训练数据，不需要外部的文本数据，因此又称为知识图谱补全（Knowledge Graph Completion），与复杂网络中的链接预测（Link Prediction）类似，但要复杂得多，因为在知识图谱中，每个节点和边上都有标签（标记实体名和关系名）。最后，知识表示向量还可以用于发现关系间的推理规则。例如，对于 X、Y、Z 间出现的（X，父亲，Y）、（Y，父亲，Z）及（X，祖父，Z）实例，TransE 模型会学习 X+父亲=Y、Y+父亲=Z，以及 X+祖父=Z 等目标，根据前两个等式，很容易得到 X+父亲+父亲=Z，与第三个等式相比，就能够得到"父亲+父亲=>祖父"的推理规则。

1.2　知识处理的基本流程

知识处理是实现人工智能的核心，包括知识抽取、知识表示、知识存储、知识融合、知识推理、知识可视化、知识应用、知识更新等环节，具体流程如图 1-2 所示。

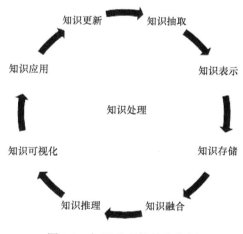

图 1-2　知识处理的基本流程

1.2.1　知识抽取

知识抽取即从不同来源、不同结构的数据中进行知识提取，提取出实体、属性及实体间的相互关系，并在此基础上形成本体化的知识表达，以便存入知识库中。知识抽取的子任务包括命名实体识别、术语抽取、关系抽取、事件抽取、共指消解等。知识抽取技术是一种自动化地从半结构化和无结构的数据中抽取实体、关系及实体属性等结构化信息的技术，涉及的关键技术包括实体抽取、关系抽取和属性抽取。

实体抽取也称为命名实体识别（Named Entity Recognition，NER），指从文本数据集中自动识别出命名实体。有关实体抽取的研究已从面向单一领域的实体抽取，逐步发展到面向开放域的实体抽取。

关系抽取：文本语料经过实体抽取之后，得到的是一系列离散的命名实体，为了得到语义信息，还需要从相关语料中提取实体之间的关联关系，通过关系将实体联系起来，这样才能够形成网状的知识结构。对于关系抽取的研究已从基于模式匹配、语义规则的人工构造语法语义的抽取方法研究转向基于向量特征的机器学习、深度学习的抽取方法研究。

属性抽取的目标是从不同信息源中采集特定实体的属性信息，如针对某个公众人物，可以从网络公开信息中得到其昵称、生日、国籍、教育背景等信息。相关研究中常用的方法：将实体的属性视为实体与属性值之间的一种名词性关系，将属性抽取任务转化为关系抽取任务；基于规则和启发式算法，抽取结构化数据；基于百科类网站的半结构化数据，通过自动抽取生成训练语料，用于训练实体属性标注模型，然后将其应用于对非结构化数据的实体属性抽取；采用数据挖掘的方法直接从文本中挖掘实体属性和属性值之间的关系模式，据此在文本中定位属性名和属性值。

1.2.2 知识表示

知识表示是研究用机器表示知识的可行性、有效性的一般方法，是一种数据结构与控制结构的统一体，既考虑知识的存储又考虑知识的使用，可看成一组描述事物的约定，以便把人类知识表示成机器能处理的数据结构。知识表示是知识获取与应用的基础，是贯穿知识库的构建与应用全过程的关键问题[6]。常见的知识表示方法见 1.1.3 节。

1.2.3 知识存储

知识存储，即将获得的三元组和 schema 等知识结构存储在计算机中。知识的原始数据类型主要有三类：结构化数据，如关系数据库等；半结构化数据，如 XML、JSON、百科等；非结构化数据，如图片、音频、视频等。对来自这三类数据的知识进行存储，一般有两种选择：一种是通过资源描述框架 RDF 这样的规范存储格式来进行存储；另一种是使用 Neo4j 等图形数据库来进行存储，前者在学术领域较为多见，后者大多用于工程实践。

知识的存储结构设计没有统一的标准，应根据要处理的业务特点进行选择。对于简单的知识图谱，若数据量不是很大且结构较为固定，则可用关系数据库来存储，也可采用 RDF 存储。对于规模较大且知识图谱较复杂的情况，则可采用图形数据库进行存储，因为其在关联查询的效率上比传统的关系数据库高，尤其当涉及二度、三度的关联查询时，查询效率会高出很多。所以，目前大规模的知识图谱一般采用图形数据库作为最基本的存储引擎，其优点是便于表示知识图谱结构，且在设计上非常灵活。

当前，常见的图形数据库主要有以下两类。一类是开源的图形数据库，如 RDF4j、gStore、Neo4j 等，其中，RDF4j 是处理 RDF 数据的 Java 框架，使用简单易用的 API 来实现 RDF 存储，支持 SPARQL 查询，支持所有主流的 RDF 格式；gStore 从图形数据库角度存储和检索 RDF 知识图谱数据，支持 W3C 定义的 SPARQL 1.1 标准，包括含有 Union、OPTIONAL、FILTER 和聚集函数的查询，支持有效的增、删、改操作；Neo4j 是一个高性能的 NoSQL 图形数据库，它将结构化数据存储在网络上而不是表中，是一个嵌入式的、基于磁盘的、具备完全的事务特性的 Java 持久化引擎，也可以看作一个高性能的图引擎，该引擎具有成熟数据库的所有特性，内置 Cypher 查询语言。另一类是商业的图形数据库，如 Virtuoso、AllegroGraph、Stardog 等，其中，Virtuoso 具备可扩展和高性能数据管理功能；AllegroGraph 是一个现代的、高性能的、支持永久存储的图形数据库，它基于 RESTful 接入，支持多语言编程，具有很好的加载速度、查询速度和性能；Stardog 是一个企业级的知识图谱数据库，使用可重用的数据模型实现应用的快速迭代，可以为应用程序提供强大动力。

1.2.4 知识融合

在不同文献中，知识融合有不同的命名，如本体对齐、本体匹配、Record Linkage、Entity Resolution、实体对齐等，但它们的本职工作是一样的，即合并两个或多个知识图谱，核心问题是研究怎样将多个来源的关于同一个实体或概念的描述信息融合统一起来。在融合的过程中，需要确定等价实例、等价类、等价属性等。知识融合的技术挑战主要有两个方面：一是数据质量方面的挑战，如命名模糊、数据输入错误、数据丢失、数据格式不一致等；二是数据规模方面的挑战，如数据量大、数据种类多样性、不只通过名称匹配、多种关系、更多链接等。知识融合的实现具体包括实体链接和知识合并两个部分。

实体链接是指对从文本中抽取的实体对象，将其链接到知识库中对应的正确实体对象的操作。其基本思想是，首先根据给定的实体指称项，从知识库中选出一组候选实体对象，然后通过相似度计算将指称项链接到正确的实体对象。实体链接的具体流程为：①从文本中通过实体抽取实体指称项；②进行实体消歧和共指消解，判断知识库中的同名实体与之是否代表不同的含义，以及知识库中是否存在其他命名实体与之表示相同的含义；③在确认知识库中对应的正确实体对象之后，将该实体指称项链接到知识库中的对应实体。早期的相关研究仅关注如何将从文本中抽取到的实体链接到知识库中，忽视了位于同一文档的实体间存在的语义联系。当前的研究已开始关注利用实体的共现关系，同时将多个实体链接到知识库中，即集成实体链接。

在实体链接中，实体已经链接到知识库中对应的正确实体对象，但需要注意的是，实体链接中链接的是从半结构化数据和非结构化数据中通过信息抽取提取出来的数据。除半结构化数据和非结构化数据以外，对结构化数据（如外部知识库和关系数据库中的数据）的处理，就是知识合并的内容。一般来说，知识合并主要分为两种：合并外部知识库，主要处理数据层和模式层的冲突；合并关系数据库，主要采用 RDB2RDF 等方法。

1.2.5 知识推理

知识推理就是通过各种方法获取新的满足语义关系的知识或结论。其具体任务包括对可满足性（Satisfiability）、分类（Classification）、实例化（Materialization）等的推理[8]。可满足性体现在本体或概念上。本体可满足性即检查一个本体是否可满足，即检查该本体是否有模型，如果本体不满足，说明存在不一致。概念可满足性即检查某一概念的可满足性，即检查其是否具有模型。实例化即计算属于某个概念或关系的所有实例的集合。知识推理的对象包括实体关系、实体属性值、本体的概念层次关系等。实体关系推理：如果 A 是 B 的配偶，B 是 C 的主席，C 坐落于 D，那么就可以认为，A 生活在 D 这个城市。实体属性值推理：已知某实体的生日属性，可以通过推理得到该实体的年龄属性。本体的概念层次关系推理：已知（老虎，科，猫科）和（猫科，目，食肉目），可以推出（老虎，目，食肉目）。

知识推理大多是基于本体及规则实现的。基于本体的推理方法常见的有基于 Tableaux 运算的方法、基于逻辑编程改写的方法、基于一阶查询重写的方法、基于产生式规则的方法等。基于 Tableaux 运算的方法适用于检查某一本体的可满足性，以及实例检测。基于逻辑编程改写的方法可以根据特定的场景定制规则，以实现用户自定义的推理过程。基于一阶查询重写的方法可以高效地结合不同数据格式的数据源，关联不同的查询语言，如以 Datalog 语言为中间语言，首先将 SPARQL 语言重写为 Datalog，再将 Datalog 重写为 SQL 查询。基于产生式规则的方法是一种前向推理系统，可以按照一定的机制执行规则，从而达到某些目标。其他的推理方法还有基于逻辑的推理方法、基于图的推理方法和基于深度学习的推理方法等。

1.2.6　知识可视化

知识可视化是指用来构建、传达和表示复杂知识的图形图像方法，除传达事实信息之外，知识可视化的目标还在于传输人类的知识，并帮助他人正确地重构、记忆和应用知识。在技术原理上，知识可视化以图形设计、认知科学等为基础，与视觉表征有着密切关联。知识可视化通过视觉表征形式促进知识的传播与创新。无论是知识可视化设计还是应用，视觉表征都是这个过程中的关键部分，是知识可视化构成的关键因素。因此，知识可视化的价值实现有赖于它的视觉表征形式。例如，概念图是基于有意义学习理论提出的图形化知识表征；知识语义图以图形的方式揭示概念及概念之间的关系，形成层次结构；因果图是以个体建构理论为基础提出的图形化知识表征技术；知识图谱将复杂的信息通过计算处理成能够结构化表示的知识，所表示的知识可以通过绘制图形展现出来，为人们的学习提供有价值的参考，为信息的检索提供便利。

1.2.7　知识应用

随着人工智能技术的发展，知识应用已广泛出现在智能搜索、智能问答、个性化推荐、内容分发、决策支持等众多领域。例如，通过应用知识，可进行用户精确画像，为精准营销系统提供潜在的客户；可给律师、医生、公司 CEO 等提供领域知识，促进更精准的决策；可提供更智能的检索方式，使用户可以通过自然语言进行搜索等。尤其在互联网金融行业，通过应用知识可实现高效的反欺诈检测、不一致性验证、组团欺诈识别、异常分析、失联客户管理等业务功能。

1.2.8 知识更新

知识更新包括概念层的更新和数据层的更新。概念层的更新指新增数据后获得了新的概念，需要自动将新的概念添加到知识库的概念层中。数据层的更新主要指新增或更新实体、关系、属性值。对数据层进行更新，需要考虑数据源的可靠性、数据的一致性（是否存在矛盾或冗杂等问题）等，并选择在各数据源中出现频率高的事实和属性加入知识库。知识更新的具体方法包括：①全面更新，指以更新后的全部数据为输入，从零开始构建知识库，这种方法比较简单，但资源消耗大，而且需要耗费大量人力资源进行系统维护；②增量更新，指以当前新增数据为输入，向现有知识库中添加新增知识，这种方法资源消耗小，但目前仍需要大量人工干预（定义规则等），因此实施起来也有一定的困难。

1.3 知识与人工智能的关系

知识表示是人工智能的重要领域，人工智能[9]的核心是研究如何用计算机易于处理的方法表示各种各样的知识，并对知识进行自动化的推理与应用，以便更好地发挥知识的作用与价值。知识表示的重点是设计计算机能理解的知识表达方式，以便捕获有关世界的信息，解决复杂问题，如诊断医疗状况或以自然语言对话的方式进行人机交互式问题解决等。知识表示结合了心理学关于人类如何解决问题和表示知识的发现，使复杂系统更易于设计和构建。知识表示和推理还结合了逻辑方面的发现，以便自动化各种推理，如规则或集合关系的应用。因此，需要研究人类智能在计算机上的表示方式，这样才能更好地实现人工智能。

知识是人工智能的基石。机器可以模仿人类的视觉、听觉等感知能力，但这种感知能力不是人类的专属，动物也具备感知能力，甚至某些感知能力比人类更强，如狗的嗅觉。而认知语言是人类区别于其他动物的关键能力，同时，知识使人类不断地进步，不断地凝练、传承知识，是推动人类不断进步的重要基础。知识对于人工智能的价值在于让机器具备了认知能力。

知识是智能的基础，知识表示使机器可以理解、获得并利用知识，从而促进了人工智能的发展与完善。知识库是实现人工智能的基础元件，知识库也是理解人类语言的背景知识，而构造知识库，找到一种合适的知识表示形式，是人工智能发展的重要任务，基于知识库进行推理也是走向强人工智能的必经之路。有了知识的人工智能会变得更强大，可以做更多的事情。而更强大的人工智能也可以帮助人类更好地从客观世界挖掘、获取和沉淀知识，这些知识和人工智能系统形成正循环，两者共同进步。最终，机器通过人工智能技术与人类进行互动，从中获取数据、优化算法、构建和完善知识、认知和理解知识，进而服务于世界，使得人类的生活更加美好。

习题

1. 知识的特性和类别分别有哪些？
2. 知识表示的作用是什么？
3. 选择知识表示方法的原则有哪些？
4. 常见的知识表示方法有哪些？
5. 知识处理的基本流程包括哪些环节？
6. 试分析知识与人工智能的关系。

参考文献

[1] 余鹏举. 人口知识化的经济学分析[D]. 上海：复旦大学，2000.

[2] 董坚峰，胡凤. 基于 OWL 本体的知识表示研究[J]. 情报理论与实践，2010，33(9)：89-92.

[3] 漆桂林，高桓，吴天星. 知识图谱研究进展[J]. 情报工程，2017，3(1)：4-25.

[4] 刘峤，李杨，段宏，等. 知识图谱构建技术综述[J]. 计算机研究与发展，2016，53(3)：582-600.

[5] BENGIO Y, COURVILLE A, VINCENT P. Representation learning: A review and new perspectives[J]. IEEE Trans on Pattern Analysis and Machine Intelligence, 2013, 35(8): 1798-1828.

[6] 刘知远，孙茂松，林衍凯，等. 知识表示学习研究进展[J]. 计算机研究与发展，2016，53(2)：247-261.

[7] BORDES A, USUNIER N, GARCIA-DURAN A, et al. Translating embeddings for modeling multi-relational data[J]. Proc of NIPS. Cambridge, MA: MIT Press, 2013: 2787-2795.

[8] 王昊奋. 知识推理[EB/OL]. https://www.chinahadoop.cn，2017.

[9] 王万良. 人工智能导论[M]. 3 版. 北京：高等教育出版社，2011.

第 2 章　知识获取

　　知识获取，简而言之，就是将知识从人类易于识别的形态转化为机器易于识别的形态的过程，它是知识工程与人工智能研究领域的一个重要分支，也是实现人工智能的高级阶段——认知智能的重要基础。由于目前其处理过程需要花费大量的人力、物力与时间等成本，知识获取一直是高级智能系统开发的重要"瓶颈"之一，研究知识获取对促进人工智能的高级发展具有举足轻重的作用。

　　本章重点对知识获取的基本概念、获取方式，以及面向非结构化数据、半结构化数据和结构化数据的知识获取方法等进行介绍。

2.1　知识获取基本概念

2.1.1　知识

　　在哲学上，关于什么是知识，一直是一个仁者见仁、智者见智且充满激烈争论的问题。但对知识的具体定义，绝大多数哲学家基本赞同柏拉图在《泰阿泰德》篇中对知识的传统看法，即知识的三元定义。在《泰阿泰德》篇中，柏拉图对这一问题表明了自己的观点，试图把许多类别的知识归于一个统一的定义之下，这就是现在西方知识论文献中，被最广泛提及的传统的知识三元定义，也可称为柏拉图的定义。知识在这样的三元定义中被看作一种确证了的、真实的信念（Knowledge is justified, true beliefs）。这同时告诉人们，构成知识的必备三要素是信念、真与确证[1]。所以，传统的观点认为，所谓的知识应满足 3 个条件，即信念的条件、真的条件和证实的条件。也可以说，中立的（Justified）、真实的（True）和被证实的（Believed）是知识必备的三大特征，经过证实了的真的信念才是知识。

　　知识库系统观认为，知识是知识库系统（Knowledge-Based System）的处理对象，其内容和形式是多种多样的，包括描述领域问题的概念、关系和用于求解问题时使用这些概念、表明关系的启发式方法与过程。知识并非只是一种符号化的信息，还是一种经过解释、分类和使用的结构化的信息，是决定一个知识库系统性能的主要因素[2]。

　　学术界普遍的观点认为，知识是一个人由经验或教育所得到的技术、技能，或者对事物的理论理解或实践理解。它是一种能帮助人们随时进行决策并付诸行动的高价值信息，而与它伴随的往往是经验、环境、解释和反思等要素。知识的状态是已被编码的或显式的存在，而且通常是由正式的、系统化的语言进行传输的，具有高度个人化特征的隐性知识往往难以被正规化和通信[3]。

　　概括起来可以认为，知识就是对各种决策有用的信息。人的一生都在不停地学习，学习的直接目的是获取知识，而获取知识最终是为了更好地决策。

2.1.2 知识获取的发展背景

20 世纪 60 年代以前，大部分人工智能程序所需的知识是由专业程序员手工编入程序的。当时较少直接面向应用系统，知识获取问题还未受到充分重视。随着专家系统和其他知识型系统的兴起，人们认识到必须对落后的知识获取方式进行改革，让用户在知识工程师或智能程序（知识获取程序）的帮助下，在系统的运行过程中直接、逐步地建立所需的知识库[4]。当前知识获取已成为构筑知识型智能系统的重要基础，也是知识工程和人工智能领域一个非常重要的研究方向。

2.1.3 知识获取

知识获取（Knowledge Acquisition，KA）的提出和形成是与知识紧密联系在一起的，知识获取可以简单地表述为从与领域专家的交互中获取知识。从哲学实践观的角度来讲，知识获取就是实践主体获得知识的过程，也是知识载体（知识获取工具）将知识转化为知识库和知识库系统的过程，还是知识主体与知识载体之间进行互动并产生一种综合知识的过程，这就凸显了认识主体与认识中介及认识客体之间的关系问题[2]。费根鲍姆认为，知识获取是人工智能的一项技能，它运用人工智能的原理和方法，为处理只有具备专家知识才能解决的难题提供便捷途径。恰当运用专家知识的获取、推理和表达过程中的方法，是设计基于知识的智能系统的重要技术[5]。从知识图谱的角度来讲，知识获取即从不同来源、不同结构的数据中进行知识提取，形成结构化的知识数据并存入知识图谱中的过程。知识获取还有一种表述方式，就是领域专家有针对性地把专家知识从某种知识源（如人类专家、文本、数据库）中总结和抽取出来，再经过编码和转换，将其以知识的形式储存在计算机知识库中的过程。就其本质而言，知识获取是知识存在状态的一个转换过程，就是把关于目标问题的相关知识从专家头脑或知识源中提取出来，经过一系列的转换之后将其在计算机内部表示出来的过程。因此，知识获取就是把问题求解的专门知识（如事实、经验、规则等）从专家头脑或其他知识源（如书本、文献）中提取出来，然后将之转换成计算机系统内部表示的转换过程[6]。综上可以认为，知识获取就是采用一定的技术方法将人类发展过程中所形成的非结构化、非形式化的知识形态转化为计算机系统易识别的结构化、形式化的知识形态的过程。

知识获取要研究的问题主要包括：试图寻求一种方法，此方法对知识源中的知识的理解、认识、选择、抽取等过程具有高效性；在从外界学习新知识的机制和方法的过程中形成把握新知识的能力；寻找在对知识进行检查和求精时，保持知识的高度完整性和一致性，同时去除冗余的方法。知识获取要完成的任务主要包括：获取领域专家或书本上的知识，在对其理解、选择、分析、抽取、汇集、分类和组织的基础上，将其转换成某种形式的系统内部表示；对已有的知识进行求精，检测并消除已有知识的矛盾性和冗余性，保持知识的一致性和完整性；通过某种推理或学习机制产生新的知识，扩充现有知识库。获取的新知识要满足的基本要求主要包括：①准确性，获取到的知识应能准确地代表领域专家的经验和思维方法；②可靠性，这种知识能被大多数领域专家公认和理解，并能经得起实践的检验；③完整性，检查或保持已获取知识集合的一致性或无矛盾性和完整性；④精练性，尽量保证已获取的知识集合无冗余。

2.1.4 知识获取的步骤和途径

人类知识来源的复杂性决定了知识获取过程的复杂性，可将知识获取的一般过程分成多个阶段，以便研究各阶段所包含的内容及它们之间的相互关系。一般而言，知识获取过程大体上可分为 3 个步骤：①识别领域知识的基本结构，寻找适当的知识表示方法，包括对问题的认识和对知识的整理吸收；②抽取细节知识并将其转换成机器可识别的形式；③调试精练知识库。

知识获取的途径主要有：①借助于知识工程师从专家获取；②借助于智能编辑程序从专家获取；③借助于归纳程序从大量数据中归纳所需知识；④借助于文本理解程序从教科书或科技资料中提炼所需知识。

2.2 知识获取的方式

从知识获取过程的自动化程度来看，知识获取可分为人工知识获取、半自动知识获取、自动知识获取 3 种方式，自动化程度的不同反映了知识获取系统所具有的推理能力的不同。与人工知识获取方式不同的是，半自动知识获取和自动知识获取都要不同程度地借助知识获取工具。知识获取工具是指帮助领域专家或知识工程师实现知识抽取与转换的软件系统，其目的是取代或部分取代工程师在知识获取过程中的作用，提高知识获取效率。另外，根据知识的不同来源及知识获取所采用的不同方法模式，也可将知识获取方式划分为其他类别。各类获取方式都有各自的适合场景，实际操作中应根据具体情况，综合知识来源的存在形式、具体特点等选择最合适的获取方式[2,8,9]。

2.2.1 人工知识获取

人工知识获取是指在知识工程师和领域专家充分合作交流的基础上，以有关领域的文献资料与专家经验为主要知识来源，由知识工程师与领域专家在知识工程小组中共同工作来提炼知识，并由知识工程师手动分析、综合、整理、归纳后将知识以某种表示形式存入知识库的过程。这种知识获取方式对知识工程师的能力素质要求较高，与领域专家会谈的技术是人工知识获取方式采取的主要技术，它要求知识工程师既要有较好的认知心理学知识，也要有娴熟的人际交流技术和组织概括能力，而且要在计算机方面拥有熟练的操作技能。此方式同时要求领域专家不仅能熟练地演示他的专业水平，而且要善于采用适当的方式对所掌握的知识进行表达。

人工知识获取也被称为非自动知识获取，是一种无推理能力的知识获取方式，虽然所得到的知识大多可以直接用于解决问题，是一种使用较普遍的面向专家的知识获取方式，但由于多方面的原因，如人与人交流的过程中容易产生认知误差、知识工程师对相关领域缺乏了解，以及专家资源的缺乏等，最终导致人工知识获取是一个费时、低效的过程。在面向专家系统建设的知识获取中，一方面，领域专家一般不熟悉知识处理，不能强求他们把自己的知识按专家系统的要求进行知识抽取和转换；另一方面，专家系统的设计者和建造者虽然熟悉知识处理技术，但不掌握专家知识。因此，在两者之间，需要知识工程师既懂得如何与领域专家打交道，从领域专家及有关文献中抽取专家系统所需的知识，又熟悉知识处理流程与技术，能把获得的知识用合适的知识表示方法或语言表示出来，经过抽取、组织和归纳后最终以某种形式存入知识库中。在具体实践中，知识工程师的工作也可由专家系统的设计者和建造者担任。

2.2.2 半自动知识获取

半自动知识获取是指借助知识获取工具，在知识工程师的指导干预下，采取提示、指导或问答等方式，利用专门的知识获取系统把知识原材料或专家描述的知识内容翻译成所需的知识形式并存入知识库的过程。半自动知识获取通过利用知识获取工具来使知识工程师从人工知识获取的工作中部分地解放出来，知识获取工具替代知识工程师完成了一部分在人工知识获取方式中必须由人工完成的工作。现有的一些知识获取工具在知识工程师的日常工作中起到了良好的辅助性作用，当使用工具带来的收益可以超过构造工具所花的代价时，知识工程师也可以自己设计一些新的知识获取工具。一个功能强大的知识获取工具应包括的功能主要有：①能实现对知识的各种编辑和管理，以很方便的形式从外界提取知识；②能实现知识的相容性检查，可检查新加入的知识与已有的知识是否矛盾，以保证整个知识集合的一致性；③能实现知识的完整性检查，以保证新加入的知识满足知识库的完整性约束；④应具备一定的解释功能，当用户在知识获取过程中提问题或咨询时，应尽可能解释并回答问题，并能辅助专家精练、调试知识库或给出知识库诊断表等。

半自动知识获取也被称为交互式知识获取，主要采用交互式对话的方式，帮助专家提取、归纳有关知识，并将其存入知识库中。由于高级人工智能研究目前还处于初期，知识的自动获取还不可能完全实现，而人工知识获取又是一项非常费时、费力的工作。因此，人们提出了一种折中方案，在人工知识获取的基础上增加部分学习功能，或者在机器学习的过程中加入人工干预，这样的系统称为半自动知识获取系统。因此，半自动知识获取方式是对人工知识获取与自动知识获取这两种方式复杂性的折中，主要通过领域专家或知识工程师与系统进行会话，告知系统必要的信息，之后，半自动知识获取系统便自动地将这些信息转换成内部表示形式并存入知识库中。

2.2.3 自动知识获取

自动知识获取指领域专家直接提供知识、数据和有关资料，而知识获取过程完全由知识系统或知识获取工具自动完成，且知识工程师仅协调知识获取过程，如维护系统运行、教会领域专家使用系统等。自动知识获取系统是带有高级学习功能的计算机程序，它可以采用机器学习、数据挖掘等技术，从应用实例与实际问题中总结、发现一些专家尚未形式化甚至未发现的新知识、新规律。该类系统自身具有获取知识的能力，不仅可以直接与领域专家对话，从专家提供的原始信息中学习知识，还能从系统自身的运行中总结、归纳出新的知识、发现并纠正知识中可能存在的错误等。为实现这一目的，自动知识获取应具备的能力包括：①具备识别文字、语音、图像的能力；②具备理解、分析和归纳的能力；③具备从实践中学习的能力等。

自动知识获取也被称为具有推理能力的知识获取，具有从已有知识中发掘新知识的能力。自动知识获取又可以细分为两种形式[6]：一种是知识系统本身具有自学习能力，在运行过程中可自动总结经验，修改和扩充自己的知识库；另一种是开发专门的机器学习系统，让机器自动从实际问题中获取并填充知识。自动知识获取是一种理想的知识获取方式，在这种方式下，原来需要知识工程师做的事情完全由系统自动完成，它的实现涉及人工智能的众多研究领域，如模式识别、自然语言理解、机器学习等，对机器的硬件也有较高的要求。由于知识获取问题本身的复杂性及所涉及相关领域的广泛性，用于自动知识获取的有关系统及工具目前还处于实验研究阶段。而知识畸变[11]（言语描述和具体行动间形成的错位现象）的存在，使得精准的知识获取也一直是高级专家系统开发面临的一个重要瓶颈。随着科技水平的不断提高、人工智能研究的进一步深入，我们未来有望从认识论的哲学角度及脑认知科学层面出发，找到破解这些难题的方法。

2.2.4　其他方式

从知识获取的来源看，知识获取的主要方式有如下几种。①面向专家的知识获取，即由知识工程师采用会谈的形式从各领域专家那里获取知识，此种方式下知识整理主要由知识工程师手工完成，因此所耗费的人力、物力很大。②面向文本的知识获取，即直接从书本、文献等各类文本资料中挖掘、提取知识，所采用的方法主要是自然语言处理技术，这类获取方式由于知识来源广泛且丰富，是未来的发展趋势，但在目前的技术条件下，基于此项技术的获取精度还较低。另外，对于较复杂的语义知识的提取也有一定的难度，有待进一步的深入研究。③面向数据库的知识获取，主要指从目前较成熟的关系型数据库的结构化数据中发现各类知识，大多采用较成熟的关联规则挖掘、粗糙集理论、机器学习、人工神经网络等技术获取规则性的知识，此类方式对于有较好的数据积累的业务部门较为适用。④面向 Web 的知识获取，即从各类网页上提取相关知识，主要是依靠信息检索技术对各种各样的 Web 文档、图片、音频、视频等信息资源进行分类、挖掘，最后利用相关学习算法从这些信息中抽取知识。⑤面向其他知识源的知识获取，如基于例子学习的知识获取，从图表中获取知识，从语音、图像、视频等媒体中直接获取知识等。

从知识获取的模式看，知识获取方式分为基于模型的知识获取和基于知识表示的知识获取。对于基于模型的知识获取，首先需要建立一个知识模型，然后在模型的指导下通过问题交互进行知识获取。例如，一个基于诊断模型的知识获取系统，会向用户提出诸如症状、假设、分类、先验概率等问题；一个基于规划模型的知识获取系统，则会向用户提出诸如目标、子目标、限制约束、组合方法等问题。这种知识获取方式可以使一个不了解计算机的领域专家感到很亲切，便于领域专家采用适合其职业用语的方式进行知识传授，整个知识获取的过程也较为自然。基于知识表示的知识获取指首先确定一种知识表示方法，然后根据这种表示的要求（如框架中的槽）逐项获取具体的知识，这种获取方式所获取的知识粒度较细。例如，知识编辑的方法就是基于表示的知识获取方式。

2.3　面向非结构化数据的知识获取

面向非结构化数据的知识获取通常典型的输入是自然语言文本或多媒体内容文档等，然后通过自动化或半自动化的技术抽取出可用的实体、关系及属性等知识要素单元，并以此为基础，形成一系列高质量的事实表达，为上层（模式层）的构建奠定基础。面向非结构化数据的知识获取中最受关注的 3 个任务是实体抽取、关系抽取与事件抽取，其中，实体抽取主要是命名实体识别，包括实体的检测和分类；关系抽取即通常所说的三元组抽取，如（中国，首都所在地，北京）；事件抽取相当于一种多元关系的抽取。

2.3.1　实体抽取

实体抽取即命名实体识别（Named Entity Recognition，NER），是指构建合适的模型，从给定的原始文本等数据语料中自动识别得到所需实体的过程。实体抽取需要完成的主要任务是抽取文本中的原子信息元素，如人名、组织名或机构名、地理位置、时间或日期、字符值、金额等。例如，给定文本"北京时间 10 月 25 日，骑士后来居上，在主场以 119-112 击退公牛"，从中自动提取出地点实体"北京"、时间实体"10 月 25日"、组织名实体"骑士"和"公牛"。一般来说，命名实体识别的任务就是识别出待处理文本中的三大类（实体类、时间类和数字类）、七小类（人名、机构名、地名、时间、日期、货币和百分比）命名实体。命名实体识别的过程通常包括两个部分：①实体边界识别，即找到命名实体（Find）；②确定实体类别，即对实体进行分类（Classify），如人名、地名、机构名或其他等。英语中的命名实体具有比较明显的形式标志，即实体中的每个词的第一个字母通常会大写，所以实体边界识别相对容易，命名实体识别任务的重点是确定实体的类别；与英语相比，汉语命名实体识别任务较复杂，而且相对于实体类别确定，实体边界的识别更加困难。常用的实体抽取方法有基于百科站点或垂直站点的提取方法、基于规则与词典的方法、基于统计机器学习的方法，以及面向开放域的抽取方法等。命名实体识别是信息提取、问答系统、句法分析、机器翻译、面向 Semantic Web 的元数据标注等应用领域的重要基础工具，在自然语言处理技术走向实用化的过程中占有重要的地位。同时，命名实体也是知识图谱中的最基本的元素，其抽取的完整性、准确率、召回率等将直接影响知识图谱构建的质量。命名实体还是各类文本及网页文档等资料中承载信息的重要语言单位，命名实体的识别和分析对促进知识工程及人工智能等领域的发展都具有非常重要的作用。

有关命名实体的研究任务主要包括实体识别、实体消歧、实体跨语言关联、实体属性抽取、实体关系检测等。命名实体识别任务是识别出文本中实体概念的命名性指称项，并标明其类别（如人名、地名、机构名、产品名等）。命名实体消歧解决的是一个命名性指称项指称多个实体概念的问题及多个命名性指称项指称同一个实体概念的问题。例如，"苹果"可以指吃的水果中的苹果，也可以指苹果公司，还可以指苹果手机。因此，需要通过命名实体消歧技术，在具体上下文环境中把具有歧义的命名性指称项映射到实际所指的实体概念上。又如，"万达""万达集团""Wanda Group"都可以指大连万达集团股份有限公司，而这些实体是可以融合归一化的，在命名实体消歧过程中，需要把它们映射到同一概念实体上。命名实体的跨语言关联主要指将在不同的语言中对同一概念的不同描述映射到同一实体概念上，如把"万达集团"和"Wanda Group"映射到同一实体概念的任务就涉及两种语言间的跨语言关联问题。命名实体的属性抽取指从文本或网页文档等资料中抽取出特定实体概念的属性类别或属性值，如对于大连万达集团股份有限公司，在百度百科中抽取出其"公司性质"是"股份"，"成立时间"是"1988 年"，"注册地"是"辽宁省大连市"等。命名实体关系检测指通过对上下文背景信息的分析，判断两个实体是否存在关系及存在什么类型的关系，具体见 2.3.2节。命名实体的识别、消歧、属性抽取及关系抽取等技术在网络信息抽取、网络内容管理和知识工程等领域占有非常重要的地位[12]。

2.3.2　关系抽取

关系抽取的主要任务是从文本中抽取两个或多个实体之间的语义关系，是信息抽取（Information Extraction）领域研究的重要任务之一。关系抽取的目标是解决实体语义链接的问题，关系的基本信息包括参数类型、满足此关系的元组模式等。具体来讲，实体关系抽取指从一个文本中抽取关系三元组（实体 1，关系，实体 2），如给定文本"王健林在大连创办了万达集团"，其中，王健林是实体 1，万达是实体 2，它们之间的关系是创办，那么可抽取的关系三元组为（王健林，创办，万达）。关系抽取是信息抽取的重要子任务，其主要目的是将非结构化或半结构化描述的自然语言文本转化成结构化数据，关系抽取主要负责从文本中识别实体，抽取实体间的语义关系。实体关系抽取解决了原始文本中目标实体之间的关系分类问题，它是构建复杂知识库系统，如文本摘要、自动问答、机器翻译、搜索引擎、知识图谱等的重要步骤。随着近年来信息抽取的兴起，实体关系抽取问题进一步得到了广泛的关注和深入的研究。

现有主流的关系抽取方法包括基于模板的方法、有监督的学习方法、半监督的学习方法、远程监督的学习方法和无监督的学习方法，后三者也可统称为弱监督学习方法[13]，各种不同的方法在对标注数据的需求及可应用的数据规模的可扩展性等方面存在不同的特点，针对不同的应用目标，应根据具体需求选择相应的方法。

（1）基于模板的方法，又可分为基于触发词的方法和基于依存句法分析的方法。对于基于触发词的方法，首先确定一个触发词（Trigger Word），再根据触发词做模式的匹配及抽取，然后做一个映射。例如，对于语料"小明老婆小莉""小徐老婆小陶"，其中的触发词为老婆，据此可以提取出夫妻关系，同时通过命名实体识别可给出关系的参与方，即可得到关系三元组（小明，夫妻，小莉）、（小徐，夫妻，小陶）。基于依存句法分析的方法，就是将句子分析成一棵依存句法树，描述各词语之间的依存关系，指出词语之间在句法上的搭配关系，是自然语言处理中的关键技术之一，主要包括两方面的内容：一是确定语言的语法体系，即对语言中合法的句子的语法结构给予形式化的定义；二是运用句法分析技术，即根据给定的语法体系，自动推导句子的句法结构，分析句子所包含的句法单位和这些句法单位之间的关系。基于模板的方法的优点是在小规模数据集上容易实现且构建简单，缺点是难以维护、可移植性差、模板可能需要专家构建。

（2）有监督的学习方法，将关系抽取任务当作分类问题，根据训练数据设计有效的特征学习各种分类模型，然后使用训练好的分类器预测关系。具体实现方法有基于特征向量的方法和基于核函数的方法，代表性研究如郭喜跃等用支持向量机作为分类器，在传统方法以词法特征、实体原始特征等刻画实体关系的基础上，提出一种基于句法特征、语义特征的实体关系抽取方法，融入依存句法关系、核心谓词、语义角色标注等特征，在以真实新闻文本作为语料的实验中取得了较好的效果[13]；陈鹏等在研究支持核函数的机器学习算法的基础上，提出了基于凸组合核函数的中文领域实体关系抽取方法，核心思想是以由径向基核函数、Sigmoid 核函数及多项式核函数组成的不同组合比例的凸组合核函数将特征矩阵映射成不同的高维矩阵，然后利用支持向量机训练这些高维矩阵，构建不同分类模型，在针对大量的旅游语料进行的实验中取得了较好的效果[14]。有监督的学习方法是目前关系抽取较为主流且表现较好的方法，但需要通过全面、高质量的标注数据训练实体关系抽取器，然后通过实体关系抽取器从未标注数据中抽取实体关系[12]。尽管该方法取得了不小的进展，但面对越来越多的数据与不同领域的实体关系抽取需求，其数据标注成本越来越高。因此，该方法最大的缺点就是需要大量的人工标注语料，对标注数据的依赖性很强。获得大量的有标注语料是采用此方法的工作重点。

（3）半监督的学习方法，主要采用自训练（Bootstrapping）的方法进行实体关系抽取，其目标是通过较少的标注数据训练出较好的实体关系抽取模型，并抽取大量的关系实例。半监督的学习方法是一个能利用较少的标注语料获取置信度较高的多量标注语料的反复迭代过程，其典型的自训练[15,16]过程为：①从一个较小的数据集开始，标注其中的关系实例，这些关系实例被称为"种子"；②从"种子"中提取模板；③通过模板在非"种子"语料中提取新的实体关系实例，并将这些实例作为新的种子加入"种子"中；④从步骤②继续循环迭代执行，终止条件达成则停止循环。这方面典型的研究工作如 Brin 使用半监督学习对"作者–书籍"关系进行抽取，使用少量数据作为"种子"，从"种子"中获得能够匹配关系的模板，进而可以匹配新的关系实例，虽然这种方法受限于专业领域知识背景和"种子"的质量，但它表明减少数据标注依赖是有可能的[15]。半监督的学习方法可以根据已标注的少量"种子"从未标注数据中学习得到目标关系实例，部分解决标注数量不足的问题，但少量的人工标注数据容易产生语义漂移现象，导致实体关系抽取模型学习到不合适的"种子"和模板，解决此问题的基本思路是加强人的监督。因此在缺少合适的"种子"和筛选方式的情况下，将半监督的学习方法应用于大规模数据还有困难，其在"种子"筛选方面还有很长的路要走。其可能的发展方向为：一是提高模型训练速度；二是将"种子"的筛选方法与对目标关系的描述结合起来，尤其是结合逻辑描述与概率描述两种手段[12]。

（4）远程监督的学习方法，就是将已有的知识库（如现有的 Freebase[18]）对应到丰富的非结构化数据（如待处理的一堆新闻文本）中，从而生成大量的训练数据，进而训练出一个效果不错的关系抽取器。不难发现，在其他方法（如有监督的学习方法）的研究中，实体关系抽取的目标是根据语料给出的特征判断实体对之间具体表现为什么关系，而在远程监督的学习方法中，实体关系抽取的目标是根据已知实体对的已知关系对包含此已知实体对的语料特征的表述进行判断。具体来讲，远程监督的学习方法将知识库中已知关系三元组中的两个实体与待提取文本进行匹配，若文本中出现这两个实体，则认为这两个实体的关系也符合已有知识库中已知三元组的关系，然后将这些文本数据用作训练数据进行关系提取器的训练。远程监督的学习方法通过已有知识库与非结构化文本对齐来自动构建大量训练数据，可以减少模型对人工标注数据的依赖，增强模型的跨领域适应能力。通过在文本中匹配实体对和表达关系短语的模式，远程监督的学习方法也可寻找和发现新的潜在关系三元组，但同时这些数据会有很大的噪声。因此，虽然远程监督的学习方法可以使用原本不是用于意向目标的知识库扩展实体关系抽取器训练数据的来源，在高质量、大规模知识库的支持下，可以较好地应用于一般规模的数据，但远程监督的学习方法也存在较为明显的缺点：一是它无法避免知识库带来的噪声，生成大量的训练数据必然存在准确率问题，如何解决错误训练数据问题是一个难点；二是关系提取涉及很多的自然语言处理特征工程，如命名实体识别、分类、句法解析等，越多的特征工程就会带来越多的误差，在整个任务中就会产生误差的传播和积累，从而影响最终关系抽取的精度。解决此问题可能的发展方向为：一是进一步发展现有知识库，使其将实体间的各类关系包含得尽可能全面；二是在主题模型中融入相关先验知识，对实体关系的判断进行辅助；三是将半监督等其他学习方法与远程监督的学习方法结合使用。

（5）无监督的学习方法，利用有相同语义关系的实体对进行关系抽取，如在维基百科中，中国和美国的词条中都出现了"最大城市"的关系实例，显而易见，这种实体关系的发现并不需要任何监督[12]。一般认为，这些特征适用的范围不仅限于关系实例，也适用于关系本身的其他实例，这被称为"平移不变性"[18]。在无训练语料的情况下，无监督学习可以利用关系实例之间的"平移不变性"进行关系抽取，这在语料数量比较多的情况下可行性较强。无监督的学习方法无须依赖实体关系标注语料，其实现包括关系实例聚类和关系类型词选择两个过程，即首先根据实体对出现的上下文将相似度高的实体对聚为一类，然后选择具有代表性的词语来标记这种关系。典型的研究如H. Takaaki 提出了无监督关系探索方法，使用全联通聚类对同一概念所有样例上下文合并归一后的数据进行聚类，并用同一类中频率最高的词语描述该类关系[19]；Rozenfeld 提出了通过限制语料库领域类型和使用统计方法过滤具有多种关系的概念对，解决了概念对具有多种关系的问题[20]；Yan 基于维基百科文本信息并利用 Web 网页的结构特征，开发了基于模式的组合的无监督学习方法[21]；B. Min 通过 Ensemble Semantics 算法解决了 Web 实体关系抽取中因特征稀疏而产生的一词多义和同义问题[22]；马超通过在无监督学习方法 Kmeans 中加入样例概念关系对权重，解决了本体概念明确但概念间关系复杂多样、常规学习方法需要的手工标注训练数据成本高且无法全面覆盖概念间关系、传统无监督的学习方法无法满足单样例和多概念的情况等问题[23]。无监督的学习方法由于没有标注数据的制约，只要模型设计合理即可在大规模数据的基础上进行实体关系抽取，但无监督的学习方法在同一关系的不同表述上的消歧能力有待加强。因此，值得注意的是，无监督的学习方法的使用仍然需要一些可用的先验知识来实现关系本身的消歧[12]。

2.3.3 事件抽取

事件一般是指发生的事情，如股票下跌、疾病暴发等，通常具有时间、地点、参与者等属性，事件的发生可能来自一个动作的产生或系统状态的改变。在知识获取中，加上时间、地点等条件的关系称为事件[24]。作为信息的一种表现形式，事件也被定义为特定的人、物在特定时间和特定地点相互作用的客观事实，一般来说是句子级的。在 TDT（Topic Detection Tracking）中，事件是指关于某一主题的一组相关描述，这个主题可以是由分类或聚类形成的。组成事件的各元素包括触发词、事件类型、论元及论元角色。触发词表示事件发生的核心词，多为动词或名词。事件类型是指事件所属的类别，ACE2005定义了 8 种事件类型和 33 种子类型，大多数事件抽取均采用 33 种事件类型。论元即事件的参与者，主要由实体、值、时间组成。论元角色即论元在事件中充当的角色，如攻击者、受害者等。因此，事件抽取任务也可分解为 4 个子任务：触发词识别、事件类型分类、论元识别和论元角色分类。其中，触发词识别和事件类型分类可合并成事件识别任务。事件识别判断句子中的每个单词归属的事件类型，是一个基于单词的多分类任务。论元识别和论元角色分类可合并成论元角色分类任务。论元角色分类任务是一个基于词对的多分类任务，判断句子中任意一对触发词和实体之间的角色关系[25]。此外，事件抽取任务还包括事件属性标注、事件共指消解等。

事件抽取是从自由文本中识别事件的发生并抽取事件的各元素的过程，其主要任务是从非结构化自然语言中抽取用户感兴趣的事件信息，并以结构化的形式呈现出来，如事件发生的时间、地点、发生原因、参与者等。与事件抽取相关的术语主要有：事件描述（Event Mention），即描述事件的词组或句子；事件触发（Event Trigger），即表明事件出现的主要词汇；事件元素（Event Argument），即事件的重要信息；元素角色（Argument Role），即元素在句子中的语义角色。按照事件抽取的内容不同，可将事件分为元事件和主题事件。元事件表示一个动作的发生或状态的变化，往往由动词驱动，也可以由能表示动作的名词等其他词性的词来触发，它包括参与该动作行为的主要成分（如时间、地点、人物等）。主题事件包括一类核心事件或活动，以及所有与之直接相关的事件和活动，可以由多个元事件片段组成。当前的研究主要面向元事件抽取，关于主题事件抽取的研究较少[26]。

元事件抽取的方法主要有模式匹配和机器学习两大类。模式匹配方法是在一些模式的指导下进行事件的识别和抽取。模式主要用于指明构成目标信息的上下文约束环，集中体现了领域知识和语言知识的融合。抽取时只要通过各种模式匹配算法找出符合模式约束条件的信息即可。由此可知，其核心是抽取模式的构建。模式匹配方法在特定领域内可以取得比较好的效果，但系统的可移植性差，从一个领域移植到另一个领域时，需要重新构建模式。而模式的构建费时费力，需要领域专家的指导。虽然机器学习方法的引入可以从一定程度上加速模式的获取，但不同模式之间造成的冲突也是一个棘手的问题。并且，现有研究的语义程度大多停留在句法层级上，需要进一步提高语义程度。采用机器学习方法识别事件，就是借鉴文本分类的思想，将事件类别及事件元素的识别转化为分类问题，其核心在于分类器的构造和特征的选择。但是，事件分类与文本分类又有所区别：一是事件分类的文本较短，大部分都是一个完整的句子；二是事件表述语句中往往包含的信息量较大；三是要分类的事件表述语句已经进行了分词、词性标注及命名实体识别。在机器学习方法中，机器学习与领域无关，无须太多领域专家的指导，系统移植性相对较好。目前，机器学习方法已成为元事件抽取的主流研究方法。虽然机器学习方法不依赖于语料的内容与格式，但需要大规模的标准语料，否则会出现较为严重的数据稀疏问题。但是，现阶段的语料规模难以满足应用需求，且人工标注语料耗时耗力，为了缓解获取已标注语料的困难，有关学者探究了半监督及无监督的学习方法。另外，特征选取也是决定机器学习方法结果好与否的重要因素。因此，怎样避免数据稀疏现象及如何选择合适的特征，成为基于机器学习方法研究的重要课题。当前，绝大多数研究都基于短语或句子层级的信息，利用篇章级或跨篇章的信息来提高抽取性能将成为一个新的研究热点[27]。

主题事件抽取的方法主要有基于事件框架的方法和基于本体的方法两大类。基于事件框架的主题事件抽取方法通过定义结构化、层次化的事件框架来指导主题事件的抽取，利用框架来概括事件信息和表达主题事件的不同侧面。框架是一种常用的知识表示方法，可用于描述相关概念的轮廓。例如，针对一个会议事件，人们自然会想到会议发生的时间、地点、主办机构、参会者、政府的反应及会议带来的影响等不同的侧面。事件的侧面在语义上可以进行分离，所以这里的框架结构其实是一种分类体系，用于分隔一个事件涉及的不同侧面。用来描述事件不同侧面的词语为事件的侧面词，事件框架是由侧面词构成的一个分类体系。生成完整的事件框架体系是基于事件框架的方法的关键，如何提高框架构建的全面性及自动化程度是学者研究的重点。基于本体的主题事件抽取方法主要根据本体所描述的概念、关系、层次结构、实例等来抽取待抽取文本中所包含的侧面事件及相关实体信息，主要分为 3 个步骤：一是领域本体的构建，这是后续工作的基础；二是基于领域本体的文本内容的自动语义标注；三是基于语义标注的事件抽取。相关的研究有：韩立炜介绍了一个基于本体的金融事件跟踪体系，印证了通过本体进行金融事件跟踪的可行性及该方法的优势[28]；Piskorski 等用本体来表示暴力事件抽取的知识库，实现了针对暴力事件的抽取[29]；Lee 等介绍了一种基于本体的模糊事件抽取代理系统，在本体的构建中提出了一种四层本体构建模型（分别为 Domain 层、Category 层、Event 层和 Extended Concept 层，其中，Domain 代表本体所处的领域名称，并由若干个领域专家定义的 Category 组成，每个 Category 包含一组事件的集合，Event 层定义了每个 Category 包含的事件类型，Extended Concept 层包含事件概念与对象概念，定义了每类事件对应的角色与概念及相应的子事件），将该模型构建的本体应用于新闻事件的抽取，并应用于自动文摘，实验证明了该系统能较好地实现中文气象新闻事件的抽取[30]。当前，由于篇章内及跨篇章语义理解技术的缺失，信息的有效归并与融合成为瓶颈，相对于元事件抽取而言，主题事件抽取的研究并不是很成熟。如何对事件信息进行高效融合，实现跨文档、跨语言的事件抽取，是主题事件抽取以后的研究重点[26]。

2.4 面向半结构化数据的知识获取

面向半结构化数据的知识获取主要指从互联网网页中获取结构化的知识信息，由于半结构化数据（网页）具有大量的重复性结构，如电商网站中的商品数据、黄页网站中的公司数据等，因此对数据进行少量的标注可以得到一定的规则，进而在整个站点下使用规则对同类型或符合某种关系的数据进行抽取。其具体获取方法包括手工法、包装器法和自动抽取法[31]。

手工法需要人工查看网页结构和代码，通过人工分析手动写出适合该网站结构路径提取的 XPath 表达式或 CSS 选择器表达式等。XPath 即 XML 路径语言，它是一种用来确定 XML（标准通用标记语言的子集）文档中某部分位置的语言。借助 XPath 可以获取网页中元素的位置，从而获取需要的信息。CSS 选择器可通过 CSS 元素实现对网页中元素的定位，获取元素的信息。例如，要在某电商网站中提取商品（羽毛球拍）的价格信息，如图 2-1 所示为在某电商网站搜索羽毛球拍后所得结果中第一个商品的 HTML 代码结构，通过人工分析可知，画圈的地方为该商品的价格信息，那么其 XPath 表达式为 //*[@id=" J_goodsList "]/ul/li[1]/div/div[3]/strong/i，其 CSS 选择器表达式为#J_goodsList > ul > li:nth-child(1) > div > div.p-price > strong > i。根据这些结构路径表达式，即可提取商品的价格信息，用同样的方法也可获取商品的名称信息。手工法的优点是可用于任何一个网页且简单快捷，能很好地抽取用户感兴趣的数据；缺点主要是需要对网页数据进行人工分析，耗费大量的人力、物力，维护成本高，无法处理大量站点的情况。

```
▼<div id="J_goodsList" class="goods-list-v2 gl-type-3 J-goods-list">
  ▼<ul class="gl-warp clearfix" data-tpl="3">
    ▼<li class="gl-item" data-sku="36115718285" data-spu="36115718285" data-pid="36115718285">
      ▼<div class="gl-i-wrap">
        ▶<div class="p-img">…</div>
        ▶<div class="p-scroll">…</div>
        ▼<div class="p-price">
          ▼<strong class="J_36115718285" data-done="1">
            <em>¥</em>
            <i>238.00</i>
          </strong>
        </div>
      </div>
```

图 2-1 某电商网站搜索羽毛球拍后的结果页面 HTML 代码示例

包装器法指通过包装器学习半结构化数据的抽取规则，然后基于规则获取相应知识。包装器（Wrapper）是一个能够将数据从 HTML 网页中抽取出来，并且将它们还原为结构化数据的抽取规则。对半结构化文档的半自动知识抽取，主要采用包装器归纳方法或包装器学习方法，首先由用户手工标注一组网页作为训练数据，然后利用机器学习方法从训练数据中学习得到抽取规则，用于从具有相同结构的其他网页内容中抽取相应的信息[32]。包装器归纳方法是基于有监督学习的，它从标注好的训练样例集合中学习数据并抽取规则，然后用于从其他使用相同标记或相同网页模板的 HTML 网页中抽取目标数据，具体流程包括网页输入、网页清洗、网页标注、包装器空间生成、包装器评估、包装器输出。其中，网页清洗将不规范的网页结构（如前后标签不成对、没有结束标签符等）变得符合规范，以避免不规范的网页结构在抽取的过程中产生噪声，典型的工具如 Tidy 等。网页标注给网页中的某个位置打上特殊的标签以表明这是需要抽取的数据。例如，要抽取搜索页面的商品价格信息，就可以通过在它们所在的标签中打上一个特殊的标记来作为标注。包装器空间生成对标注的数据生成 XPath 集合空间，对生成的集合进行归纳，形成若干个子集，归纳的规则是在子集中的 XPath 能够覆盖多个标注的数据项，具有一定的泛化能力。包装器评估主要依据准确率和召回率对归纳得到的多个包装器进行选择。用筛选出来的包装器对原先训练的网页进行标注，统计与人工标注相同的项的数量，用该数量除以当前标注的总数量，就到了准确率，准确率越高，评分越高。用筛选出来的包装器对原先训练的网页进行标注，统计与人工标注相同的项的数量，用该数量除以人工标注的总数量，就得到了召回率，召回率越高，评分越高。经过一系列的处理工作之后，即可输出所得的最优包装器，进而进行知识获取。包装器法的优点是通过人工标注训练集，能较好地抽取用户感兴趣的数据，可以运用到规模不是很大的网站信息抽取中；其缺点主要是需要投入大量的人力去做标注，可维护性比较差。该方法面临的挑战主要是，包装器归纳的抽取规则使用的是格式化标签，而网络处在不断变化中，当一个网站的模板发生变化时，当前的抽取规则也就无效了。

自动抽取法可自动从网页中寻找相关模式，并利用这些模式实现对网页内容的知识抽取，它可自动抽取网页中的信息而不需要任何的先验知识和人工数据的标注。自动抽取法的具体过程：首先，通过聚类将相似的网页分成若干个组，每组相似的网页将生成不同的包装器；其次，将待抽取的目标网页与生成不同包装器的每组网页进行比较，如果目标网页与某一组相似，则使用该组生成的包装器来获取目标网页中的相关信息。由于网站中的数据通常是用很少的一些模板来编码的，因此通过挖掘多个数据记录中的重复模式来寻找这些模板中的规律进而自动提取相关的规则是可能的。自动抽取法的优点是可进行无监督学习，无须人工进行数据标注，可以运用到大规模网站的信息抽取中；其缺点主要是需要相似的网页作为输入，抽取的内容可能达不到预期，会抽取一些无关信息。该方法面临的挑战主要是，有些网页是动态生成的，很多信息无法直接通过网页得到。另外，该方法对包装器的实效性要求越来越高，包装器的维护成本依旧很高[32]。

2.5　面向结构化数据的知识获取

面向结构化数据的知识获取指从现有的关系型数据库表中提取三元组结构的知识信息。由于知识库（知识图谱）中储存的数据通常为三元组的格式，而现有的信息系统所积累的各种业务数据或通过爬虫获取的内容等大多储存在关系型数据库中，以不同的表的形式来区分，因此需要在二者之间进行转换以获取三元组结构知识。其转换方法包括手工转换法与基于工具的转换方法。

手工转换法就是通过人工处理或采用手动编程的方式实现从关系型表格数据到三元组结构的转换，其关键步骤包括节点（三元组中的实体）的创建与关系（三元组中实体间的关系）的创建。例如，假设有如表 2-1 所示的关系型表格数据，包含论文名称、发表时间、研究领域、第一作者、检索类型 5 个字段，其中论文名称为主键字段。那么，可以将主键字段创建为核心节点，非主键字段创建为核心点的信息节点，核心节点与信息节点之间的关系即非主键字段的名称。具体在此例中，论文名称字段的每个取值被创建为一个核心节点，核心节点的名称即具体的论文名称；其他字段的每个取值被创建为一个信息节点，信息节点的名称即相应字段的具体取值；核心节点与相应信息节点之间的关系的标签就是非主键字段的名称，即发表时间、研究领域、第一作者、检索类型。转换后的最终结果的可视化示例如图 2-2 所示。

表 2-1 论文发表信息表

论文名称	发表时间	研究领域	第一作者	检索类型
人工智能及其教育应用	20190801	教育信息化	张三	CSSCI
大数据及其医疗应用	20180501	医疗信息化	张三	CSSCI

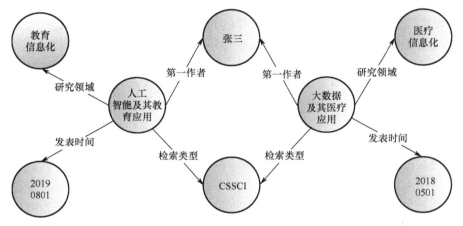

图 2-2 论文发表信息表转换后的三元组结构可视化示例

基于工具的转换方法借助第三方工具实现从关系型数据到三元组结构的转换，典型的开源工具如 D2R、Morph、r2rml4net、db2triples、Quest 等，商业工具如 Virtuoso、Oracle SW 等。恰当地使用工具可以提高面向结构化数据的知识获取效率，当前，在已有的工具中，使用较多的是 D2R，它是一个能够将关系数据库中的内容转换成 RDF 三元组的工具，其将数据库表名直接映射到 RDF 中的类，字段映射到类的属性，并可以从表示关系的表中得出类之间的关系。

D2R 的主体架构如图 2-3 所示，主要包括 D2R Server、D2RQ Engine 及 D2RQ Mapping 语言。D2R Server 是一个 HTTP Server，它的主要功能是提供对 RDF 数据的查询访问接口，以供上层的 RDF 浏览器、SPARQL 查询客户端及传统的 HTML 浏览器调用。D2R Server 是一个将关系数据发送到语义网的工具，该工具可以让 RDF 浏览器和 HTML 浏览器访问数据库，并使用 SPARQL 查询语句查询数据库。D2RQ Engine 的主要功能是使用一个可定制的 D2RQ Mapping 文件来将关系型数据库中的数据转换成 RDF 格式。D2RQ Engine 并没有将关系型数据库发布成真实的 RDF 数据，而是使用 D2RQ Mapping 文件将其映射成虚拟的 RDF 格式。该文件的作用是在访问关系型数据时将 RDF 数据的查询语言 SPARQL 转换为关系型数据库的查询语言 SQL，并将 SQL 查询结果转换为 RDF 三元组或 SPARQL 查询结果。D2RQ Mapping 语言的主要功能是定义将关系型数据转换成 RDF 格式的 Mapping 规则。D2RQ Mapping 语言是一个用于描述关系数据模式与 RDF 词汇表之间关系的语言，是一个 Turtle 格式的 RDF 文档。Turtle 是简洁的 RDF 三元组语言，是对 RDF 图数据的文本表示，Turtle 文档以紧凑的文本形式来描述一个 RDF 图，这种 RDF 图是由主语、谓词、宾语组成的三元组构成的。D2RQ Mapping 定义了一个虚拟的 RDF 图，该图包含了数据库的信息。其与 SQL 中视图的不同是，视图的虚拟数据结构是虚拟关系表，D2RQ Mapping 的虚拟数据结构是 RDF 图。在 D2R 中，可以使用 SPARQL、Linked Data Server 、RDF 产生器、HTML 接口、Jena API 访问该虚拟图，可用文本编译器直接编写 D2RQ Mapping 程序。

在具体实践中，使用 D2R 可以对关系型数据库的数据进行两种方案的转换与访问：一是将关系型数据库的数据转换为虚拟的 RDF 数据进行访问，包括生成 Mapping 文件与使用 Mapping 文件对关系型数据进行转换和访问；二是直接将关系型数据库的数据包装成真实的 RDF 文件，以供一些可以访问 RDF Store 的接口访问。当对外提供的服务中，查询操作比较频繁时，最好将关系型数据库的数据直接转换为 RDF 文件，这样会节省很多从 SPARQL 到 SQL 的转换时间；但是，如果数据库的数据规模都比较大，且内容经常发生变化，将关系型数据库的数据转换为虚拟的 RDF 数据的空间复杂度会更低，更新内容更加容易，因此第一种方案的应用相对更加广泛[33]。

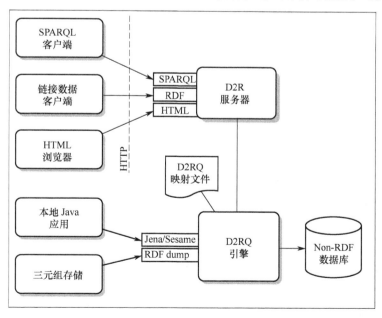

图 2-3　D2R 的主体架构

2.6 实验：使用 jieba 进行中文分词

2.6.1 实验目的

（1）了解中英文分词的实现方法。

（2）利用 Python 中文分词组件 jieba 实现简单的分词。

2.6.2 实验要求

本次实验后，读者能够调用 Python 中文分词组件 jieba 进行分词。

2.6.3 实验原理

分词就是将连续的字序列按照一定的规范重新组合成词序列的过程。在英文的行文中，单词之间是以空格作为自然分界符的，而中文的字、句和段能通过明显的分界符来简单划界，唯独词没有形式上的分界符，虽然英文也存在短语的划分问题，但在词这一层上，中文比英文要复杂得多、困难得多。

目前，已有许多优秀的中文分词工具包，直接调用这些工具包就能完成中文分词，如中文分词组件 jieba、北大开源中文分词包 pkuseg 等，它们都是基于 Python 语言实现的。下面以 jieba 为例来进行中文分词。

2.6.4 实验步骤

（1）下载 jieba 分词组件。

在 Python 环境下，可使用 pip install jieba 命令。

（2）分词。

```
# -*- coding:utf-8 -*-
import jieba
import sys

seg_list = jieba.cut("我从马上跳下来",cut_all=True)
print("Full Mode:","/".join(seg_list)) #全模式

seg_list = jieba.cut("我从马上跳下来", cut_all=False)
print("Default Mode:","/".join(seg_list))   # 精确模式

seg_list = jieba.cut("Lucy 硕士专业是计算机科学技术，后来读人工智能方向的博士")
# 搜索引擎模式
print(",".join(seg_list))
```

（3）词性标注。

```
import jieba.posseg as pseg
words = pseg.cut("我在学习人工智能")
words2 = pseg.cut("Lucy 硕士专业是计算机科学技术，后来读人工智能方向的博士")

print("词性标注结果 1")
for w in words:
    print(w.word, w.flag)

print("词性标注结果 2")
for w in words2:
    print(w.word, w.flag)
```

2.6.5 实验结果

（1）分词实验结果。

全模式：我/ 从/ 马上/ 跳下/ 跳下来/ 下来
精确模式：我/ 从/ 马上/ 跳下来
搜索引擎模式：Lucy, 硕士, 专业, 是, 计算机, 科学技术, ，, 后来, 读, 人工智能, 方向, 的, 博士
（2）词性标注实验结果。

词性标注结果 1
我 r
在 p
学习 v
人工智能 n
词性标注结果 2
Lucy eng
硕士 n
专业 n
是 v
计算机 n
科学技术 n
， x
后来 t
读 v
人工智能 n
方向 n
的 uj
博士 n

习题

1. 知识的传统三元定义的具体内容是什么？
2. 从知识图谱的角度来讲，什么是知识获取？
3. 知识获取的一般步骤及主要途径有哪些？
4. 从自动化程度来看，知识获取的方式主要有哪几种？每种方式的特点是什么？
5. 面向非结构化数据的知识获取的主要任务是什么？
6. 从网页中提取知识的主要方法有哪些？
7. 用于从关系型数据到三元组结构转换的常见工具有哪些？

参考文献

[1]   CHISHOLM R. The Foundation of Knowing[M]. Sussex: The Harvester Press, 1982.
[2]   何海源. 人工智能中知识获取机制的哲学思考[D]. 太原：山西大学，2012.
[3]   陈嘉明. 知识与确证——当代知识论引论[M]. 上海：上海人民出版社，2003.
[4]   DAVIS R. Generalized procedure calling and content-directed invocation[J]. ACM SIGART Bulletin, 1977(64)：45-54.
[5]   何钦铭，王申康. 机器学习与知识获取[M]. 杭州：浙江大学出版社，1997.
[6]   高华，余嘉元. 人工智能中知识获取面临的哲学困境及其未来走向[J]. 哲学动态，2006(4)：45-50.
[7]   李宗花. 对 MYCIN 体系结构的优化分析[J]. 计算机与现代化，2008，12：67-70.
[8]   李陶深. 人工智能[M]. 重庆：重庆大学出版社，2004.
[9]   赵超. 面向中文文本的医学知识获取、表示与推理[D]. 哈尔滨：哈尔滨工业大学，2018.
[10]   吴泉源，刘江宁. 人工智能与专家系统[M]. 北京：国防科技大学出版社，1999.
[11]   赵军. 命名实体识别、排歧和跨语言关联[J]. 中文信息学报，2009，23(2)：3-17.
[12]   王政，朱礼军，徐硕. 实体关系的弱监督学习抽取方法[J]. 中国科技资源导刊，2018，530(02)：107-114.
[13]   郭喜跃，何婷婷，胡小华，等. 基于句法语义特征的中文实体关系抽取[J]. 中文信息学报，2014，28(6)：183-189.
[14]   陈鹏，郭剑毅，余正涛，等. 基于凸组合核函数的中文领域实体关系抽取[J]. 中文信息学报，2013，27(5)：144-148.
[15]   BRIN S. Extracting patterns and relations from the world wide web[M]//International workshop of the world wide web and databases. Berlin: Springer, 1998.
[16]   ZHU X. Semi-supervised learning literature survey[EB/OL]. [2019-7-10]. Pages.cs.wlsc. edu/~jerryzhu/research/ssl/semireview.html.
[17]   BOLLACKER K，EVANS C，PARITOSH P，et al. Freebase: a collaboratively created

graph database for structuring human knowledge[C]. Proceedings of the 2008 ACM SIGMOD International Conference on Management of Data，2008.

[18] BORDES A，USUNIER N，WESTON J，et al. Translating embeddings for modeling multi-relational data[C]. Advances in NIPS，2013.

[19] TAKAAKI H，SATOSHI S，RALPH G. Discovering Relations among Named Entities from Large Corpora[C]. Proceeding of Conference ACL，Barcelona，Spain，2004.

[20] ROZENFELD B，FELDMAN R. High-performance unsupervised relation extraction from large corpora[C]. ICDM，2006.

[21] YAN Y，OKAZAKI N，MATSUO Y，et al. Unsupervised relation extraction by mining Wikipedia texts using information from the Web[C]. Acl Proc. of the Joint Conference of Annual Meeting of the Acl & Intern, 2009.

[22] MIN B，SHI S M，GRISHMAN R，et al. Ensemble semantics for large-scale unsupervised relation extraction[C]. Proc. of EMNLP –CoNLL，2012.

[23] 马超. 基于 Web 信息使用改进的无监督关系抽取方法构建交通本体[J]. 计算机系统应用，2015，24(12)：273-276.

[24] 赵妍妍，秦兵，车万翔，等. 中文事件抽取技术研究[J].中文信息学报，2008，22(1)：3-8.

[25] 秦彦霞，张民，郑德权. 神经网络事件抽取技术综述[J]. 智能计算机与应用，2018，8(3)：7-11, 16.

[26] 高强，游宏梁. 事件抽取技术研究综述[J]. 情报理论与实践，2013，36(4)：114-117.

[27] 周营. 基于句模与句法分析的事件抽取研究[D]. 桂林：广西师范大学，2015.

[28] 韩立炜. 基于本体的金融事件跟踪[D]. 哈尔滨：哈尔滨工业大学，2009.

[29] PISKORSKI J，HRISTO T，PINAR O. Extracting Violent Events from On-Line News for Ontology Population[C]. In Proceedings of the 10th International Conference on Business Information Systems，2007.

[30] LEE C S，CHEN Y J，JIAN Z W. Ontology-based fuzzy event extraction agent for Chinese e-news summarization[J]. Expert Systems with Applications，2003，25(3)：431-447.

[31] 王昊奋，漆桂林，陈华钧. 知识图谱：方法、实践与应用[M]. 北京：电子工业出版社，2019.

[32] 刘鹏博，车海燕，陈伟. 知识抽取技术综述[J]. 计算机应用研究，2010，27(9)：3222-3226.

[33] 谢刚. 利用 D2R 实现关系数据库到关联数据的转换[J]. 电子商务，2017(7)：72-73.

第 3 章 谓词逻辑

谓词逻辑是人工智能的一种知识表示模型，在人工智能领域的最初 20 年中属于一种占统治地位的表示方法。它在解决人工智能面对的问题时，关心的是定性的问题求解而不是定量的问题求解，关心推理而不关心数值计算，关心如何组织庞大而不确定数量的知识，而不关心如何定义某个单一的算法。谓词逻辑的演算功能为人工智能提供了一种描述和推理系统定性特征的定义完善的途径。此外，其演算功能可以用来表示个体和群体的关联性。

3.1 逻辑学的基本研究方法

逻辑学是研究人类思维规律的科学，现代逻辑学是用数学（符号化、公理化、形式化）的方法来研究这些规律的[1]。哥德尔不完备性定理引发的第三次数学危机，虽然从根本上证明了并不存在自洽的完备公理化体系[2]，但图灵指出，人类在认知与计算的问题上并不需要走得那么远。对于人工智能中以定性结论为主、量化结论为辅的计算机算法，逻辑学很好地给出了一个定性的数学表示系统。

3.1.1 概念化和理性化

人们思维所在的客观世界称为"思维"的"环境"。通过感知环境，思维可以形成概念。这些概念以"自然语言"（包括文字、图像、声音等）为载体，在思维中进行"记忆""比较""涵盖"后，又进一步成为思维的一部分。通过对概念外延的拓展与对概念内涵的修正，可实现思维的概念化这个最基础的功能。这一过程将物理对象抽象为思维对象，就是将概念语言化来表示对象本身、对象的性质、对象间的关系等。而理性化就是在概念化的基础上对概念进行判断与推理，是思维的更高级的形式。

其中判断包括[1]如下内容。

（1）概念对个体的适用性判断（特称判断、全称判断及其否定）。

（2）个体对多个概念的同时满足或选择性满足的判断（合取判断或析取判断）。

（3）概念对概念的蕴含判断（条件判断）。

推理就是由已知的判断根据一定的准则推导出另外的判断的过程。这些所谓的"一定的准则"是思维对自身属性感知并概念化的产物，其中包括如"三段论""假言推理"等经典的推理规则。

思维是感知的概念化和理性化。现代逻辑学旨在用符号化、公理化、形式化的方法来研究这种概念化、理性化过程的规律与本质[3]。

3.1.2　符号化

符号化是指用一种只做整体认读的记号——符号[1]来表示概念及其之间的关系的方法。

人们使用的自然语言就是一种符号体系，可以说语言化就是符号化的初级阶段。但很可惜，这类初级的符号化在对思维做深入的讨论和研究时是不够充分的。数字 0、1、2…是人类对世界进行了世世代代的观测后归纳总结出的一种抽象概念，可以说是一种初级的符号标记。在毕达哥拉斯时代，人们对这种抽象标记达到一种对神明崇拜的地步。那个时候的人们相信，世界上一切的事物都可以归结为整数，也正是基于这种信仰，无理数的发现引发了第一次数学危机。

后来数学家在整数的基础上进一步构造了实数、复数、四元数等代数结构，基数、序数等概念符号化也基于"字母表示数""符号表示数"等对"数"做进一步抽象以阐明"数"内部的结构，这才有了代数理论，人们才对"数"这个概念开始有了深刻认识。

现代逻辑学对思维的研究，同样需要更加彻底的符号化过程，需要使用字母、符号表示思维中的物理对象、概念对象和判断对象，等等[3]。只有这样，研究才能更深刻和准确。

3.1.3　公理化

欧几里得几何是数学中第一个被"公理化"了的理论体系。它通过对现实世界中空间形态基础成分的概念化，使用 5 个公理和 5 个公设①，在逻辑推理规则下，可以由给出的公理和公设系统推演出一系列的"定理"，从而得以继承已有公理和公设的客观性与正确性。在欧几里得几何中，所有的概念都有鲜明的直观背景，其推理的基础"公理和公设"与推理的结论"定理"都有强烈的客观意义。因此，称类似于欧几里得几何这样自洽的数学体系为公理系统。

同样，始于亚里士多德的逻辑学被符号化、公理化为现代逻辑学。

例如，"一个条件命题等价于它的逆否命题"，将其符号化后，其公理模式为

$$(A \rightarrow B) \leftrightarrow (\neg B \rightarrow \neg A)$$

又如，"全称判断蕴含特称判断"，将其符号化后，其公理模式为

$$\forall x A(x) \rightarrow A(t)$$

其中，$\leftrightarrow$ 表示"等价"；$\forall x A(x)$ 表示"一切对象皆满足性质 A"；$A(t)$ 表示"对象 t 满足性质"[3]。

事实上，现代逻辑学的公理化更为彻底，它将人们的推理规则也符号化和模式化。它们本质上与公理相同，但为了突出在形式上和应用上与公理的区别，它们称为推理规则模式[4]。

---

① 对第五个公设的变动引发了各类其他非欧几里得几何公理化体系的建立。

3.1.4 形式化

在抽象公理系统中，原始概念的直觉意义被忽略或否定，甚至没有任何预先设定的意义[5]。对于公理这种无须证明的断言，也可以无须任何实际背景意义，即在系统中，事先约定在一开始便要接受为结论的是哪些语句或命题。对于原始的概念（符号）和公理（约定命题的真值），人们甚至可以不知所云，唯一有意义的东西也是唯一可以识别的事物就是它们的表示形式。

因为现实世界中的对象及其性质往往需要被很精确地刻画和深入地研究，所以抽象公理系统的提出通常是具有客观背景的。但是，当抽象公理体系已经形成后，可刻画的对象就已不限于原来考虑的那些情况了，因此一般对一个抽象公理系统可以有多个解释。例如，布尔代数抽象公理系统，可以解释为有关命题真值的命题代数，也可以解释为电路设计研究的开关代数，还可以解释为讨论集合的集合代数，等等[5]。

形式化就是彻头彻尾的"符号化+抽象公理化"。因此，现代逻辑学在形式化数学的同时，完成了自身的形式化[6]。

3.1.5 现代逻辑学形式系统

现代逻辑学形式系统的组成如下[1]。

（1）用于将概念符号化的符号语言，通常为形式语言，包括符号表Σ及语言的文法，可生成表示对象的语言成分项，表示概念、判断的公式。

（2）表示思维逻辑的逻辑学公理模式和推理规则模式（抽象公理系统）及其依据，它们推演可得到全部定理组成的理论体系。

基于现代逻辑学可构成形式化的数学系统或其他理论系统，它们与现代逻辑学系统的不同只在于其形式语言可表述的对象更为广泛并使用了非逻辑学公理。由此可知，形式化是现代逻辑学的基本特性，形式系统是现代逻辑学的重要工具，借助于形式化过程和对形式系统的研讨，可完成对思维规律或其他对象理论的研究。

对形式系统的研究包括以下3个方面[3]。

（1）语法研究。语法研究是对系统内定理推演的研究。

（2）语义研究。公理系统、形式系统并不一定针对某一特定的问题范畴，可以对它做出种种解释，即通过赋予它一定的个体域和一定的结构，可用个体域中的个体、个体上的运算、个体间的关系解释系统中的抽象符号。在给定的语义结构中，可以讨论形式系统中各项所对应的个体、公式所对应的判断命题的真值，以及语义规定等。

（3）语法与语义关系的研究。由于语义结构通常是抽象出形式系统的那个问题范畴的数学描述，因此一个好的形式系统中的定理应当在所有相关语义系统中都是真命题；反之，语义系统中所有那些真命题所对应的形式表示，应当都是形式系统中的定理。

3.2　命题逻辑

数理逻辑是一种用数学方法研究将人思维的形式和规律通过形式语言符号化后组成的形式系统的科学。它通过建立特制的表意符号将事物进行抽象并推理，从而研究前提和结论间的形式关系。数理逻辑是现代数学的重要基础，也是现代计算机学科的重要基础，其中的命题逻辑和谓词逻辑是计算机科学领域所必需的知识。下面先对命题逻辑进行介绍和讨论。

3.2.1　语法

1. 命题

定义 3.1　命题（Proposition）是指具有"真假"意义的陈述句[7]。

例如，"相互平行的两条直线互不相交"或"相互平行的两条直线存在两个交点"，这些句子在一定环境下具有"真"或"假"的意义，或者可以被硬性赋予"真"或"假"的意义。因此，一个命题总可赋予一个真假值，称为该命题的"真值"（Truth Value）[8]，真值只有"True"（真）和"False"（假）两种，一般用符号 T（或 1）和 F（或 0）来标记，相应地，称命题为真命题和假命题。

相反，一个没有判断内容的句子、无所谓是非的句子，如祈使句、感叹句、疑问句等，如"快走！""好大的山啊！""你说啥？"都不能作为命题。另外，如"这句话是假话"，这种不具备确定真值（无法判断真假）的陈述句，也不是命题[9]。这些不是命题的表述，不作为下面所讨论的内容。

命题有以下两种类型[10]。

原子命题：不能被分解成更为简单的陈述句。可以理解为不包含任何逻辑联结词的命题。

复合命题：由联结词、标点符号和原子命题等复合构成的命题。

以上这两种类型的命题都应该具有确定的真值。命题逻辑就是研究命题和命题之间关系的符号逻辑系统。

2. 命题逻辑符号

定义 3.2　命题逻辑符号包括以下几种。

（1）命题符号：大写字母 P、Q、R、S 等。一般不规定一个命题符号表示真命题还是假命题，因此命题符号又称为命题变元（Propositional Variable）。

（2）真值符号：True（T）和 False（F），它可以表示命题的真值情况。真值符号又可以表示特殊的命题符号，T 表示永远真命题，F 表示永远假命题，在这种情况下，T、F 又称为命题常元(Propositional Constant)。

（3）联结词。

①"¬"，非（Negation）："¬P"称为 P 的否定，读作"非 P"，表示对命题 P 的否定（其真值变换）。

② "∧"，合取（Conjunction）/与（And）："$P \wedge Q$" 称 P 与 Q 的合取，读作"P 且 Q"或"P 和 Q"，表示命题 P 与命题 Q 的真值同时为真（T），其结果才为真（T）[或者说命题 P 与命题 Q 的真值有一个为假（F），其结果就为假（F）]。

③ "∨"，析取（Disjunction）/或（Or）："$P \vee Q$" 称 P 与 Q 的析取，读作"P 或 Q"，表示命题 P 与命题 Q 的真值有一个为真（T），其结果就为真（T）[或者说命题 P 与命题 Q 的真值同时为假（F），其结果才为假（F）]。

④ "→"，蕴含（Implication）："$P \rightarrow Q$" 称为蕴含式（也称为条件式），读作"如果 P，则 Q"或"P 蕴含 Q"，这里 P 为蕴含的前提[①]，Q 为蕴含的结论[②]，表示只有在前提 P 为真（T）且结论 Q 为假（F）的情况下，蕴含结果才为假（F）（通常的理解为当前提 P 为假（F）时，结论 Q 可以"胡说八道"）。

⑤ "↔"，等价（Equivalence）："$P \leftrightarrow Q$" 称为双向蕴含式，有时用 "⇌" 表示，读作"P 当且仅当 Q"，其含义与日常生活中的"当且仅当"相同，表示只有当 P 和 Q 真值相同时等价结果才为真（T）。

在命题逻辑中，以上 5 个联结词的运算优先级顺序从高到低依次为："¬" "∧" "∨" "→" "↔"。如果同一个逻辑联结词多次出现，则按从左到右的次序运算。

（4）括号：（），用来表示运算优先级。

除了"¬"是一元逻辑联结词，其他 4 个联结词都是二元逻辑联结词，联结词可以用于构造更复杂的复合命题。

3. 合式公式

定义 3.3　合式公式（Well-Formed Formula）。

（1）每个命题符号（命题变元）和真值符号（命题常元）都是一个合式公式，这里称为原子公式（Atomic Formula）。

（2）如果 P、Q 是合式公式，那么$(\neg P)$、$(\neg Q)$、$(P \wedge Q)$、$(P \vee Q)$、$(P \rightarrow Q)$和$(P \leftrightarrow Q)$也是合式公式。

（3）只有有限步使用本定义中（1）和（2）所组成的符号串才是命题逻辑中的合式公式。

以上的定义方法是采用"数学归纳法"的方式对"合式公式"加以定义：先规定命题的常元与变元是合式公式（原子公式），再规定对原子公式使用联结词后得到的公式仍然是合式公式，最后强调"有限步"，以此给合式公式一个严格的定义及其适用范围。需要注意，合式公式一般不是命题，只有当合式公式有了具体的解释（详见 3.2.2 节）后，才是一个命题。

例 3.1　由定义 3.3 显然可知以下都是合式公式。

$$(\neg(P \vee Q))$$
$$(P \rightarrow (\neg(P \wedge Q)))$$

---

① 前提（Premise）又被称为前件/前项（Antecedent）。

② 结论（Conclusion）又被称为后件/后项（Consequent）。

$$(((P \to Q) \lor \neg((R \to Q))) \leftrightarrow S)$$

而以下都不是合式公式。

$$((PQ) \to R) \qquad (P \text{ 与 } Q \text{ 之前没有联结词})$$
$$((\land Q) \to S) \qquad (\land \text{ 是二元联结词})$$
$$(P \land Q \qquad (\text{括号不完整})$$
$$(P \leftrightarrow Q); \qquad (;\text{不是合法的符号})$$

由上面的例子可知，一个比较复杂的命题公式中往往有大量的括号出现。这些括号在确保公式清晰、无二义性的同时，给阅读和书写带来了很大的不便。所以一般做如下约定[9]。

（1）合式公式最外层的括号可以省略。

（2）符合定义 3.2 中的逻辑联结词运算优先次序的括号可以省略。

（3）当合式公式中同一个逻辑联结词多次连续出现时，它们中间的括号可以省略。

3.2.2　语义

1. 真值表

前面给出了命题逻辑的合式公式（后面简称"命题公式"）的定义，同时说明了复合命题就是对原子命题有限步使用"联结词"构成的新的命题。下面正式地定义这些命题公式的语义。

实际上，在给出定义 3.2 中关于"联结词"的定义时，已经对命题在使用这些联结词时得到的新命题的真值进行了初步的阐述。在这个阐述的过程中，已经提前涉及了"语义"的概念。这一层关系可以使用如表 3-1 所示的真值表（Truth Table）进行更为精确的说明。

表 3-1　真值表

P	Q	$\neg P$	$P \land Q$	$P \lor Q$	$P \to Q$	$P \leftrightarrow Q$
T	T	F	T	T	T	T
T	F	F	F	T	F	F
F	T	T	F	T	T	F
F	F	T	F	F	T	T

真值表包括两部分[11]：①表的左半部分列出了命题公式的每一种解释；②表的右半部分给出了在相应解释下每个命题公式得到的真值。

若命题公式复杂，可先列出各子公式的真值（若有括号，从里层向外展开），最后列出所给命题公式的真值。如对于 $(P \to Q) \lor \neg(R \to Q)$，可先分别列出 $P \to Q$ 和 $\neg(R \to Q)$ 的真值，再判断整个命题公式的真值会更简单。有时也可用二进制数来表示真值表，其中"1"与"T"相同，表示为"真"；"0"与"F"相同，表示为"假"。

2. 解释

表 3-1 中的前两列对命题变元 P 和命题变元 Q 可能的"真值赋值"进行了枚举。在

这个过程中，对 P、Q 的判断结果要么是"真"，要么是"假"。这种对原子式赋真值的行为称为"解释"。

严格来说，解释就是以函数的形式将命题变元集合 $\{P,Q\}$ 映射到真值符号集合 $\{T,F\}$ 上，由于存在 4 种不同的映射，因此对应 4 种不同的解释。

定义 3.4 解释（Interpretation）。

设 A 是命题公式，P_1、P_2、$\cdots$、P_n 为 A 中出现的所有命题变元。A 的一种解释是对 P_1、P_2、$\cdots$、P_n 赋予的一组值，其中每个 P_i（$i=1,2,\cdots,n$）或者为 T，或者为 F。

注意，若在命题公式 A 中有 n 个不同的原子命题 P_1、P_2、$\cdots$、P_n，那么该命题公式就有 2^n 个不同的解释。

这样，对应着 $\{P,Q\}$ 4 种不同的解释，可以得到使用联结词后的命题公式 $(\neg P)$、$(P \wedge Q)$、$(P \vee Q)$、$(P \rightarrow Q)$ 和 $(P \leftrightarrow Q)$ 的真值。表 3-1 中的前两列列出了这 4 种解释，后 5 列对应地给出了使用 5 种联结词的命题公式可以得到的真值结果。

一般来说，命题公式在某些解释下为真，在某些解释下为假。但是，也有特殊情况，即某些命题公式在任何解释下都为真或都为假。

定义 3.5 永真式、永假式、可满足的。

（1）如果命题公式 A 在任何解释下都为真，则称 A 为永真式①（Tautology）。

（2）如果命题公式 A 在任何解释下都为假，则称 A 为永假式②（Contradictory），或者不可满足的（Unsatisfiable）。

（3）如果命题公式 A 至少有一个解释为真，则称 A 为可满足的（Satisfiable）。

显然，永真式与永假式互为否定，即永真式的否定为永假式，永假式的否定为永真式。同时，永真式的合取还是永真式，永假式的析取还是永假式。

真值表的方法可以判断一个命题公式是否为永真式或永假式，但当命题公式本身很复杂时，该方法就变得十分麻烦了。下面介绍另一种方法。

定理 3.1 代入定理：设命题公式 A 含有命题变元 P，那么将 A 中 P 的所有出现均代换为命题公式 B，所得新命题公式称为 A 的代入实例[12]。

（1）永真式的代换实例必为永真式。

（2）永假式的代换实例必为永假式。

在使用代换实例时要注意代换命题公式中命题变元的所有出现。例如，对永真式 $P \vee \neg P$，$(R \leftrightarrow S) \vee \neg(R \leftrightarrow S)$ 是一个代换实例，而 $(R \leftrightarrow S) \vee \neg P$ 因为没有代换所有的变元 P，所以不是一个代换实例。显然，如果能判断给定的命题公式是某个永真（假）式的代换实例，那么就能判断该命题公式也是永真（假）式[7]。

3. 等价和蕴含

定义 3.6 逻辑等价（Logical Equivalence）。

如果有命题公式 A 和 B，且 $A \leftrightarrow B$ 为永真式，即 A、B 在任意解释下，其真值都是

---

① 又称为重言式。

② 又称为矛盾式。

相同的，称命题公式 A 逻辑等价于命题公式 B，记为 $A \Leftrightarrow B$。

这里需要注意符号"$\leftrightarrow$"与符号"$\Leftrightarrow$"的区别。符号"$\leftrightarrow$"是逻辑联结词，是运算符；而符号"$\Leftrightarrow$"是关系符，$A \Leftrightarrow B$ 表示 A 和 B 有逻辑等价关系[11]。

有了逻辑等价的定义后，通过真值表可以很容易证明以下常用的逻辑等价式。有兴趣的读者可以自行尝试验证。

定理 3.2 常用逻辑等价式。

E_1	$\neg\neg P \Leftrightarrow P$	双重否定律
E_2	$P \wedge Q \Leftrightarrow Q \wedge P$	交换律
E_3	$P \vee Q \Leftrightarrow Q \vee P$	
E_4	$(P \wedge Q) \wedge R \Leftrightarrow P \wedge (Q \wedge R)$	结合律
E_5	$(P \vee Q) \vee R \Leftrightarrow P \vee (Q \vee R)$	
E_6	$P \wedge (Q \vee R) \Leftrightarrow (P \wedge R) \vee (Q \wedge R)$	分配律
E_7	$P \vee (Q \wedge R) \Leftrightarrow (P \vee R) \wedge (Q \vee R)$	
E_8	$\neg(P \wedge Q) \Leftrightarrow \neg P \vee \neg Q$	德·摩根律
E_9	$\neg(P \vee Q) \Leftrightarrow \neg P \wedge \neg Q$	
E_{10}	$P \vee P \Leftrightarrow P$	幂等律
E_{11}	$P \wedge P \Leftrightarrow P$	
E_{12}	$P \vee F \Leftrightarrow P$	同一律
E_{13}	$P \wedge T \Leftrightarrow P$	
E_{14}	$P \vee T \Leftrightarrow T$	零律
E_{15}	$P \wedge F \Leftrightarrow F$	
E_{16}	$P \vee \neg P \Leftrightarrow T$	
E_{17}	$P \wedge \neg P \Leftrightarrow F$	
E_{18}	$P \vee (P \wedge Q) \Leftrightarrow P$	
E_{19}	$P \wedge (P \vee Q) \Leftrightarrow P$	
E_{20}	$P \rightarrow Q \Leftrightarrow \neg P \vee Q$	
E_{21}	$\neg(P \rightarrow Q) \Leftrightarrow P \wedge \neg Q$	
E_{22}	$\neg(P \rightarrow Q) \Leftrightarrow \neg Q \rightarrow \neg P$	
E_{23}	$P \rightarrow (Q \rightarrow R) \Leftrightarrow P \wedge Q \rightarrow R$	
E_{24}	$P \leftrightarrow Q \Leftrightarrow (P \rightarrow Q) \wedge (Q \rightarrow P)$	
E_{25}	$P \leftrightarrow Q \Leftrightarrow (P \wedge Q) \vee (\neg P \wedge \neg Q)$	
E_{26}	$\neg(P \leftrightarrow Q) \Leftrightarrow P \leftrightarrow \neg Q$	

显然，如果一个命题公式等价一个永真（假）式，那么这个式子本身也是永真（假）式。因此，通过对一个命题公式进行等价变换就可以证明一些较复杂的命题公式是否为永真（假）式。

定理 3.3 置换定理：设有 $A \Leftrightarrow B$，若在命题公式 C 中出现 A 的地方替换以 B（不一定每处出现都进行）而得到命题公式 D，则 $C \Leftrightarrow D$。

置换定理与代入定理有相似之处。这里需要注意它们以下几个方面的区别[13]。

（1）代入定理针对的是命题的变元，而置换定理针对的是命题公式。

（2）代入定理必须代换该命题变元的所有出现，而置换定理不一定要取代命题公式所有的出现。

（3）代入定理中可以用任意命题公式代换命题变元，而置换定理要求必须用与被取代命题公式逻辑等价的命题公式进行置换。

（4）使用置换定理后的命题公式必须与原命题公式等价，而使用代入定理得到的新命题公式只有在原命题公式为永真（假）式时，才能保证二者等价。

除了用于证明一些复杂形式的永真（假）式，使用置换定理可以推导出新等价式。

例 3.2 以定理 3.2 中的 E_{12} 和 E_{15} 为例：

由 E_{15}：$P \wedge F \Leftrightarrow F$ 可知，E_{12}：$P \vee F \Leftrightarrow P$ 中的 F 可由 $P \wedge F$ 代换，从而得新等价式 $P \vee (P \wedge F) \Leftrightarrow P$。

定义 3.7 逻辑蕴含（Logical Implication）。

如果有命题公式 A 和 B，且 $A \rightarrow B$ 为永真式，即 A、B 在任意解释下其真值都是相同的，则称命题公式 A 逻辑蕴含命题公式 B，记为 $A \Rightarrow B$。注意，这里"$\Rightarrow$"也属于关系符。

从 $A \Rightarrow B$ 的定义不难看出，要证明 A 逻辑蕴含 B，只要证明 $A \rightarrow B$ 是一个永真式即可。而从 $A \rightarrow B$ 的定义不难知道，要说明 $A \rightarrow B$ 是永真式，只要说明下面两种情况之一即可。一种情况是假定前提 A 为真，若能推出结论 B 也为真，则 $A \rightarrow B$ 为永真式，于是 $A \Rightarrow B$；另一种情况是假定结论 B 为假，若能推出前提 A 必为假，则 $A \rightarrow B$ 为永真式，于是 $A \Rightarrow B$[11]。

当然，也可以用真值表法来证明永真蕴含式。下面是常用的逻辑蕴含式。

定理 3.4 常用逻辑蕴含式。

I_1	$P \wedge Q \Rightarrow P$	化简式
I_2	$P \wedge Q \Rightarrow Q$	
I_3	$Q \Rightarrow P \vee Q$	附加式
I_4	$P \Rightarrow P \vee Q$	
I_5	$\neg P \Rightarrow P \rightarrow Q$	
I_6	$Q \Rightarrow P \rightarrow Q$	
I_7	$\neg(P \rightarrow Q) \Rightarrow P$	
I_8	$\neg(P \rightarrow Q) \Rightarrow \neg Q$	
I_9	$P \rightarrow Q \Rightarrow R \wedge P \rightarrow R \wedge Q$	
I_{10}	$P \rightarrow Q \Rightarrow R \vee P \rightarrow R \vee Q$	
I_{11}	$\neg P \wedge (P \vee Q) \Rightarrow Q$	析取三段式
I_{12}	$P \wedge (P \rightarrow Q) \Rightarrow Q$	假言推理
I_{13}	$\neg Q \wedge (P \rightarrow Q) \Rightarrow \neg P$	拒取式
I_{14}	$(P \rightarrow Q) \wedge (Q \rightarrow R) \Rightarrow P \rightarrow R$	假言三段论
I_{15}	$(P \vee Q) \wedge (P \rightarrow R) \wedge (Q \rightarrow R) \Rightarrow R$	二难定理

4．范式

通过有限步骤确定给定的命题公式是永真式、永假式或可满足的，这类问题被称为命题演算的判定问题[12]。当命题中原子命题的数目较大时，用真值表来进行命题公式演算相当麻烦，此时可把命题公式化为某种标准型，即范式(Normal Form)。

定义 3.8 合取范式(Conjunctive Normal Form)和析取范式 (Disjunctive Normal Form)。

对于命题公式 A 与命题公式 B，如果 $A \Leftrightarrow B$，且 B 呈现如下形式。

$$C_1 \wedge C_2 \wedge \cdots \wedge C_n$$

则称命题公式 B 为命题公式 A 的合取范式。

对于命题公式 A 与命题公式 B，如果 $A \Leftrightarrow B$，且 B 呈现如下形式。

$$C_1 \vee C_2 \vee \cdots \vee C_n$$

则称命题公式 B 为命题公式 A 的析取范式。

合取范式中每个 $C_i (i = 1, 2, \cdots, n)$ 的形为

$$P_1 \vee P_2 \vee \cdots \vee P_m$$

相反，析取范式中每个 $C_i (i = 1, 2, \cdots, n)$ 的形为

$$P_1 \wedge P_2 \wedge \cdots \wedge P_m$$

其中，$P_i (i = 1, 2, \cdots, m)$ 为命题变元，或者命题变元的否定。

对于任意一个命题公式，都可求得与其等价的合（析）取范式，这是因为命题公式中出现的 → 和 ↔ 都可用常用的等价式代换，用 ∧、∨ 和 ¬ 表达，而且范式的形式并不唯一。

定义 3.9 极大项（Maxterm）与极小项（Minterm）。

设 $P_i (i = 1, 2, \cdots, m)$ 为互不相同的命题变元，称 $P_1' \vee P_2' \vee \cdots \vee P_m'$ 为关于变元 $P_1, P_2, \cdots, P_m$ 的极大项，称 $P_1' \wedge P_2' \wedge \cdots \wedge P_m'$ 为关于变元 $P_1, P_2, \cdots, P_m$ 的极小项，其中，P_i' 为 P_i 或 $\neg P_i$。

对于 n 个不同的变元，分别有 2^n 个不同的极大项和极小项。

定义 3.10 主合取范式（Principal Conjunctive Normal Form）与主析取范式（Principal Disjunctive Normal Form）。

对于命题公式 A 与命题公式 B，如果满足：B 是由 A 中所有命题变元的若干个极大项合取而成的，称 B 为 A 的主合取范式；B 是由 A 中所有命题变元的若干个极小项析取而成的，称 B 为 A 的主析取范式。

定理 3.5 对于任意命题公式 A：①如果一个命题公式 A 不是永真式，则其必有主合取范式，而且主合取范式唯一。②如果一个命题公式 A 不是永假式，则其必有主析取范式，而且主析取范式唯一。

这样利用求一个命题公式的主析取范式和主合取范式的方法，可以很快地判断一个命题公式是否为永真式、永假式或是可满足的。若一个命题公式是永真式，它的命题变元的所有极小项均出现在其主析取范式中，不存在与其等价的主合取范式；若一个命题公式是永假式，它的命题变元的所有极大项均出现在其主合取范式中，不存在与其等价的主析取范式；若一个命题公式是可满足的，它既有与其等价的主析取范式，也有与其

等价的主合取范式。

下面给出求合（析）取范式的步骤[14]，读者可自行练习。

（1）通过等价式 E_{20} 消去 $\to$，使用 E_{24} 或 E_{25} 消去 $\leftrightarrow$。

（2）使用 E_8 或 E_9 内移 $\neg$，使用 E_1 使变元前面只有一个 $\neg$。

（3）使用 E_6 或 E_7，化为若干析取式合取或若干合取式析取的形式。

（4）最后对于求主合取范式的情况，每个析取式 A 中如果缺少命题变元 P，利用 $(A \vee P) \wedge (A \vee \neg P)$ 取代 A，这里显然它们是等价的，重复直到所有的析取式全部为极大项，就得到了主合取范式；对于求主析取范式的情况，每个合取式 B 中如果缺少命题变元 Q，利用 $(B \wedge Q) \vee (B \wedge \neg Q)$ 取代 B，这里显然它们也是等价的，重复直到所有的合取式全部为极小项，就得到了主析取范式。

例 3.3　对于命题公式 $(P \to R) \wedge (Q \to R)$ 和 $P \vee Q \to R$，求它们的主合取范式。

第一步，消去 $\to$，分别得到 $(\neg P \vee R) \wedge (\neg Q \vee R)$ 和 $\neg(P \vee Q) \vee R$。

第二步，内移 $\neg$，$(\neg P \vee R) \wedge (\neg Q \vee R)$ 不需要改变，得到 $\neg(P \vee Q) \vee R \Leftrightarrow (\neg P \wedge \neg Q) \vee R$。

第三步，化为若干析取式的合取的形式，其中 $(\neg P \vee R) \wedge (\neg Q \vee R)$ 依然不需要改变，得到 $(\neg P \wedge \neg Q) \vee R \Leftrightarrow (\neg P \vee R) \wedge (\neg Q \vee R)$。

第四步，利用 $(A \vee P) \wedge (A \vee \neg P) \Leftrightarrow A$ 补充缺少的命题变元，则 $(\neg P \vee R) \wedge (\neg Q \vee R) \Leftrightarrow (\neg P \vee R \vee Q) \wedge (\neg P \vee R \vee \neg Q) \wedge (\neg Q \vee R \vee P) \wedge (\neg Q \vee R \vee \neg P)$，再合并 $(\neg Q \vee R \vee \neg P)$ 这个重复的析取式，得到 $(\neg P \vee R \vee Q) \wedge (\neg P \vee R \vee \neg Q) \wedge (\neg Q \vee R \vee P)$ 为这两个式子的主合取范式，同时因为这两个式子的主合取范式相等，所以这两个式子本身是等价的。

3.3 谓词逻辑

3.3.1　语法

在 3.2 节介绍的命题逻辑中，最基本的单位是原子命题，原子命题本身是一个不能再分割的部分，它能对一些问题进行形式化描述，并解决一些简单的推理过程。然而，当面对一些更复杂的问题时，命题逻辑无法确切表达，也不能进行有效推理。

最经典的例子之一是下面的苏格拉底推理。

命题 P：苏格拉底是人。

命题 Q：人是要死的。

命题 R：苏格拉底是要死的。

按照人们通常的认识，这个推理应该是正确的，但设 P，Q，R 分别表示这 3 个原子命题，则应有 $P \wedge Q \Rightarrow R$，即 $P \wedge Q \to R$ 是永真式，然而它并不是永真式，故上述推理形式又是错误的。

又如，在数学中常用的一些判断，如 $x < 4$，$x + y = z$ 等就无法用命题的形式表达出来，因为这些数学判断中都含有变量。

产生这些问题的根本原因是原子命题作为基本单位不允许再被分解。因此，命题逻辑既不能表达两个不同的原子命题所具有的共同特点，也不能表达两者之间的任何差异。因此，对原子命题加以分析，分析它的谓词，构建新的形式结构并考虑这些结构间的逻辑联系，就进一步构成了谓词逻辑(Predicate Logic)[①]。因为谓词逻辑中的命题、命题逻辑符号等概念与命题逻辑中一致，这里就不再赘述了。

1. 个体、谓词、函词

定义 3.11 个体（Individual），指在原子命题中所描述的对象。

个体是指可以独立存在的事物，它可以是某个抽象的概念，也可以是一个具体的实体，如汽车、人工智能、实数、品德等。特定的个体，如小明、北京大学等称为个体常元（Individual Constant），一般以 a，b，c 等表示。任意一个个体都有一个讨论范围，这个变化范围称为论域[②]（Universe of Discourse），通常用符号 D 表示，个体就相当于论域中的元素。以某个论域为变化范围的表示任意个体的形式符号称为个体变元（Individual Variable），一般以 x，y，z 表示。

定义 3.12 谓词（Predicates），指在原子命题中用以描述个体的性质或个体间关系的部分。

谓词当与一个个体相联系时，刻画的是该个体的性质；当与两个或多个个体相联系时，则刻画的是这些个体之间的关系。通常都用大写英文字母，如 P，Q，R，L，S 等来表示。

这个概念比较抽象，下面举例说明。有以下两个命题。

张三是学生。

李四是学生。

其中，"……是学生"就是谓词，"张三""李四"是个体。谓词在这里用来刻画个体的性质。如果用 $P(x)$ 表示"x 是学生"，假设用 a 表示张三，b 表示李四，则上述两个命题又可以表示成 $P(a)$，$P(b)$。

又如命题：计算机学院的人工智能课是必修类别。

其中，"……学院的……课是……类别"是谓词，是用来刻画多个个体之间的关系的。如果用 $L(x,y,z)$ 表示"x 学院的 y 课是 z 类别"，假设用 a 表示计算机，b 表示人工智能，c 表示必修，则上述命题可表示成 $L(a,b,c)$。

定义 3.13 一个原子命题用一个谓词（如 P）和 n 个有次序的个体常元（如 a_1，$a_2,\cdots,a_n$）表示成 $P(a_1,a_2,\cdots,a_n)$，则称它为命题的谓词形式。

这里需要注意，命题的谓词形式中个体的出现顺序影响命题的真值，不能随意变动，如上面所举的例子中，$L(b,a,c)$ 就表示人工智能学院的计算机课是必修类别。

谓词中的个体数目称为谓词的元数。与一个个体变元相联系的谓词称为一元谓词

---

① 本节只讨论谓词逻辑中一阶逻辑的情况。

② 也称为个体域。

（One-Place Predicate），与两个个体变元相联系的谓词称为二元谓词（Two-Place Predicate）。例如，$P(x)$ 是一元谓词，$L(x,y)$ 是二元谓词。这里的谓词还不是一个命题，它仅表明该谓词的元数及个体变元之间的顺序。类似于命题逻辑中只有将其中的谓词解释为确定的含义，给每个个体变元都代以确定的个体后，该谓词才变成一个确定的命题，有确定的真值[11]。

定义 3.14 函词（Function），指以论域为定义域和值域的一种映射，用来表示函数。通常用小写字母 f、g、h 等表示。

考虑这样一个命题：小明的胳膊被小王打断了。$L(x,y)$ 表示 x 被 y 打断了，用 $f(x)$ 表示 x 的胳膊，a 表示小明，b 表示小王，那么这个命题就可以表示为 $L(f(a),b)$。在这里，论域可以取包括"小明""小王""小明的胳臂"的任何集合，它们都是论域中的个体，显然 a，b 是个体常元，而 $f(a)$ 比较特殊，它既不是个体常元，也不是个体变元，它使用了一个函词来表示论域上的一个映射，一般称为项（见定义 3.16）。引入函词的原因是在自然语言中会说小明的胳膊，而不是给他的胳膊取一个名称，所以直接用个体常元或个体变元来指代一个个体有时并不方便[15]。

2. 量词

考虑下面的问题：如果用 $P(x)$ 表示 x 有本科学历，而 x 的论域为某单位职工，那么如何表示某单位职工都有本科学历和某单位仅有部分职工有本科学历这两种情况？为此，引入用来刻画"所有的""一部分的"的词，即量词。

定义 3.15 全称量词、存在量词。

符号 $\forall$ 称为全称量词符，用来表达"所有的""任意的""每一个"等词语。"$(\forall x)P(x)$"表示命题："对于论域中所有个体 x，谓词 $P(x)$ 均为 T"。其中"$(\forall x)$"称为全称量词（Universal Quantifier），读作"任意的 x"。

符号 $\exists$ 称为存在量词符，用来表达"存在一些""对于某些""至少有"等词语。"$(\exists x)Q(x)$"表示命题："在个体域中存在某些个体使谓词 $Q(x)$ 为 T"。其中"$(\exists x)$"称为存在量词（Existential Quantifier），读作"存在 x"。一般将全称量词、存在量词统称量词（Quantifier）。使用量词结合谓词可以表示更深层含义的命题。

例 3.4 针对下面几个命题：

每个学生都有母亲。

一些学生很优秀。

所有学生都热爱学校。

令 $S(x)$ 表示 x 是学生，$M(x)$ 表示 x 有母亲，$G(x)$ 表示 x 很优秀，$L(x)$ 表示 x 热爱学校，则上述命题可分别表示为：

（1）$(\forall x)(S(x) \to M(x))$。

（2）$(\exists x)(S(x) \land G(x))$。

（3）$(\forall x)(S(x) \to L(x))$。

谓词前加上量词，称为谓词的量化（Quantitative Predicate）。对某个命题的谓词形式确定论域之后，经过量化，其就可以转化为一个命题，可以确定其真值。将谓词转化为命题的方法有两种：一是将谓词中的个体变元全部换成确定的个体常元或有确定个体变元的函词；二是使谓词量化[7]。

这里有几点原则需要注意。

（1）量词本身可以用 $\land$、$\lor$ 联结词代替。假设论域是 S：
$$S = \{a_1, a_2, \cdots, a_n\}$$
由量词的定义不难看出，对任意谓词 $P(x)$ 有
$$(\forall x)(P(x) \Leftrightarrow P(a_1) \land P(a_2) \land \cdots \land P(a_n))$$
$$(\exists x)(P(x) \Leftrightarrow P(a_1) \lor P(a_2) \lor \cdots \lor P(a_n))$$

（2）由量词所确定的命题的真值与论域有关[11]。所以有时为了方便，论域一律用全体论域，每个个体变元的真正变化范围则用一个特性谓词来刻画。例如，用 $R(x)$ 表示 x 是实数。

（3）注意量词和逻辑联结词的搭配使用。对于全称量词应使用逻辑联结词 $\rightarrow$，对于存在量词应使用逻辑联结词 $\land$。对于初学者来说，量词搭配错误的联结词是常见的错误。这里用一个例子来说明。

例 3.5 $A(x)$ 表示 x 是计算机学院的学生，$S(x)$ 表示 x 是个聪明人。

$\forall x(A(x) \rightarrow S(x))$ 表示所有计算机学院的学生都很聪明。

$\forall x(A(x) \land S(x))$ 表示每个人都是计算机学院的且都很聪明。

这说明一般情况下，全称量词应与 $\rightarrow$ 搭配使用。

同样地，用 $A(x)$ 表示 x 是计算机学院的学生，$F(x)$ 表示 x 人工智能课不及格。

$\exists x(A(x) \land F(x))$ 表示计算机学院有人工智能课不及格的学生。

$\exists x(A(x) \rightarrow F(x))$ 表示有这样一个学生，只要他是计算机学院的，他的人工智能课就不及格。

这说明一般情况下，存在量词应与 $\land$ 搭配使用。

（4）对于一般情况，量词的先后次序不可随意交换。这样的例子很常见，如例 3.6。

例 3.6 令 $M(x, y)$ 表示 x 是 y 的母亲。

$(\forall y)(\exists x)M(x, y)$ 表示任何人都有母亲，$(\exists x)(\forall y)M(x, y)$ 表示有人是所有人的母亲。

显然不同的量词次序代表了截然不同的含义。

3. 谓词逻辑的合式公式

定义 3.16 项（Item）。

（1）个体常元和个体变元是项。

（2）有函词 $f(a_1, a_2, \cdots, a_n)$，其中 $a_1, a_2, \cdots, a_n$ 都是项，则 $f(a_1, a_2, \cdots, a_n)$ 也是项。

（3）任何项只能由（1）（2）产生。

这里定义的项将个体常元、个体变元和函词的概念统一了起来。

定义 3.17 谓词逻辑的合式公式。

（1）若 $P\{a_1, a_2, \cdots, a_n\}$（$n \geqslant 1$）是 n 元谓词，其中 $a_1, a_2, \cdots, a_n$ 为项，则称其为原子公式或原子谓词公式。原子公式是合式公式。

（2）若 A 和 B 都是合式公式，则 $\neg A, \neg B, A \land B, A \lor B, A \rightarrow B, A \leftrightarrow B$ 也都是合式公式。

（3）如果 A 是合式公式，x 是任意个体变元，且 A 中无 $(\forall x)$ 或 $(\exists x)$ 出现，则 $(\forall x)A(x)$ 和 $(\exists x)A(x)$ 都是合式公式。

（4）当且仅当有限次使用规则（1）～（3）且由逻辑联结词、圆括号构成的公式是合式公式。

可以看到，谓词逻辑的合式公式定义与命题逻辑的合式公式有所不同，加入了项、谓词和量词等概念。

例 3.7　由定义可知，以下是谓词逻辑中的合式公式。

$$(\forall x)P(x)$$
$$(\exists x)Q(x)$$
$$Q(f(a),b) \wedge (\forall x)P(x)$$
$$(\forall x)((\neg Q(a,x)) \wedge P(x)) \to (\forall x)P(x)$$

以下不是谓词逻辑中合法的合式公式。

$$(\forall x)P(x) \wedge Q(x))　（括号不配对）$$
$$(\forall x)(P(x) \to Q(x)) \wedge \neg　（逻辑联结词 \neg 不能单独使用）$$

定义 3.18　自由变元和约束变元。

给定一个谓词逻辑的合式公式（后面简称"谓词公式"）A，其中有部分谓词公式形如 $(\forall x)P(x)$ 或 $(\exists x)P(x)$，则称其为 A 的 x 约束部分，称 $P(x)$ 为相应量词的辖域[①]（Scope）。在辖域中，个体变元 x 的所有出现为约束出现，x 称为约束变元（Bound Variable）；不是约束出现的其他变元出现称为自由出现，这些个体变元称为自由变元（Free Variable）。

对于给定的谓词公式，准确地判断它的辖域、约束变元和自由变元是很重要的。

通常，一个量词的辖域是谓词公式 A 的一部分，称为 A 的子合式公式。因此，确定一个量词的辖域就是找出位于该量词之后的相邻接的子合式公式，一般遵循如下规则[11]。

（1）若量词后有括号，则括号内的子合式公式就是该量词的辖域。

（2）若量词后无括号，则与该量词邻接的子合式公式为该量词的辖域。

谓词公式 A 中的个体变元在 A 中是约束出现还是自由出现，决定了它是约束变元还是自由变元。

例 3.8　讨论下列谓词公式中的量词辖域、个体变元的约束出现和自由出现。

$$(\forall x)(P(x) \leftrightarrow (\exists y)Q(y))$$
$$P(x) \vee (\exists y)Q(x,y))$$
$$(\forall x)(\forall y)(P(x,z) \leftrightarrow Q(x,y)) \vee (\exists x)L(x,y)$$

在 $(\forall x)(P(x) \leftrightarrow (\exists y)Q(y))$ 中，$(\forall x)$ 的辖域是 $(P(x) \leftrightarrow (\exists y)Q(y))$，$(\exists y)$ 的辖域是 $Q(y)$。在 $(\forall x)$ 辖域中，x 为约束出现，在 $(\exists y)$ 辖域中，y 为约束出现。

在 $P(x) \vee (\exists y)Q(x,y))$ 中，$(\exists y)$ 的辖域是 $Q(x,y)$，其中 y 为约束出现，而 x 在 $Q(x,y)$ 和 $P(x)$ 中都为自由出现。

---

① 又称为作用域。

在 $(\forall x)(\forall y)(P(x,z) \leftrightarrow Q(x,y)) \vee (\exists x)L(x,y)$ 中，$(\forall x)$ 和 $(\forall y)$ 的辖域为 $(P(x,z) \leftrightarrow Q(x,y))$，其中 x 和 y 为约束出现，z 为自由出现。$(\exists x)$ 的辖域为 $L(x,y)$，其中 x 为约束出现，而 y 为自由出现。注意，在这个例子中，y 既有约束出现又有自由出现。

由例 3.8 最后一个谓词公式中的 y 可知，在一个谓词公式中，允许一个变元既有自由出现，又有约束出现。

定理 3.6 约束变元可以换名，如把谓词公式中的量词 $(\forall x)$ 换成 $(\forall y)$，要改名的变元应是某量词作用范围内的变元，同时应该对于该变元在此量词辖域内的所有约束出现都改名，而谓词公式的其余部分应保持不变。此外，新的变元符号应是此量词辖域内在换名前没有的符号。

定理 3.7 自由变元也可以换名，如果要改变自由变元 x 的名称，则要改掉 x 在谓词公式中的每一处自由出现，同时改名后的新变元不应在原先的谓词公式中以任何约束形式出现。

3.3.2　语义

1. 谓词逻辑的翻译与解释

把一个文字叙述的命题用谓词公式表示出来，称为谓词逻辑的翻译或符号化。一般来说，符号化的步骤如下[16]。

（1）正确理解给定命题。必要时把命题改叙，使其能表达每个原子命题及原子命题之间的关系。

（2）把每个原子命题分解成个体、谓词和量词。注意在全论域中讨论时，要给出特性谓词来约束范围。

（3）找出适当的量词。注意前面提到的全称量词后跟蕴含式，存在量词后跟合取式。

（4）用适当的联结词把给定命题表示出来。

熟练符号化自然语言需要读者的大量练习，下面有一些中文符号化的大致准则供读者参考[9]。

（1）名词：专有名词多符号化为个体常元，如"小张""小王"等；普通名词多符号化为谓词，如"学生"。当名词有所有格时，其往往符号化为函词，如"小王的胳膊"。

（2）代词："你""我""他（她）""这个""那个"等多符号化为个体常元。

（3）形容词："长""大""聪明"等一般符号化为谓词，个别可能为函词。

（4）动词："爱""打"等多符号化为谓词。

（5）数量词："每个""任何""全部""所有"等，符号化为全称量词，"存在""有些""部分"等符号化为存在量词。

（6）副词：一般与其他词合并，不单独分析。

（7）连词：一般符号化为逻辑联结词，部分如下。

$\neg$："不是""并非""否""不""非""无"等。

$\vee$："或""或者"等。

$\wedge$："和""与""且"等。

$\rightarrow$："若……""则……""如果……""那么……"等。

↔ : "当且仅当""充分必要""充要""即"等。

注意，以上只是大体遵循的准则，不可绝对化，需要结合实际情况及词在语句中的具体词性而定。符号化达到逐词翻译即可。

前面我们讨论过命题公式的解释，因为一个命题变元只有两种可能的解释，即 F 或 T，若一个命题公式含有 n 个命题变元，则其有 2^n 种解释。

因为涉及谓词、个体变元和函词，一个谓词公式的解释就变得比较复杂了，判定一个谓词公式的属性也就远比判定命题公式复杂得多。为此引入如下定义[9]。

定义 3.19 谓词公式 A 的一种解释 I。

指定一个非空集合 D，称为 I 的论域，并称 I 为 D 上的解释。

对 A 中出现的每个个体常元和自由变元，都指定 D 中的一个元素。

对 A 中出现的每个 n 元函词，都指定 D 上的一个 n 元函数。

对 A 中出现的每个 n 元谓词，都指定一个从 D^n 到 {T,F} 的函数，并称为 D 上的 n 元谓词。

这样一来，就可以由谓词公式 A 得到 D 上的一个命题。

对于含有量词的情况，需要根据量词的逻辑意义来决定公式的值。正如 3.3.1 节所述，量词本身可以用 ∧、∨ 联结词代替。

例 3.9 给定如下解释 I。

论域 $D = \{2,3\}$。

D 中个体常元 $a=2$。

D 中函词 $f(2) = 3, f(3) = 2$。

D 中谓词 $G(x,y): G(2,2) = G(2,3) = G(3,2) = 1, G(3,3) = 0$ ；$F(x): F(2) = 0 \; F(3) = 1$ ；$L(x,y): L(2,2) = L(3,3) = 1, L(2,3) = L(3,2) = 0$。

求 I 下下列各谓词公式的真值。

（a）$\forall x(F(x) \wedge G(x,a))$ ；（b）$\exists x(F(f(x)) \wedge G(x,f(x)))$ ；（c）$\forall x \exists y \, L(x,y)$ ；（d）$\exists y \forall x \, L(x,y)$ 。

对于（a），在解释 I 下可化为 $(F(2) \wedge G(2,2)) \wedge (F(3) \wedge G(3,2))$，真值为 F。

对于（b），在解释 I 下可化为 $(F(f(2)) \wedge G(2,f(2))) \vee (F(f(3)) \wedge G(3,f(3)))$，真值为 T。

对于（c），在解释 I 下可化为 $(L(2,2) \vee L(2,3)) \wedge (L(3,2) \vee L(3,3))$，真值为 T。

对于（d），在解释 I 下可化为 $(L(2,2) \wedge L(3,2)) \vee (L(2,3) \wedge L(3,3))$，真值为 F。

2. 谓词逻辑等价式与蕴含式

根据前面的定义，给定一个谓词公式 A，假设其论域为 D，若在 D 中无论如何解释 A，其真值都为 T，则称谓词公式 A 在 D 上是永真的；如果谓词公式 A 对任何论域都是永真的，则称谓词公式 A 是永真的。对应地，如果谓词公式 A 对于任何个体域上的任何解释都为 F，则称谓词公式 A 为永假的（或不可满足的）；若谓词公式 A 不是永假的，则称谓词公式 A 是可满足的。

定理 3.8 谓词逻辑代入定理。

如果命题逻辑中的合式公式 G 是永真（假）式，则使用谓词逻辑合式公式替换 G 中某些命题变元的所有出现所得的代换实例依然是永真（假）式。

由代入定理可知，命题逻辑中常用的等价式和蕴含式在谓词逻辑中同样适用。另外，谓词逻辑还有自己特有的等价式与蕴含式。

定理 3.9　谓词逻辑常用等价式与蕴含式，其中 P 是不含 x 的谓词公式。

E_{25}　$(\exists x)(A(x) \vee B(x)) \Leftrightarrow (\exists x)A(x) \vee (\exists x)B(x)$

E_{26}　$(\forall x)(A(x) \wedge B(x)) \Leftrightarrow (\forall x)A(x) \wedge (\forall x)B(x)$

E_{27}　$\neg(\exists x)(A(x)) \Leftrightarrow (\forall x)(\neg A(x))$

E_{28}　$\neg(\forall x)(A(x)) \Leftrightarrow (\exists x)(\neg A(x))$

E_{29}　$(\forall x)(A(x) \vee P) \Leftrightarrow (\forall x)A(x) \vee P$

E_{30}　$(\forall x)(A(x) \wedge P) \Leftrightarrow (\forall x)A(x) \wedge P$

E_{31}　$(\exists x)(A(x) \vee P) \Leftrightarrow (\exists x)A(x) \vee P$

E_{32}　$(\exists x)(A(x) \wedge P) \Leftrightarrow (\exists x)A(x) \wedge P$

E_{33}　$(\forall x)(A(x) \rightarrow P) \Leftrightarrow (\exists x)A(x) \rightarrow P$

E_{34}　$(\exists x)(A(x) \rightarrow P) \Leftrightarrow (\forall x)A(x) \rightarrow P$

E_{35}　$(\forall x)(P \rightarrow A(x)) \Leftrightarrow P \rightarrow (\forall x)A(x)$

E_{36}　$(\exists x)(P \rightarrow A(x)) \Leftrightarrow P \rightarrow (\exists x)A(x)$

E_{37}　$(\exists x)(A(x) \rightarrow B(x)) \Leftrightarrow (\forall x)A(x) \rightarrow (\exists x)B(x)$

I_{16}　$(\forall x)A(x) \vee (\forall x)B(x) \Rightarrow (\forall x)(A(x) \vee B(x))$

I_{17}　$(\exists x)(A(x) \wedge B(x)) \Rightarrow (\exists x)A(x) \wedge (\exists x)B(x)$

I_{18}　$(\exists x)A(x) \rightarrow (\forall x)B(x) \Rightarrow (\forall x)(A(x) \rightarrow B(x))$

I_{19}　$(\forall x)A(x) \Rightarrow (\exists x)A(x)$

从量词的定义出发，可以给出一组含有两个量词的等价式和蕴含式。

B_1　$(\forall x)(\forall y)L(x, y) \Leftrightarrow (\forall y)(\forall x)L(x, y)$

B_2　$(\forall x)(\forall y)L(x, y) \Rightarrow (\exists y)(\forall x)L(x, y)$

B_3　$(\forall y)(\forall x)L(x, y) \Rightarrow (\exists x)(\forall y)L(x, y)$

B_4　$(\exists y)(\forall x)L(x, y) \Rightarrow (\forall x)(\exists y)L(x, y)$

B_5　$(\exists x)(\forall y)L(x, y) \Rightarrow (\forall y)(\exists x)L(x, y)$

B_6　$(\forall x)(\exists y)L(x, y) \Rightarrow (\exists y)(\exists x)L(x, y)$

B_7　$(\forall y)(\exists x)L(x, y) \Rightarrow (\exists x)(\exists y)L(x, y)$

B_8　$(\exists x)(\exists y)L(x, y) \Leftrightarrow (\exists y)(\exists x)L(x, y)$

需要注意的是，在谓词逻辑中，真值表法并不适用，因为我们无法列出论域中所有的情况，但它可以用来举反例，证明谓词公式不是永真式或永假式。

3. 谓词逻辑中的范式

在谓词公式中，不仅有联结词，还有量词，这使得谓词公式很复杂，很难直接分辨量词之间的关系。类似于命题逻辑，需要给出一种标准形式，缩小谓词公式形式的类型范围，揭示在原来谓词公式中并不显著的逻辑结构方面的关系。

命题逻辑中的合取与析取两种范式都可以直接推广到谓词逻辑中来，只要把命题逻辑原子公式换成谓词逻辑原子公式即可。此外，根据量词在谓词公式中出现的情况不同，范式又可分为前束范式和 SKOLEM 范式，下面主要介绍前束范式。

定义 3.20 一个谓词公式称为前束范式（Prenex Normal Form），如果它有如下形式。

$$(P_1x_1)(P_2x_2)\cdots(P_kx_k)A$$

其中，$P_i(1 \leqslant i \leqslant k)$ 为 $\forall$ 或 $\exists$，A 为不含量词的谓词公式。称 $P_1x_1P_2x_2\cdots P_kx_k$ 为谓词公式的首标。可见，对任一谓词公式 A，如果其中所有量词均非否定地出现在谓词公式的最前面，且它们的辖域为整个谓词公式，则称谓词公式 A 为前束范式。任一谓词公式都可以化成与之等价的前束范式，基本步骤如下。

（1）消去谓词公式中的联结词 $\leftrightarrow$ 和 $\rightarrow$。

（2）将谓词公式内的 $\neg$ 否定符号深入到谓词变元前并化简，直到谓词变元前只有一个否定号。

（3）利用改名、代入规则使所有的约束变元均不同名，且使自由变元与约束变元不同名。

（4）将量词的辖域扩充至整个谓词公式。

例 3.10 对于谓词公式 $((\forall x)P(x)) \wedge (\exists y)Q(y)) \rightarrow (\forall x)R(x)$，求它的前束范式。

第一步，消去 $\rightarrow$，得到 $\neg((\forall x)P(x) \wedge (\exists y)Q(y)) \vee (\forall x)R(x)$。

第二步，$\neg$ 内移，得到 $(\exists x)\neg P(x) \vee (\forall y)\neg Q(y) \vee (\forall x)R(x)$。

第三步，换元改名，得到 $(\exists x)\neg P(x) \vee (\forall y)\neg Q(y) \vee (\forall z)R(z)$。

第四步，量词前移，得到前束范式 $(\exists x)(\forall y)(\forall z)(\neg P(x) \vee \neg Q(y) \vee R(z))$。

另外，SKOLEM 范式是无 $\exists$ 量词的前述合取范式，又称 SKOLEM 标准型，在第 8 章会详细提及其化简方法。

3.4 命题演算推理系统

前面讨论的命题逻辑和谓词逻辑都是对命题公式和谓词公式的解释进行分析的，形式推理方法则能证明从某些前提可以推出某个结论。更通俗地说，如果一个新语句是从已知正确的语句推导出来的，那么就能够断定这个新语句也是正确的。逻辑学的主要任务是提供一套推论规则，按照公认的推论规则，从前提集合中推导出一个结论来，这样的推导过程称为演绎或形式证明。

定义 3.21 设 $A_1, A_2, \cdots, A_m, B$ 是一些命题公式，当且仅当 $A_1 \wedge A_2 \wedge \cdots \wedge A_m \Rightarrow B$，则称 B 是前提集合 $(A_1, A_2, \cdots, A_m)$ 的有效结论。

在任何论证中，倘若认定前提是真的，从前提遵守了逻辑推论规则推导出了有效结论，则认为此结论是真的，并且认为这个论证过程是合法的。也就是说，对于任何论证来说，人们所注意的是论证的合法性。逻辑学所关心的是论证的有效性而不是合法性，也就是说，逻辑学所注重的是推论过程中推论规则使用的有效性，而并不关心前提的实际真值[11]。推论理论对计算机科学中的程序验证、定理的机械证明和人工智能都十分重要。

显然，给定一个前提集合和一个结论，用构成真值表的方法在有限步内能够确定该结论是否为该前提集合的有效结论，这种方法被称为真值表技术。但是，当变元很多或前提规模较大时，特别当谓词逻辑论域很大时，这种方法就显得很不现实了。

为此，需要引入专门的推理系统和推理规则，这部分内容将在第 8 章详细阐述。

3.5　实验：苏格拉底推论符号化及论证

3.5.1　实验目的

（1）能够在 Python 中使用逻辑语言表述问题。
（2）学会利用工具验证输入逻辑的正确性。

3.5.2　实验要求

（1）学会在 Python 中安装 NLTK、Prover9。
（2）学会解决逻辑表述问题并能利用工具验证。

3.5.3　实验原理

对于苏格拉底推论，P：苏格拉底是人；Q：人都是会死的；R：苏格拉底会死。将其分别通过谓词逻辑的方法输入计算机中，并将 $P \wedge Q$ 作为前提，通过工具验证能否推出 R。

Python 中的 NLTK，是最受欢迎的自然语言处理工具包之一，包括分词、词性标注、命名实体识别（NER）及句法分析等。本实验中将使用其 LogicParser() 类将字符串转化为计算机可以理解的逻辑解析式。

Prover9 是一个成熟的逻辑推理工具软件，在 NLTK 中内置了调用 Prover9 的接口，可以调用其对输入逻辑解析式进行验证。

3.5.4　实验步骤

（1）下载 NLTK，本实验使用的是 3.4 版本。可以直接在 cmd 中 Python 安装目录下使用 pip install nltk；或者在网站 http://www.nltk.org/install.html 下载。

（2）下载 Prover9 软件包命令行版，网址为 https://www.cs.unm.edu/~mccune/mace4/download/。注意要将环境变量 PROVER9HOME 配置到 Prover9 安装地址的\bin 目录下。

（3）导入 NLTK，它是 Python 的逻辑编程引擎。

```
import nltk
```

（4）定义变量，将自然语言描述为逻辑解析式输入。

```
lp =nltk.sem.logic.LogicParser()                  #调用 LogicParser()类
P= lp.parse('man(Socrates)')                       #苏格拉底是人
Q= lp.parse('all x (man(x)->mortal(x))')           #人都是会死的
R= lp.parse('mortal(Socrates)')                    #苏格拉底会死
```

（5）调用 Prover9 验证。

```
prover1= nltk.inference.prover9.Prover9()           #调用 Prover9 类接口
prover1.prove(R,[P,Q])                              #P 和 Q 作为前提，R 作为结论输入验证结果
```

3.5.5 实验结果

结果输出如图 3-1 所示。Prover9 会返回布尔值 T 或 F。本实验将返回 T，证明了苏格拉底推论。

```
>>> import nltk
>>>
>>> lp = nltk.sem.logic.LogicParser()
>>> P = lp.parse('man(socrates)')
>>> Q = lp.parse('all x.(man(x) -> mortal(x))')
>>> R = lp.parse('mortal(socrates)')
>>> prover1 = nltk.inference.prover9.Prover9()
>>> prover1.prove(R, [P, Q])
True
```

图 3-1　实验执行结果

此外，最新的 Prover9 提供了可以直接使用的图形界面版，如图 3-2 所示。

图 3-2　图形化 Prover9 软件输入界面

该软件执行前可以自动检查输入格式是否正确，执行后可以查看验证步骤，如图 3-3 所示。

这里程序使用的是归结推理（详见第 8 章）的方法，它是一种计算机程序中常用的推理方法，有兴趣的读者可以在 https://www.cs.unm.edu/~mccune/prover9/gui/v05.html 下载并体验练习。

```
============================== PROOF ==============================

% -------- Comments from original proof --------
% Proof 1 at 0.05 (+ 0.01) seconds.
% Length of proof is 7.
% Level of proof is 3.
% Maximum clause weight is 0.
% Given clauses 0.

1 (all x (man(x) -> mortal(x))) # label(non_clause).  [assumption].
2 mortal(Socrates) # label(non_clause) # label(goal).  [goal].
3 man(Socrates).  [assumption].
4 -man(x) | mortal(x).  [clausify(1)].
5 mortal(Socrates).  [resolve(3,a,4,a)].
6 -mortal(Socrates).  [deny(2)].
7 $F.  [resolve(5,a,6,a)].

============================== end of proof ==============================
```

图 3-3　图形化 Prover9 软件执行结果

习题

1．判断下列语句是否为命题，如果是，请讨论真值情况。

（1）请一直坐着。

（2）你爱看电影吗？

（3）200 小于 30。

（4）$x-y+10=0$。

（5）如果明天下雨，你就会有麻烦。

（6）a 和 b 都是实数，$a+bi$ 也是实数当且仅当 $b=0$。

2．使用逻辑联结词将下列命题符号化。

（1）我吃米饭或面条。

（2）如果明天不下雨，我就出去。

（3）房价还没有下跌。

（4）我会玩游戏当且仅当我写完了作业。

3．写出下列合式公式的真值表，并判断哪些是永真式、永假式、可满足的？

（1）$P \vee \neg P \rightarrow Q$。

（2）$P \rightarrow P \vee Q$。

（3）$(P \vee Q) \wedge \neg(P \vee Q) \wedge R$。

4．运用主范式的方法证明下列等价式。

（1）$(P \rightarrow Q) \wedge (P \rightarrow R) \Leftrightarrow \neg P \vee (Q \wedge R)$。

（2）$(P \vee \neg Q) \wedge (P \vee Q) \wedge (\neg P \vee \neg Q) \Leftrightarrow \neg(\neg P \vee Q)$。

5．刑侦大队对涉及 6 个嫌疑人的一桩疑案进行分析，线索如下。

（1）A 和 B 至少有一人作案。

（2）A、E、$F3$ 人中至少有 2 人参与作案。

（3）A、D 不可能是同案犯。

（4）B、C 或同时作案，或同时与本案无关。

（5）C、D 有且仅有一人作案。

（6）如果 D 没有参与作案，则 E 也不可能参与作案。

请将这些线索符号化，并在 Python 中编程证明凶手是 A、B、C、F。（提示：将线索作为假设参数，结论作为目标参数）。

6．使用谓词逻辑将下列命题符号化。

（1）小明的表妹爱上了小王。

（2）每个人都只有唯一的母亲。

（3）并非所有人都放弃了。

（4）自然数不是奇数就是偶数。

（5）不是所有的患者都打了针，但至少有一个人吃了药。

7．写出下列各合式公式的前束范式。

（1）$\exists x P(x) \rightarrow \forall x Q(x)$。

（2）$\neg(\exists x)(\forall y)(\exists z)(P(x, y) \vee P(x, z)) \rightarrow (\forall x)Q(x)$。

8．已知：人总是会犯错误的；孔夫子是人。结论：孔夫子也是会犯错误的。请将该问题符号化，并在 Python 中编程证明。

参考文献

[1] 贾可荣，张彦铎. 人工智能[M]. 北京：清华大学出版社，2006.

[2] 江水法，梁立明，沈谦芳. 科技界精神文明概论[M]. 北京：经济管理出版社，2000.

[3] 道客巴巴. 人工智能——第 2 章知识表示和推理（2.1～2.3）讲解[EB/OL]. [2016-12-27]. https://www.doc88.com/p-9465607351824. html.

[4] 豆丁网．高级数理逻辑讲义[EB/OL]．[2012-10-20]https://www.docin.com/p-512080186.html.

[5] 胡金柱. 计算机科学与技术导论[M]. 广州：中山大学出版社，2003.

[6] 张晓君. 为什么语言学研究离不开逻辑学——2009 语言学和逻辑学交叉研究研讨会侧记[J]. 毕节学院学报，2010(5)：46-52.

[7] 赵广利，黄健. 离散数学教程[M]. 大连：大连海事大学，2006.

[8] 邵学才. 离散数学[M]. 北京：清华大学出版社，2006.

[9] 王兵山，张强，毛晓光. 离散数学[M]. 长沙：国防科技大学出版社，1998.

[10] 田文成. 计算机应用基础[M]. 天津：天津大学出版社，2010.

[11] 陈志奎. 离散数学[M]. 北京：人民邮电出版社，2013.

[12] 尤枫，颜可庆. 离散数学[M]. 北京：机械工业出版社，2003.

[13] 刘玉珍，刘咏梅. 离散数学[M]. 武汉：武汉大学出版社，2003.

[14] 王忠义，刘晓莉. 离散数学结构[M]. 西安：西北工业大学出版社，2011.

[15] STUART J R, PETER N. Artificial Intelligence a Modern Approach [M]. Third Edition. New York: Person Education, 2012.

[16] 何锋. 离散数学教学中的命题符号化难点讨论[J]. 计算机教育，2007，17：38-40.

第4章 产生式规则

"如果错过太阳时你流了泪，那么你也要错过群星了"，这是泰戈尔的《飞鸟集》中脍炙人口的诗句。它在咏叹错失美好的遗憾情感的同时，也蕴含了立足当下、勇敢前行的逻辑规则。这种逻辑规则就是下面要介绍的产生式规则。

产生式是模拟人类求解问题的思维方式的一种方法，由此形成的产生式系统具有系统模拟性强、易于修改扩充等优点，在国内外得到了广泛的应用。应该说，目前大多数专家系统都是采用结构化产生式系统的方式建立的。

4.1 产生式表示

4.1.1 产生式的由来

"产生式"这一术语是在 1943 年由美国数学家波斯特（E.L.Post）首先提出的。波斯特提出它，本意是要说明一种称为 Post 机的计算模型，这种计算模型实质上是一种比较简单的图灵机等价模型。该模型使用了串替代规则，串替代规则在迭代过程中会匹配替代，产生出新的规则，因此模型中的每条规则称为产生式。

后来，产生式理论进化了。知识表示方式有两大基本类型：陈述性表示和过程性表示。简单地说，陈述性知识是关于事物及其关系的知识，或者说是关于"是什么"的知识；而程序性知识是关于完成某项任务的行为或操作步骤的知识，或者说是关于"如何做"的知识。1972 年，西蒙（Simon）与纽厄尔（Newell）最先把产生式理论用于解释过程性知识的获得机制[1]。他们认为，人经过学习，头脑中存储了一系列"如果……那么……"形式表示的规则，人能够完成过程性知识的学习与记忆，并运用这些知识完成某项任务。人与计算机相同，都是物理信号系统，其功能都是操作符号。因此，如果计算机像人那样，也存储一系列"如果……那么……"形式的编码规则，一步一步地计算推导，就可以完成过程性问题的解决任务。他们把这种"如果……那么……"形式表示的规则定义称为产生式。

从上述可知，产生式在一定程度上与人类获取过程性知识、求解过程性问题的思维方式一致，因此可以用来解释、推导、解决一些过程性知识相关的问题。

4.1.2 产生式规则的一般形式

产生式规则一般是由条件和动作组成的指令，即所谓的条件-活动规则（C-A 规则），可记为 C→A，即"如果 C，那么 A"（IF C THEN A）。C 是产生式的前提（或称前件），用于指出该产生式可用的条件。A 是一组结论或操作（或称后件），用于指出当

C 指示的条件成立时，应当获得的结论或应当执行的操作。

例如：

IF 某动物有羽毛 THEN 它是鸟类。

IF 蓬生麻中 THEN 不扶自直。

IF 心中有信念 THEN 人生有方向。

有时为了表达更丰富的内涵，前件和后件会采用多种逻辑表达式来构成。例如：

IF NOT 周末 THEN 上课学习。

IF 天气晴朗 AND 有闲暇 THEN 出去郊游。

IF 国庆放假 THEN 旅游 OR 在家阅读。

由前件和后件组成的产生式规则可以表述多种逻辑语境，如"原因−结果""条件−结论""前提−操作""事实−进展""情况−行为"等。

例如：

① 风乍起，吹皱一池春水（原因−结果）。

② 如果平面图形由三条边首尾相连而成，且三边相等，则其三角相等（条件−结论）。

③ 如果今天能够完成这项任务，并且后续工作可以放一放，那么明天我们就可以放假（前提−操作）。

④ 随风潜入夜，润物细无声（事实−进展）。

⑤ 如果温度低于 0℃，水就会结冰；如果温度高于 100℃，水就会沸腾（情况−行为）。

可以发现，产生式规则的一般形式具有广泛的知识表示能力，它既可以表示确定性的知识（如等边三角形定义），又可以表示不确定性知识（如例子中的放假问题）。

4.1.3　产生式规则与逻辑蕴含式

结合第 3 章的内容和上述例子可以看出，产生式规则和逻辑蕴含式非常相似。实质上，逻辑蕴含式是产生式规则的一种，它包含在产生式规则的外延中。逻辑蕴含式是产生式规则的子集概念的原因主要有：一是逻辑蕴含式是一个逻辑表达式，其逻辑值只有真和假，它表示的知识只能是精确的，而产生式规则表示的知识可以是不确定的；二是逻辑蕴含式的匹配要求一定是精确的，而产生式规则的前提条件和结论都可以是不确定的，它的匹配自然可以是不确定的。

仍然以"如果今天能够完成这项任务，并且后续工作可以放一放，那么明天我们就可以放假"这个语境为例。

逻辑蕴含式可以这样表达：IF 今天完成任务 AND 后续工作可以放一放 THEN 明天放假。这种表达是精确性的，必须"今天完成任务"并且"后续工作可以放一放"，两者必须同时满足，才能执行"明天放假"。

产生式规则可以这样表达：IF （今天完成任务，完成度≥90%） AND （后续工作可以放一放，可能性≥85%） THEN （明天放假，可能性≥92%）。这种表达是不确定的，有一定的宽容性匹配条件。如果"今天完成任务"的完成度达到或高于 90%且"后续工作可以放一放"的可能性大于等于85%，那么"明天放假"的可能性就大于等于92%。

可见，产生式规则比逻辑蕴含式表达能力更强，更贴合实际。概括地说，产生式规则不仅表达蕴含关系，还描述事物之间的一种对应关系（如因果关系、秩序关系等），其前件、后件都可以包括更多复杂的构成，包括各种操作、规则、变换、算子、函数等。更广泛地说，国家法律、院校制度、人文礼仪等都可以用产生式规则予以表达。

4.2　从规则到系统

人们的生活总是充满了假设与判断，当这些假设和判断在一定空间范围内按时间顺序先后发生时，历史的车轮就会滚滚向前。产生式规则可以较好地模拟和定义这些层次化、时序化的假设与判断。

把这些层次化、时序化的相关产生式规则放在一起，让它们相互配合协同作用，如某个产生式的结论可以作为另一个产生式的前提或条件，并由此产生新的知识和规则，就可推动某个结论的产生或事件的执行，最终实现问题的解决。这样相互协作、推理更新的产生式规则集合及其推理机制等就形成了产生式系统。

4.2.1　产生式系统简述

在日常生活中，人们常常不停地做着各种假设、判断和决定："如果这个周末是晴天，老板放我假，我就可以带家人去游乐园了""如果月底还能有点盈余，我就能给孩子买个新书包了"，等等。

当然，一系列这样的假设、判断与决定，构成了人们生活中一个比较完整的活动。例如，"如果我有一枚红色曲别针，那么我就可以换到一支鱼形钢笔。""如果我有一支鱼形钢笔，那么我就可以换到一个绘有笑脸的陶瓷门把手。""如果我有一个绘有笑脸的陶瓷门把手，我就可以换到一个烤炉。""如果我有一个烤炉，我就可以换到一个发电机。""如果我有一个发电机，我就可以换到一个多年前制成的百威啤酒桶。""如果我有一个多年前制成的百威啤酒桶，我就可以换到一辆雪地汽车。""如果我有一辆雪地汽车，我就可以换成一辆敞篷车。""如果我有一辆敞篷车，我就可以换到一份录制唱片的合同。""如果我有一份录制唱片的合同，我就可以换到一栋双层别墅一年的居住权！"

这个例子告诉我们，一个假设、判断的结果可以引起一系列新的判断和决定，从而自动推动活动向前发展。

这样一系列的假设、判断形成了规则集，在实际情况的事实数据的基础上，按照交换、互惠等策略推动，形成了一个系统性的动人故事。这同样是一个精彩的产生式系统。

4.2.2　产生式系统的组成

一个较为完整的产生式系统包括综合数据库（Global Database）、产生式规则库（Production Rule Base）、控制系统（Control System，或称为推理机），如图 4-1 所示。

图 4-1　产生式系统组成框架

1. 综合数据库

综合数据库又称为事实库、工作区、黑板等。它是一个用于存放问题求解过程中各种当前信息的数据结构，如问题的初始状态、原始证据、推理中的中间结论和最终结果。当规则库中某条产生式的前提可与综合数据库中的某些已知事实匹配时，该产生式就被激活，并且用它推出的结论会被放入综合数据库中，作为后面推理的已知事实。显然，综合数据库的内容是不断变化的，是动态的。

2. 产生式规则库

产生式规则库也称为产生式规则集，用于描述相应领域知识的产生式规则集合，由领域规则组成，在机器中以某种动态数据结构进行组织。

产生式规则库是产生式系统赖以进行问题求解的基础，其知识是否完整一致、表达是否准确灵活、对知识的组织是否合理等，不仅直接影响系统的性能，还会影响系统的运行效率。

产生式规则库的设计与组织是产生式系统的重要问题。通常来说，在建立产生式规则库时，应注意以下问题。

（1）有效地表达领域的过程性知识。产生式规则库中存放的主要是过程性知识，用于实现对问题的求解。为了使系统具有较强的问题求解能力，除了需要获取足够的知识，还需要对知识进行有效的表达。主要需解决以下问题：领域知识如何表达？为了求解领域的各种问题，需要建立哪些产生式规则？如何表示知识中的不确定性？产生式规则库建成后，能否对领域的不同问题分别形成相应的推理链，即产生式规则库中的知识是否具有完整性？等等。

表 4-1 所示为一个动物识别产生式规则库。

表 4-1　动物识别产生式规则库

规则编号	如果	前件	那么	后件
R1	IF	胎生	THEN	哺乳动物
R2	IF	卵生 AND 会飞	THEN	鸟
R3	IF	有毛发	THEN	哺乳动物
R4	IF	有羽毛	THEN	鸟
R5	IF	有喙	THEN	鸟
R6	IF	食肉	THEN	肉食动物

（续表）

规则编号	如果	前件	那么	后件
R7	IF	吃草	THEN	草食动物
R8	IF	有爪	THEN	爪类动物
R9	IF	哺乳动物 AND 有蹄	THEN	蹄类动物
R10	IF	爪类动物 AND 有犬齿	THEN	肉食动物
R11	IF	鸟 AND 肉食动物 AND 高飞 AND 爪类动物	THEN	鹰
R12	IF	哺乳动物 AND 肉食动物 AND 褐色斑纹	THEN	猫
R13	IF	蹄类动物 AND 黑白斑纹	THEN	斑马
R14	IF	哺乳动物 AND 肉食动物 AND 王字纹	THEN	虎
R15	IF	鸟 AND 细腿 AND 红顶	THEN	丹顶鹤

由上述产生式规则可以看出，虽然该系统是用来识别 5 种动物的，但它并没有简单地只设计 5 条规则，而是设计了 15 条。其基本想法是，首先根据一些比较简单的条件，如有毛发、有羽毛、有喙等，对动物进行比较粗的分类，如哺乳动物、鸟类，然后随着条件的增加，逐步缩小分类范围，最后给出分别识别 5 种动物的规则。这样做有两个好处：一个是当已知的事实不完全时，虽不能推出最终结论，但可以得到分类结果；另一个是当需要识别其他动物（如牛、马）时，规则库中只需要增加关于这些动物个性方面的知识。

例如，R16：IF 蹄类动物 AND 草食动物 AND 有角 THEN 牛。

R17：IF 蹄类动物 AND 草食动物 AND 擅跑 THEN 马。

这样，对 R1～R10 可直接利用，这样增加的规则就不会太多。

由上述规则很容易形成各种动物的推理链，如鹰和丹顶鹤的推理链如图 4-2 所示。

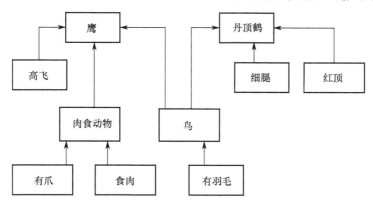

图 4-2　鹰和丹顶鹤的推理链

（2）对知识进行合理的组织和管理。对产生式规则库中的知识进行适当的组织，采用合理的结构形式，可使推理避免访问那些与当前问题求解无关的知识，从而提高求解的效率。

以前文动物识别产生式规则库例子来说，如果能将知识分为如下两个子集：

{R1,R3,R7,R8,R9,R10,R12,R13,R14}；

{R2,R4,R5,R6,R8,R11,R15}。

则当待识别动物属于其中一个子集时，另一个子集中的知识在当前的问题求解过程中就可不考虑，从而节约查找所需知识的时间。这种子集的划分应当尽量精确，力争不冗余。但是，在有些情况下，若知识分类界限不是那么清晰，则应尽量减小冗余，如例子中的 R8。当然，这种划分还可以逐级进行下去，使得相关的知识构成一个子集和子子集，构成一个层次性的产生式规则库。另外，对产生式规则库进行合适的管理，可以检测并排除那些冗余及矛盾的知识，保持知识的一致性，提高产生式规则库的质量。

3. 控制系统

控制系统又称为推理机。它是一个解释程序，负责整个产生式系统的运行，用来控制和协调产生式规则库及综合数据库的运行，包含推理方式和控制策略。它的作用是负责产生式规则的前提条件测试或匹配、规则的调度与选取、规则体的解释和执行，以及说明下一步应选用什么规则，也就是如何应用规则。

控制系统要做以下几项主要工作。

（1）按一定的策略从产生式规则库中选择规则，与综合数据库中的已知事实进行匹配。匹配指把规则的前提条件与综合数据库中的已知事实进行比较，如果两者一致或近似一致，即满足预先规定的条件，则称为匹配成功，相应的规则可被使用；否则，称为匹配不成功，相应规则不可用于当前的推理。匹配是控制系统的核心工作，相应的匹配算法在 4.3 节将详细介绍。

（2）匹配成功的规则可能不止一条，这称为发生了冲突。此时控制系统必须调用相应的解决冲突策略进行消解，以便从中选出一条执行。

（3）在执行某一条规则时，如果规则的右部是一个或多个结论，则把这些结论加入综合数据库中；如果规则的右部是一个或多个操作，则执行这些操作。

（4）对于不确定性知识，在执行每条规则时，还需要按一定的算法计算结论的不确定性。

（5）随时掌握结束产生式系统运行的时机，以便在适当的时候停止系统的运行。

4.2.3 产生式系统的运行过程

产生式系统运行时，除了需要产生式规则库，还需要有初始事实（或数据）和目标条件。目标条件是系统正常结束的条件，也是系统的求解目标。产生式系统启动后，控制系统就开始推理，按所给的求解目标进行问题求解。控制系统进行的一次推理过程如图 4-3 所示。

一个实际的产生式系统，其目标条件一般不会只进行一步推理就可满足，往往要经过多步推理获得结果。例如，一个简单的包含 3 条规则的产生式系统如下。

R1: IF 该动物会劳动 THEN 该动物是人。

R2: IF 该动物是人 AND 脑部没有毛病 THEN 该动物会思考。

R3: IF 该动物会思考 THEN 该动物有智慧。

如果此时有如下事实。

F1：该动物会劳动。

F2：该动物脑部没有毛病。

那么，其推理过程如下。

首先，使用 R1，发现事实 F1 匹配 R1 前件，则将 R1 后件放入综合数据库；其次，使用 R2，发现 R1 后件和事实 F2 与 R2 前件匹配，将 R2 后件放入综合数据库；再次，使用 R3，发现 R2 后件与 R3 前件匹配，则得出结论，该动物是人，会思考，有智慧。

这是一个简短明了的产生式系统推理过程。

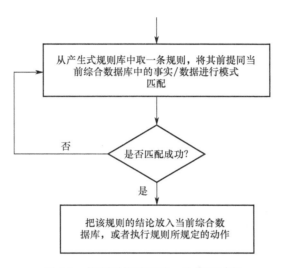

图 4-3　控制系统进行的一次推理过程

在推理过程中，往往会出现规则的冲突，此时需要进行冲突消解，反复推理才能满足或证明问题无解。产生式系统的工作周期如图 4-4 所示。

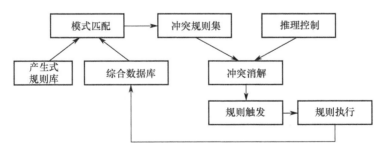

图 4-4　产生式系统的工作周期

1. 产生式系统求解问题的一般步骤

第一步，初始化综合数据库。

第二步，把问题的初始已知事实送入综合数据库中，若产生式规则库中存在尚未使用过的规则，而且它的前提可与综合数据库中的已知事实匹配，则转到第三步；若不存在这样的事实，则转到第五步。

第三步，将匹配成功的规则加入冲突规则集，如果冲突规则集包含一条以上的规则，则利用某种冲突消解策略选出一条规则，把该规则执行后的结论送入综合数据库中，如果该规则的结论是某些操作，则执行之。

第四步，检查综合数据库中是否已包含问题的解，若已包含，则终止问题的求解过程，否则转到第二步。

第五步，要求用户提供进一步的关于问题的已知事实，若能提供，则转到第二步；否则，终止问题的求解过程。

第六步，若规则库中不再有未使用过的规则，则终止求解过程。

在上述第四步中，为了检查综合数据库中是否包含问题的解，可采用如下两种简单的处理方法。

（1）把问题的全部最终结论，如动物识别系统中的鹰、猫、丹顶鹤等 5 种动物的名称全部列在一张表中。每当执行一条规则得到一个结论时，就检查该结论是否包含在表中。若包含在表中，说明它就是最终结论，从而求得问题的解。

（2）对每条结论部分是最终结论的产生式规则，如动物识别系统中的 R11～R15，分别做一标记。当执行到上述一般步骤中的第三步时，首先检查该选中的规则是否带有这个标记，如果有，则由该规则推出的结论就是最终结论，即求得了问题的解。

这里只是粗略地描述了基于正向推理的产生式系统求解问题的步骤，实际上，问题的求解过程与推理的控制策略有关。

2. 控制策略

产生式系统的控制策略或常用算法是指系统的推理，可分为正向推理和反向推理两种基本方式，除此之外还有双向推理。

（1）正向推理。正向推理是指正向使用规则的推理过程，是从初始状态（初始事实/数据）到目标状态（目标条件）的状态图搜索过程，又称为数据驱动推理。

正向推理算法如下。

第一步，初始化综合数据库，将初始事实数据加入综合数据库中。

第二步，用综合数据库中的事实/数据匹配目标条件，若目标条件满足，则推理成功，结束。

第三步，用产生式规则库规则的前提匹配综合数据库中的事实数据，将匹配成功的规则组成冲突规则集。

第四步，如果冲突规则集为空，则运行失败，退出。

第五步，利用某种冲突消解策略，从冲突规则集中选取一条规则，将其结论加入综合数据库，或者执行其动作，撤销冲突规则集，转到第二步。

以动物识别系统为例，其产生式规则集如前文所述，现有如下事实。

初始事实：

F1：有羽毛

> **F2**：细腿
>
> **F3**：红顶
>
> 目标条件：
>
> 该动物是什么？

可以很快判定该动物是丹顶鹤，其正向推理树如图 4-5 所示。

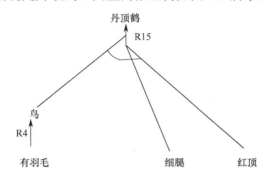

图 4-5　丹顶鹤正向推理树

（2）反向推理。反向推理是指从目标出发，反向使用规则进行推理，向初始事实和数据方向前进。它是从目标状态（目标条件）到初始状态（初始事实/数据）的与或图解搜索过程，又称为目标驱动推理。

反向推理算法如下。

第一步，初始化综合数据库，将初始事实数据置入综合数据库，将目标条件放入目标链。

第二步，如果目标链为空，则推理结束，推理成功。

第三步，取出目标链中的第一目标，用综合数据库中的事实/数据同其匹配，若匹配成功，转到第二步。

第四步，用产生式规则库中各规则的结论同该目标匹配，若匹配成功，则将第一个匹配成功且未使用过的规则的前提作为新的目标，并取代原来的父目标而加入目标链，转到第三步。

第五步，若该目标是初始目标，则推理失败，退出。

第六步，将该目标的父目标移回目标链，取代该目标及其兄弟目标，转到第三步。

以动物识别系统为例，产生式规则集和初始事实如前文所述，使用反向推理方法，其推理树如图 4-6 所示。

由此可以看出，与正向推理不同，这次的推理树是从上而下扩展而成的，而且推理过程中还发生过回溯。从图 4-6 可以看出，当目标条件为"鸟"时，需要逐步验证 {R2,R4,R5}，R2 无事实支撑，回溯验证 R4，事实与规则匹配，推理成功。

从上面的两个算法可以看出，正向推理是自底向上的综合过程，而反向推理则是自顶向下的分析过程。除了正向推理和反向推理，产生式系统还可以进行双向推理，就是同时从初始数据和目标条件出发进行推理，如果在中间某处相遇，则推理搜索成功。

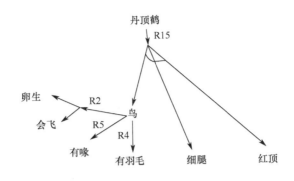

图 4-6　丹顶鹤反向推理树

（3）匹配算法。匹配指按一定的策略，从产生式规则集中选择规则与综合数据库中的已知事实进行匹配，规则匹配算法参见 4.3 节。

（4）冲突消解。匹配成功的规则可能不止一条，这称为发生了冲突。此时控制系统必须调用相应的策略进行消解。

冲突消解的策略有很多种。如果一组事实同时使几个产生式的前件为真，常采用以下方法进行选择。

① 按规则编排的顺序：将所有产生式排序，选最早匹配成功的一个，不管其余的产生式。

② 规模排序：在所有匹配成功的产生式中取最强者，即前提条件最多或情况元素最多者，也称为按详细程度排序。

③ 就近排序：最近用过的产生式优先，或反之。

④ 数据排序（按优先级）：给不同情况以不同的优先权，优先使用与优先权较高的情况相匹配的产生式。

⑤ 使用估计函数 $f(x)$ 排序。

⑥ 上下文排序：利用上下文限制。

⑦ 专一性排序（按针对性）。

⑧ 按新事实选择：优先选择与综合数据库中最新事实有关的规则。

⑨ 按是否使用过选择：优先选择没有使用过的规则。

（5）操作执行。操作就是执行规则的右部，经过操作以后，当前综合数据库将被修改，新产生的规则有可能被其他的规则使用。

对于不确定性知识，在执行每条规则时，还要按一定算法计算结论的不确定性。常用的不确定性推理计算方法有确定性因子法、主观贝叶斯法、D-S 证据理论、模糊可能性理论等，这些内容将在第 9 章介绍。

（6）系统停止。控制系统要随时掌握结束产生式系统运行的时机，以便在适当的时候停止系统的运行。通常可在找到问题的解或产生式规则库的所有规则都已运行但最终无解的情况下结束系统的运行。

（7）搜索策略。产生式系统对产生式规则库内的规则可按不同方式进行搜索匹配，因此有以下不同的搜索策略。

① 不可挽回的搜索：规则使用后，不允许回过头来重新选用其他规则。

② 试探性的搜索：规则使用后，允许返回原出发点，重新选用其他的规则。这种试探性的搜索方式又可分为以下两类。一是回溯式：规则使用后，记住原来的节点，如果搜索遇到困难时可返回，再选其他规则，如有界深度优先搜索。二是图搜索式：它同时掌握若干规则序列的效果，从中寻找问题的答案，为避免循环，通常采用树搜索，如广度优先搜索。

规则搜索方向也有不同，一般从初始状态向目标状态的方向进行搜索。如果规则可以逆向运用，也可以从目标状态向初始状态的方向进行搜索，或者双向同时进行搜索。

4.3 规则匹配——Rete 算法

产生式规则具有强大而广泛的知识表达能力，众多产生式规则联合起来形成的有力的产生式系统，可以表达广泛领域的业务知识及其逻辑。将事实、断言和规则高效匹配起来，实现业务知识的发现和业务逻辑的推理是产生式系统建立的目的及意义。规则匹配算法是产生式系统推理的核心技术。1974 年，由卡内基梅隆大学的查尔斯·福齐（Charles L.Forgy）博士提出的 Rete 算法对规则匹配算法[2]的理论影响深远，具有重大意义。

4.3.1 规则匹配算法简述

由前文可知，产生式规则一般由条件和动作组成（也常称为前件和后件），前件通常由若干条件元素组合而成，后件是在前件中条件元素集合都满足的情况下所采取的动作。

事实是指断言一个语言变量的值或多个语言变量间的关系的陈述句，语言变量的值或语言变量间的关系可以是一个词，也可以是数字，还可以是一个对象。事实断言也常称为工作内存元素（Working Memory Element，WME）。一般使用三元组（对象，属性，值）或（关系，对象 1，对象 2）来表示事实，其中，对象就是语言变量，若考虑不确定性，可用四元组表示（增加可信度）。例如，三元组（钢笔，颜色，黑色），陈述了一个事实：“钢笔的颜色是黑色的”；三元组（放置……上边，钢笔，桌子），陈述了另一个事实：“钢笔放置在桌子上”；而四元组（放置……上边，钢笔，桌子，82%），则表达了这样一个事实：“钢笔放置在桌子上的可能性达 82%”。

将事实与产生式规则的前件进行匹配，看事实是否满足产生式规则的条件集合，从而选择应采取的动作，这个过程便是规则匹配。这需要将领域已建立的所有产生式规则的前件与事实断言逐一匹配，并测试计算规则是否将被激活。这样，匹配计算复杂度将受到领域中产生式规则的数量、前件的总数和事实断言的数量的巨大影响。研究表明，随着规则前件数量的增多，匹配测试需要的比较次数将以指数级速度攀升，并且系统运行时间的 90%花在了规则匹配上[3]。

近三四十年来，为了提高规则匹配的效率，人们做了大量研究工作并取得了丰硕成果。其主要思想是通过挖掘规则本身和规则系统运行过程中的特点，减少事实断言和规则模式的对比次数，从而提高匹配效率。提高规则匹配效率的方法有以下 3 种[4]。

（1）挖掘利用规则模式的静态信息。静态信息可以被用来建立索引结构，如果事实断言和规则模式的类型不同，就没有必要进行测试比较。具有代表性的技术是，将所有规则的模式编译成一个辨识数据流网络，构造该网络后，当添加或删除事实断言时，只需将这些事实断言与可能匹配的规则进行测试比对，这样可以避免对不必要的规则进行反复测试。通过挖掘并合理利用规则模式中的静态信息特点，可以减少事实断言和规则模式的匹配工作量。

（2）挖掘利用规则模式的结构相似性。在规则软件系统中，规则模式通常会呈现大量的结构相似性，不同的规则可能包含相同的模式，不同的模式也可能共用相同的变量。规则匹配算法可以在辨识数据流网络中对这些相同信息进行共享。在测试确认某个规则模式不能被当前工作内存中的事实断言满足后，可不再对包含相同模式的规则进行测试。信息共享可以避免对相同模式进行反复测试，减少匹配工作量。

（3）挖掘利用系统执行过程中的时间冗余性。在大多数规则软件系统中，工作内存中的事实断言在运行过程中变化相当缓慢。例如，触发规则通常只引起少量工作内存中事实断言的变化，从而只有少数规则受到这些变化的影响，或者变为激活而被实例化，或者失去激活（实例化信息被删除）；又如，当前匹配循环中许多激活状态的规则，在前一次匹配循环中可能已经处于激活状态，规则匹配算法没有必要对这些规则重新进行测试计算。如果对这些变化缓慢的事实断言无差别地频繁进行测试计算，显然会造成系统执行过程中的时间冗余性。因此，可以利用事实断言和规则的状态信息支持技术来减少测试比较的次数。

现在常用的典型的前向推理顺序规则模式匹配算法有 Rete、Treat、Leaps 和 MatchBox 4 种。下面主要介绍影响最深远的 Rete 算法。

4.3.2　Rete 算法

Rete 算法是一个用来实现产生式规则模式匹配的高效算法。Rete 是拉丁文，意为 Net（网络），顾名思义，Rete 算法与网络有关。事实上，Rete 会形成一个鉴别网络来进行模式匹配，它利用基于规则的系统的两个特征，即时间冗余性（Temporal Redundancy）和结构相似性（Structural Similarity）来提高前向推理规则模式匹配的效率，并且其匹配速度与规则数目无关。

Rete 算法的基础在于 Rete 网络（也称为鉴别网络）。利用鉴别网络进行规则匹配，称为模式匹配。下面从鉴别网络、模式匹配和算法特点 3 个方面对该算法进行介绍。

1. 鉴别网络

鉴别网络（Rete 网络）是一个事实可以在其中流动的图。Rete 网络的节点可以分为四类：根节点（Root Node）、类型节点（Type Node）、Alpha 节点（α Node）、Beta 节点（β Node）。其中，根节点是一个虚拟节点，是构建 Rete 网络的入口。类型节点中存储事实的各种类型，各事实从对应的类型节点进入 Rete 网络。

网络中非根节点的类型有 Alpha 节点（也称为 1-input 节点）和 Beta 节点（也称为 2-input 节点）两种。Alpha 节点组成了 Alpha 网络，Beta 节点组成了 Beta 网络。

每个非根节点都有一个存储区。Alpha 节点有 Alpha 存储区和一个输入口；Beta 节点有 left 存储区和 right 存储区及左右两个输入口，其中 left 存储区是 Beta 存储区，right 存储区是 Alpha 存储区。存储区储存的最小单位是工作存储区元素（Working Memory Element，WME），WME 是为事实建立的元素，是用于和非根节点代表的模式进行匹配的元素。Token 是 WME 的列表，包含一个或多个 WME，用于 Beta 节点的左侧输入。事实可以作为 Beta 节点的右侧输入，也可以作为 Alpha 节点的输入。

每个非根节点都代表产生式左部的一个模式，从根节点到终节点的路径表示产生式的左部。

Rete 网络示例如图 4-7 所示。

建立 Rete 网络的编译算法如下。

（1）创建根。

（2）加入规则 1(Alpha 节点从 1 开始，Beta 节点从 2 开始)。

① 取出模式 1，检查模式中的参数类型，如果是新类型，则加入一个类型节点。

② 检查模式 1 对应的 Alpha 节点是否已存在，如果存在，则记录节点位置；如果没有，则将模式 1 作为一个 Alpha 节点加入网络中。同时，根据 Alpha 节点的模式建立 Alpha 内存表。

③ 重复步骤②直到所有的模式处理完毕。

④ 组合 Beta 节点，按照如下方式：

Beta(2)左输入节点为 Alpha(1)，右输入节点为 Alpha(2)；

Beta(i)左输入节点为 Beta($i-1$)，右输入节点为 Alpha(i)，$i>2$。

并将两个父节点的内存表内联成自己的内存表。

⑤ 重复步骤④直到所有的 Beta 节点处理完毕。

⑥ 将动作（THEN 部分）封装成叶节点（Action 节点），作为 Beta(n)的输出节点。

（3）重复步骤（2）直到所有规则处理完毕。

可以把 Rete 算法与关系型数据库操作类比。

把事实集合看作一个关系，把每条规则看作一个查询，把每个事实绑定到每个模式上的操作看作一个 Select 操作，记一条规则为 P，规则中的模式为 c_1，c_2，…，c_i，Select 操作的结果记为 $r(c_i)$，则规则 P 的匹配为 $r(c_1)\diamond r(c_2)\diamond\cdots\diamond r(c_i)$。其中，◇表示关系的连接（Join）操作。

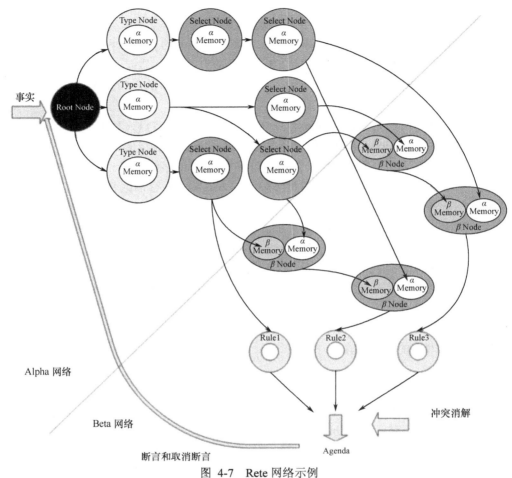

图 4-7 Rete 网络示例

资料来源：http://chillwarmoon.iteye.com。

2. 模式匹配

推理引擎在进行模式匹配时，先对事实进行断言，为每个事实建立 WME，然后将 WME 从 Rete 鉴别网络的根节点开始匹配。WME 传递到的节点类型不同，采取的算法 也不同。下面对 Alpha 节点和 Beta 节点处理 WME 的不同情况进行分开讨论。

（1）如果 WME 的类型和根节点的后继节点 Type Node（Alpha 节点的一种）所指定 的类型相同，则将该事实保存在该 Type Node 节点对应的 Alpha 存储区中，该 WME 被 传到后继节点继续匹配；否则，放弃该 WME 的后续匹配。

（2）如果 WME 被传递到 Alpha 节点，则检测 WME 是否和该节点对应的模式匹 配，若匹配，则将该事实保存在该 Alpha 节点对应的存储区中，该 WME 被传递到后继 节点继续匹配；否则，放弃该 WME 的后续匹配。

（3）如果 WME 被传递到 Beta 节点的右端，则加入该 Beta 节点的右存储区，并和 左存储区中的 Token 进行匹配（匹配动作根据 Beta 节点的类型进行，如连接、投影）， 若匹配成功，则将该 WME 加入 Token 中，然后将 Token 传递到下一个节点；否则，放弃该 WME 的后续匹配。

（4）如果 Token 被传递到 Beta 节点的左端，则会加入该 Beta 节点的左存储区，并和右存储区中的 WME 进行匹配（匹配动作根据 Beta 节点的类型进行，如连接、投影），匹配成功，则该 Token 会封装匹配到的 WME，形成新的 Token，传递到下一个节点；否则，放弃该 Token 的后续匹配。

（5）如果 WME 被传递到 Beta 节点的左端，将 WME 封装成仅有一个 WME 元素的 WME 列表，作为 Token，然后按照步骤（4）的方法进行匹配。

（6）如果 Token 传递到终节点，则和该根节点对应的规则被激活，建立相应的 Activation，并存储到 Agenda 中，等待激发。

（7）如果 WME 被传递到终节点，将 WME 封装成仅有一个 WME 元素的 WME 列表，作为 Token，然后按照步骤（6）的方法进行匹配。

以上是 Rete 算法对于不同的节点进行 WME Token 和节点对应模式匹配的过程。

图 4-8 所示为模式匹配的一个示例。

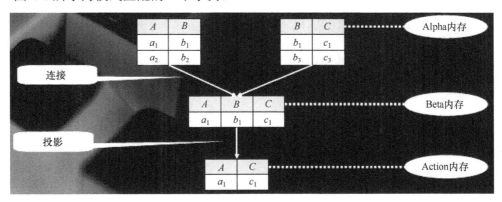

图 4-8　模式匹配示例

3. Rete 算法的特点

Rete 算法的以下两个特点使其优于传统的模式匹配算法。

（1）状态保存。

事实集合每次变化时，其匹配后的状态都被保存在 Alpha 节点和 Beta 节点中。在下一次事实集合发生变化时，绝大多数的结果都不需要变化，Rete 算法通过保存操作过程中的状态，避免了大量的重复计算。Rete 算法主要是为那些事实集合变化不大的系统设计的，当每次事实集合的变化非常大时，Rete 的状态保存算法效果并不理想。

（2）节点共享。

不同规则之间含有相同的模式，从而可以共享同一个节点。Rete 网络的各部分包含各种不同的节点共享。

4.3.3 Uni–Rete 算法

在规则匹配过程中，事实与条件匹配的不确定性会引起组合爆炸问题。在一个有很多条件的产生式中，这种不确定性表现在，当对某个条件进行匹配时，有可能出现很多对此条件的部分匹配，这样的不确定性带来的级联效应（Cascading Effect）有可能带来与条件个数成指数关系的匹配时间。丹部（Tambe）和罗森布鲁姆（Rosenbloom）通过引入特有属性表示法（Unique-Attribute Representation）消除了产生式规则匹配中的组合爆炸问题。使用特有属性，可使规则匹配的时间与规则数目呈线性关系。

1. 特有属性表示法

Rete 算法中规则匹配时，有可能出现很多某条件的部分匹配，每个部分匹配都是一个 Token。采用特有属性表示法，每个条件最多只对应一个 Token，从而可以消除规则匹配过程中的组合爆炸问题。

为此，采用（class object attribute value）这样的四元组来表示一个条件。例如：

```
(Production P1
    (STATE <S> BLOCK <B>)
    (BLOCK <B> COLOR RED)
    (BLOCK <B> VOLUME 8)
    →(ACTION)
)
```

在此基础上，采用特有属性表示法进行限定，即给定某个 class、object 和 attribute，只允许对应某个特定的 value。

如事实示例 a：

```
(
    (STATE S1 BLOCK B1)
    (STATE S1 BLOCK B2)
    (STATE S1 BLOCK B3)
)
```

这个示例所示的 3 个事实不是特有属性表示法，因为 3 个条件的 class、object、attribute 均相同，而 B1、B2、B3 是 3 个不同的 value。给定前 3 个部分相同的字段 (Field)，却有不同 value，这导致了匹配过程中的不确定性。

如事实示例 b：

```
(
    (STATE S1 BLOCK B1)
    (BLOCK B1 LEFT B2)
    (BLOCK B1 RIGHT B3)
)
```

该示例显示的是特有属性表示法，每个不同的条件字段，具有唯一的 value。

不仅如此，特有属性表示法对产生式中的条件也有约束，即在 object 出现的变量必须预先绑定，也就是必须在此更前面的条件中出现。

从上述定义可以看出，特有属性表示法通过对事实和条件的约束，保证了匹配代价与条件个数呈线性关系，即 Beta 内存中最多含有一个 Token。它改善了解决问题时的性能，去除了代价很高的学习型规则，使得研究人员摆脱了产生式系统的效率问题。但是，一般来说，特有属性表示法是通过牺牲一些表达能力来获得匹配效率的。

2. Uni-Rete 算法

在实际情况中，使用 Rete 算法对产生式规则进行模式匹配时，随着规则规模的增长，Rete 网络的 Beta 内存中的 Token 数量可能会呈指数式剧增。Beta 内存中 Token 的组合会导致规则匹配组合爆炸问题。Beta 内存中可能存放很多 Token，且这些 Token 的数目在编译时无法确定，因此 Rete 使用动态结构（如链表）来存储 Token。尽管可以通过使用哈希列表对 Rete 算法进行优化，但匹配过程中的时间主要花费在对 Beta 内存的处理上。

Uni-Rete[5]使用了特有属性表示法，对 Rete 算法进行约束和特例优化，实验结果显示，其匹配过程的速度比 Rete 算法快 10 倍。

如图 4-9 所示，用两个示例来对比说明 Uni-Rete 算法。

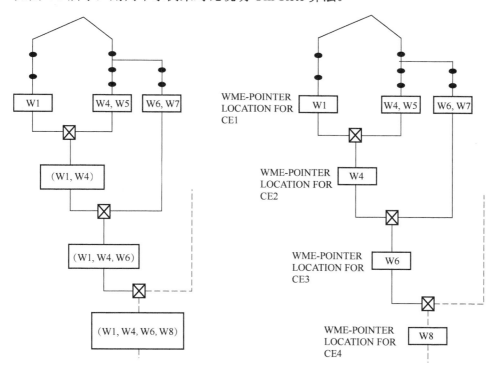

(a) Rete算法特有属性规则系统处理的过程　　　　(b) Uni-Rete算法特有属性规则系统处理的过程

图 4-9　两种特有属性表示法规则系统处理的过程

图 4-9（a）所示为使用 Rete 算法对使用特有属性表示法的规则系统处理的过程。图中，每个 Beta 内存仅包括一个 Token。尽管如此，Rete 算法仍然像以前一样创建存储

Token，并且进行了大量的内存管理。

Uni-Rete 充分利用了每个 Beta 内存中最多有一个 Token 的性质，减少了对 Token 的内存管理。仅有小部分的 Token 存储在给定内存中，大部分的 Token 都存储在其前面的 Beta 内存中，如图 4-9（b）所示。图 4-9（a）中存储（W1，W4）的 Beta 内存，在图 4-9（b）中仅仅存储了（W4），因为此 Beta 内存前面的 Beta 内存已经包括单独一个事实（W1），相似地，在图 4-9（a）中存储（W1，W4，W6）的 Token，在图 4-9（b）中，仅需要存储（W6），剩下的部分隐含在其前面的 Beta 内存中。所以，Uni-Rete 在每个 Beta 内存中仅存储一个单独事实，就可以存储整个 Token。另外，存储所需的空间可以事先分配好，因为仅含有一个事实，从而可以避免 Rete 算法中的动态内存管理。

Uni-Rete 算法仅仅适用于使用特有属性表示法的系统，因为如果 Beta 内存中有多个 Token，那么就无法确定哪些事实构成某个 Token，所以，Uni-Rete 算法的这种隐含存储不能用在非限制的产生式系统中。

下面使用图 4-9（b）来说明 Uni-Rete 算法中添加和删除某个事实的操作。假设图中的事实 W6 和 W8 尚未添加，下面加入事实 W6。

第一步，对 W6 进行常量测试，把 W6 存入图 4-9（b）所示的 Alpha 内存中。

第二步，检查前一个条件的事实指针是否为空。若是空，则添加事实操作结束；若是不空，则进入第三步。在本例中，检查 W6 对应条件的前一个条件的事实指针，此处指向 W4，非空，进入第三步。

第三步，与前面的条件对应的事实进行一致性测试。在本例中，检查 W4 和 W6 是否含有一致绑定。

第四步，存储指向新事实的指针。若第三步检测成功，则在相应位置存储指向新事实的指针。在本例中，W4 和 W6 是一致绑定，则存储指向 W6 的指针。若测试失败，则不进行任何下一步操作。

第五步，匹配下一个条件。检查下一个条件对应的 Alpha 内存是否匹配。若成功，则存储指向那个事实的指针。在本例中，检查 W6 和条件 4 对应的事实是否一致绑定。若成功，则存储指向条件 4 对应的那个事实的指针。重复第五步直到下一个条件不匹配。

若出现指向最后一个条件的指针，则匹配成功。

当删除某个事实时：

第一步，从 Alpha 内存中删除此事实。在本例中，删除 W6 时，通过常量检测发现 W6，并从 Alpha 内存中删除。

第二步，检测是否有指针指向被删除的事实。在本例中，检测是否有指针指向 W6，若有，则进入下一步；若没有，则删除操作结束。

第三步，设置被删除事实的对应的指针为空。在本例中，设置指向 W6 的指针为空。

第四步，设置所有后继的指针为空。

对 Token 内存的优化，是 Uni-Rete 算法对 Rete 算法最主要的优化。此优化有三方面的优点：第一，Beta 内存节点的空间可以事先分配，避免了 Rete 算法中的内存分配回收操作；第二，Beta 内存节点仅仅存储指向事实的指针，从而避免了复制大量事实到当前 Beta 内存中；第三，避免了对 Token 的 hashing 操作。

Uni-Rete 算法是 Rete 算法的一个特殊情况，可以很容易地与 Rete 算法结合使用。Uni-Rete 算法可以用在部分含有特有属性表示法的系统中。有两种方法把 Uni-Rete 算法和 Rete 算法结合起来使用：一种是把 Uni-Rete 算法用于特有属性的产生式，把 Rete 算法用于其他产生式；另一种是在一条产生式中，把 Uni-Rete 算法用于特有属性表示的条件，而把 Rete 算法用于其他条件。

Uni-Rete 算法的一个贡献是通过减少对 Token 的动态内存管理而提高性能。像 Rete 算法这样的匹配算法都假定 Token 的数目在匹配时无法确定，因此需要动态分配内存。而在很多情况下，Token 内存的大小可以预测，Uni-Rete 算法便利用这一特点，使用静态数据结构来提高性能。

4.4　产生式规则专家系统

产生式系统使用"如果……那么……"这样的知识表示方式，模拟了人类认识问题、思考问题的常见思维方式，直观、自然，容易理解。产生式系统的结构简单明了，规则之间相互独立，具有高度的模块化，易于建立、修改和扩展，它的推理机制简单，推理步骤独立，便于跟踪和解释。

因此，自 1965 年美国斯坦福大学开发分析分子结构的 DENDRAL 系统以来，基于产生式规则的专家系统得到了广泛的应用，专家系统已发展为人工智能最活跃的一个分支。

4.4.1　专家系统简述

20 世纪 60 年代中期，化学家乔舒亚·莱德伯格（J. Lederberg）提出了一种可以根据输入的质谱仪数据列出所有可能的分子结构的算法，并在此后的 3 年中，与费根鲍姆（Feigenbaum）等一起探讨了用规则表示知识系统的建立方法。1965 年，费根鲍姆、莱德伯格等在美国斯坦福大学开始研制并于 1968 年研制成功了一种帮助化学家判断某待定物质的分子结构的专家系统——DENDRAL 系统，期望利用这一系统在更短的时间内完成类似人工列举所有可能分子结构的工作。DENDRAL 是世界上第一个成功的专家系统，它的出现标志着人工智能的一个新领域——专家系统的诞生。

1. 专家系统的概念

迄今为止，关于专家系统，还没有一个公认的严格定义。一般认为，专家系统是一种具有智能的计算机系统，它应用人工智能技术和计算机技术，内部含有大量的某个领域专家水平的知识与经验，能够利用该领域人类专家的知识和解决问题的方法来进行推理与判断，模拟人类专家的决策过程，为该领域提供专家级的服务，能部分或全部代替领域专家，解决本领域的高难度问题。

在医学界，有许多医术高明的医生，他们在各自的工作领域都具有丰富的实践经验和高人一筹的绝招。如果把某一具体领域，如肝病的诊断与治疗的经验集中起来，并以某种表示模式存储到计算机中，形成知识库，然后把专家运用这些知识诊断疾病的思维过程编成程序构成推理机，使得计算机能像人类专家那样诊断疾病，那么，这样的程序系统就是一个专家系统。

2. 专家系统的特征

专家系统一般具有如下一些特征。

（1）具有专家水平的领域知识。人类专家由于掌握了某一领域的专业知识，在处理该领域问题时能比别人技高一筹。一个专家系统，要像人类专家那样工作，必须同样具有专家级的领域知识。知识越丰富，质量越高，其解决问题的能力就越强。

一般来说，专家系统中的知识可分为3个层次，即数据级、知识库级和控制级。

① 数据级知识指具体问题所提供的初始事实，以及问题求解过程中所产生的中间结论、最终结论等。例如，患者的症状、化验结果及由专家系统推出的病因、治疗方案等。这一类知识通常存放于数据库中。

② 知识库级知识指专家的知识，如医学常识、医生诊治疾病的经验等。这一类知识是构成专家系统的基础。一个专家系统性能的高低，取决于这种知识的质量和数量。

③ 控制级知识是关于如何运用前两种知识的知识。例如，搜索策略、匹配算法就属于这一种。由于控制级知识是用于控制系统的运行过程及推理的，因此其性能的优劣直接关系系统的智能程度。

正如人类专家通常只是某一方面或领域的专家，在专门的某一方面有独到之处，专家系统通常也是面向一个具体领域的，它能求解的问题也常常局限于一个较窄的范围，如 DENDRAL 专家系统只适用于判定物质的分子结构。因此，专家系统的知识都具有专门性，但因此也获得了可信性和效率。

（2）能进行有效的推理。专家系统的根本任务是求解领域内的现实问题。问题的求解过程是一个思维过程，即推理过程。这就要求专家系统必须具有相应的推理机制，能根据用户提供的已知事实，通过运用掌握的领域知识进行有效的推理，以实现对问题的求解。

不同专家系统所面向的领域不同，要求解的问题有着不同的特性，因此不同专家系统的推理机制也不尽相同，有的只要求进行精确推理，有的则要求进行不确定性推理，需要根据问题领域的特点分别进行设计，以保证问题求解的有效性。知识表示、推理及搜索策略，都可应用到专家系统中。

（3）具有获取知识的能力。专家系统的基础是知识。为了得到知识，就必须具有获取知识的能力。获取知识大致有两种方式：一种方式是知识工程师和领域专家采用知识编辑器输入领域知识，从而为专家系统建立知识库；另一种方式是改进专家系统，使得系统自身具有学习和进化能力，能从系统运行的实践中不断总结新的知识，使知识库中的知识越来越丰富、完善。第二种方式是专家系统知识获取的发展方向。

（4）具有灵活性。大多数专家系统都采用了知识库与推理机相分离的体系结构。知识库与推理机彼此既有联系，又相互独立。二者分离的好处是，实现数据级知识、知识库级知识和控制级知识的松耦合，即在系统运行时，既能根据具体问题的不同要求，分别选取合适的数据级知识和知识库级知识，构成不同的求解序列，实现对问题的求解，又能在一方进行修改时，不影响另一方，特别是在知识库不断完善、更新自我的时候，知识库的变化不会导致推理机的修改。同时，二者分离使人们有可能把一个技术上成熟的专家系统变为一个专家系统工具，只要抽取或置入不同知识库中的知识，它就可以变为另一个领域的专家系统，为其他领域提供专家级的服务，这样可以极大地节省开发时间。

（5）具有透明性。系统透明性指系统自身及其行为能被用户所理解。专家系统具有较好的透明性，这是因为它具有良好的解释功能。人们在应用专家系统求解问题时，通过专家系统的解释机构，不仅可以得到正确的答案，还可以得到答案的推理过程等相关依据，这就使用户能比较清楚地了解系统处理问题的过程及使用的知识和方法，从而提高用户对系统的可信度，增加系统的透明度。另外，由于专家系统具有解释功能，系统设计者及领域专家就可以方便地找出系统隐含的错误，便于对系统进行维护。

（6）具有交互性。专家系统一般都是交互式系统，一方面需要与领域专家和知识工程师进行对话，以获取知识；另一方面需要通过与用户对话来索取求解问题时所需的已知事实，以及回答用户的询问。专家系统的这一特征为用户提供了方便，也是它得以广泛应用的原因之一。

（7）具有实用性。专家系统是根据领域问题的实际需求开发的，这一特点就决定了它具有坚实的应用背景。专家系统拥有大量高质量的专家知识，可使问题求解达到较高的水平，再加上透明性、交互性等特征，使得它容易被人们接受和应用。事实证明，专家系统已经在众多领域得到广泛应用，取得了巨大的经济效益及社会效益。

（8）具有一定的复杂性及难度。专家系统拥有领域知识，并能运用知识进行推理，以模拟人类求解问题的思维过程。但是，众所周知，人类的知识丰富多彩，人们的思维方式也是多种多样的。要真正实现对人类思维的模拟，是一项十分困难的工作，有赖于其他多种学科的共同发展，具有一定的复杂性和难度。

3. 专家系统的分类

按照专家系统所求解问题的性质，专家系统可分为下列几种类型。

（1）解释专家系统。

解释专家系统的任务是通过对已知信息和数据的分析与解释，确定它们的含义。解释专家系统具有下列特点。

① 系统处理的数据量很大，而且这些数据往往是不准确的、有错误的和不完全的。

② 系统能够从不完全的信息中得出解释，并能对数据做出某些假设。

③ 系统的推理过程可能很复杂，因而要求系统具有对自身的推理过程做出解释的能力。

解释专家系统可用于语音理解、图像分析系统监视、化学结构分析和信号警示等。例如，卫星图像云图分析、集成电路分析、DENDRAL 化学结构分析、石油测井数据分析、染色体分类、PROSPECTOR 地质勘探数据解释和丘陵找水等实用系统。

（2）预测专家系统。

预测专家系统的任务是通过对过去和现在已知状况的分析，推断未来可能发生的情况。预测专家系统具有下列特点。

① 系统处理的数据随时间变化，而且可能是不准确和不完全的。

② 系统需要有适应时间变化的动态模型，能够从不完全和不准确的信息中得出预

报，并满足快速响应的要求。

预测专家系统可用于气象预报、军事预测、人口预测、交通预测、经济预测和谷物产量预测。例如，恶劣气候（包括暴雨、飓风、冰雹等）预报、战场前景预测和农作物病虫害预报等专家系统。

（3）诊断专家系统。

诊断专家系统的任务是根据观察到的情况（数据）来推断某个对象机能失常（故障）的原因。诊断专家系统具有下列特点。

① 能够了解被诊断对象和客体各组成部分的特性，以及它们之间的联系。

② 能够区分一种现象及其所掩盖的另一种现象。

③ 能够向用户提供测量的数据，并从不确切信息中得出尽可能正确的诊断。

诊断专家系统可用于医疗诊断、电子机械故障诊断、软件故障诊断、材料失效诊断，用于抗生素治疗的 MYCIN、用于肝功能检验的 PUFF、用于青光眼治疗的 CASNET、用于内科疾病诊断的 INTERNIST-1、血清蛋白诊断专家系统、IBM 公司的计算机故障诊断系统 DATR/DASD、火电厂锅炉给水系统故障检测与诊断系统、雷达故障诊断系统、太空站热力控制系统的故障检测与诊断系统等，都是国内外颇有名气的实例。

（4）设计专家系统。

设计专家系统的任务是根据设计要求，求出满足设计问题约束的目标配置。设计专家系统具有如下特点。

① 善于从多方面的约束中得到符合要求的设计结果。

② 需要检索较大的可能解空间。

③ 善于分析各种子问题，并处理好子问题间的相互作用。

④ 能够实验性地构造出可能设计，并易于对所得设计方案进行修改。

⑤ 能够使用已被证明是正确的设计来解释当前新的设计。

设计专家系统涉及电路（如数字电路和集成电路）设计、土木建筑工程设计、计算机结构设计、机械产品设计和生产工艺设计等。比较有影响的设计专家系统有 VAX 计算机结构设计专家系统 R1（XCOM）、浙江大学的花布立体感图案设计和花布印染专家系统、大规模集成电路设计专家系统及齿轮加工工艺设计专家系统等。

（5）规划专家系统。

规划专家系统的任务在于寻找某个能够达到给定目标的动作序列或步骤。规划专家系统的特点如下。

① 所要规划的目标可能是动态的或静态的，因而需要对未来动作做出预测。

② 所涉及的问题可能很复杂，要求系统能抓住重点，处理好各目标间的关系和不确定的数据信息，并通过实验性动作得出可行规划。

规划专家系统可用于机器人规划、交通运输调度、工程项目论证、通信与军事指挥，以及农作物施肥方案规划等。比较典型的规划专家系统有军事指挥调度系统、机器人规划专家系统、汽车和火车运行调度专家系统，以及小麦和水稻施肥专家系统等。

（6）监视专家系统。

监视专家系统的任务是对系统、对象或过程的行为进行不断观察，并把观察到的行为与其应当具有的行为进行比较，以发现异常情况，并发出警报。监视专家系统具有下列特点。

① 系统具有快速反应能力，在造成事故之前及时发出警报，不会漏报。

② 系统发出的警报有很高的准确性，不会误报。

③ 系统能够随时间和条件的变化动态地处理其输入信息。

监视专家系统可用于核电站的安全监视、防空监视与报警、国家财政的监控、传染病疫情监控及农作物病虫害监测与报警等。黏虫测报专家系统是监视专家系统中的一个实例。

（7）控制专家系统。

控制专家系统的任务是自适应地管理一个受控对象或客体的全部行为，使之满足预期要求。控制专家系统的特点：能够解释当前情况，预测未来可能发生的情况，诊断可能发生的问题及原因，不断修正计划，并控制计划的执行。也就是说，控制专家系统具有解释、预测、诊断、规划和执行等多种功能。

空中交通管制、商业管理、自主机器人控制、作战管理、生产过程控制和生产质量控制等，都是控制专家系统的潜在应用方面。

（8）调试专家系统。

调试专家系统的任务是对失灵的对象给出处理意见和方法。

调试专家系统的特点是同时具有规划、设计、预测和诊断等专家系统的功能。调试专家系统可用于新产品和新系统的调试，也可用于维修站对维修设备的调整、测量与试验，这方面的实例还很少见。

（9）教学专家系统。

教学专家系统的任务是根据学生的特点、弱点和基础知识，以最适当的教案和教学方法对学生进行教学与辅导。教学专家系统的特点如下。

① 同时具有诊断和调试的功能。

② 具有良好的人机界面。

已经开发和应用的教学专家系统有美国麻省理工学院的 MACSYMA 符号积分与定理证明系统，以及我国一些大学开发的计算机程序设计语言和物理智能计算机辅助教学系统、聋哑人语言训练专家系统。

（10）修理专家系统。

修理专家系统的任务是对发生故障的对象系统和设备进行处理，使其恢复正常工作。修理专家系统具有诊断、调试、计划和执行等功能。美国贝尔实验室的 ACM 电话和有线电视维护修理系统是修理专家系统的一个应用实例。

此外，还有决策专家系统和咨询专家系统等。

4.4.2 专家系统的基本结构

不同的专家系统，其功能与结构也不尽相同，但一般都包括人机接口、推理机、知识库及其管理系统、数据库及其管理系统、知识获取机构、解释机构 6 个部分，如图 4-10 所示。

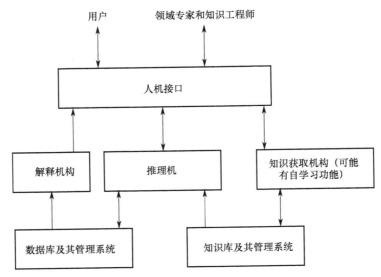

图 4-10　专家系统的基本结构

1．人机接口

人机接口是专家系统与领域专家、知识工程师和一般用户间的界面，由一组程序及相应的硬件组成，用于完成输入、输出工作。可以这样理解它们之间的关系：领域专家和知识工程师通过人机接口输入知识，更新完善知识库；一般用户通过人机接口向系统输入求解的领域问题、已知事实及向系统提出的询问；系统则通过人机接口输出运行结果，回答用户的询问，或者向用户索取进一步的事实。

在输入和输出过程中，人机接口需要进行内部表示形式与外部表示形式的转换，如在输入时，它将把领域专家、知识工程师和一般用户输入的信息转换成系统内部表示形式，然后分别交给相应的机构去处理。输出时，人机接口把系统要输出的信息由内部形式转换为人们易理解的外部形式，显示给相应的用户。

在不同的系统中，由于硬件、软件环境的不同，接口的形式与功能有较大的差别。例如，有的系统可以用自然语言、面部表情、身姿形态等与系统交互，而有的系统只能用最基本的方式（如编辑软件）实现用户与系统的信息交互。

2．知识获取机构

专家系统中获取知识的机构由一组程序组成，其基本任务是把知识输入到知识库中，并负责维持知识的一致性及完整性，建立起信任良好的知识库。在不同的系统中，知识获取的功能及实现方法差别巨大。有的系统首先由知识工程师向领域专家获取知识，然后通过相应的知识编辑软件把知识送到知识库中。而有的系统自身具有部分学习功能，可直接与领域专家对话来获取知识，或者通过系统的运行实践归纳总结出新的知识。知识自动获取的方法很多，可以开发机器学习系统，使机器自动从实际问题中获取知识，并填充知识库。

3. 知识库及其管理系统

知识库是专家系统中的知识存储机构，用于存储领域内的原理性知识、专家的经验知识及有关的事实等。知识库中的知识来源于知识获取机构，同时它又为推理机提供求解问题所需的知识，与两者都有密切关系。知识库管理系统负责对知识库中的知识进行组织、检索和维护。专家系统中其他任何部分要与知识库发生联系，都必须通过该管理系统来完成，这样就可实现对知识库的统一管理和使用，便于维护知识的一致性和完整性。

知识库中知识的组织：可按树形结构，分层组织元知识、领域知识、专家知识，也可以采用分布式大规模知识库进行组织。知识的维护：统一由知识库管理系统实现知识的添加、删除、修改、查询和统计等，并在进行知识维护时及时检测，发现知识的不一致性、不完整性、矛盾性和冗余性。

4. 推理机

推理机是专家系统的思维机构，是构成专家系统的核心部分，其任务是模拟领域专家的思维过程，控制并执行对问题的求解。它能根据当前已知的事实，利用知识库中的知识，按一定的推理方法和控制策略进行推理，求得问题的答案或证明某个假设的正确性。

推理机的性能和构造一般与知识的表示方法及组织方式有关，但与知识的内容无关。这有利于保证推理机和知识库的相对独立性，当知识库中的知识更新变化时，无须修改推理机。

但实际上，推理机的推理方法和控制策略有时是知识敏感的，也就是说，如果推理机的搜索策略完全与领域问题无关，那么它将是低效的。问题规模越大，这个问题就越突出。为了解决这个问题，目前，专家系统一方面为了提高系统的运行效率，使用了一些与领域有关的启发性知识；另一方面为了保证推理机与知识库的相对独立性，采取了用元知识表示启发性知识的方法。

5. 数据库及其管理系统

数据库又称为黑板、综合数据库等，它是用于存放用户提供的初始事实、问题描述，以及系统运行过程中得到的中间结果、最终结果、运行信息（如推出结果的知识链）等的工作存储器。

数据库的内容是在不断变化的，在开始求解问题时，它存放的是用户提供的初始事实；在推理过程中，它存放每一步推理所得到的结果。推理机根据数据库的内容，从知识库选择合适的知识进行推理，然后将推理出的结果存入数据库中。由此可以看出，数据库是推理机不可缺少的一个工作场地，同时由于它可记录推理过程中的各种有关信息，也为解释机构提供了回答用户咨询的依据。

数据库是由数据库管理系统管理的，这与一般程序设计中的数据库管理没有什么区别，只是数据的表示方法与知识的表示方法需要保持一致。

6. 解释机构

专家系统之所以能够对自己的行为做出解释,让用户知其然,也知其所以然,关键就在于解释机构。解释机构由一组程序组成,它能够跟踪并记录推理过程。当用户提出询问需要给出解释时,它将根据问题的要求分别做相应的处理,最后把解答用约定的形式通过人机接口输出给用户。这样,它既可以取信于用户,又可以帮助系统创建者发现知识库及推理机中的错误,有利于对系统进行调试与维护。

4.4.3 产生式规则专家系统实例

为了便于学习,下面介绍一个典型的产生式规则专家系统的实例:MYCIN 专家系统。

MYCIN 专家系统是一个帮助内科医生诊治感染性疾病的专家系统,它的建造始于1972 年,终于 1978 年,最终成为一个性能较高、功能完善的实用系统。该系统在专家系统的发展史中占有很重要的地位,许多专家系统都是在它的基础上建立起来的。

1. 系统结构

MYCIN 专家系统是由 3 个子系统和两个库组成的,如图 4-11 所示。

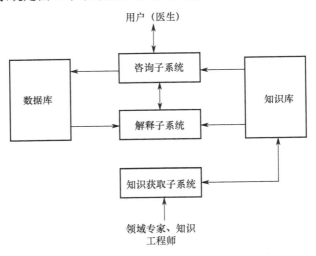

图 4-11 MYCIN 专家系统的系统结构

图 4-11 中,数据库又称为动态数据库,用于存放患者的有关数据,包括化验结果、系统推出的结论等。知识库又称为静态数据库,用于存放诊治疾病的知识,它是在系统建成时一次性装入的,在应用过程中,通过知识获取子系统进行补充修正。咨询子系统相当于推理机和人机接口。当医生使用系统诊治疾病时,首先启动这一子系统,此时系统将给出提示,要求医生(用户)输入有关的信息,如患者的姓名、年龄、症状等,然后应用知识库中的知识进行推理,得出患者所患的疾病及治疗方案。解释子系统用于回答医生的询问,在咨询子系统的运行过程中,可以随时启动解释子系统来回答"为什么要求患者检查这一项?""所患疾病结论是怎样得出的?"等问题。知识获取子系统用于从领域专家和知识工程师那里获取知识,丰富和更新知识库的内容。

2. 数据的表示

MYCIN 专家系统数据库中的数据都是用以下形式的三元组描述的。

（对象，属性，值）

其中，对象又称为上下文，是系统要处理的实体。系统规定了多种不同类型的对象，如"患者""当前从患者身上提取的培养物""从当前培养物中分离出的病原体""先前从患者身上提取的培养物""从先前培养物中分离出来的病原体""已对患者实施的手术""手术期间为患者采用的治疗方案"等。

属性又称为临床参数，用于描述相应对象的特征。例如，"患者"的姓名、年龄、性别，"培养物"的提取部位，"病原体"的形态等。MYCIN 专家系统有 65 种属性，这些属性按其所描述的对象不同，分为 6 类。例如，用于描述"患者"情况的作为一类，用于描述"培养物"情况的作为一类，等等。每类属性都有专门的名称，如用 PRO-PT 作为描述"患者"的属性集的名称。另外，属性又按其取值的性质不同，分为 7 种类别。例如，单值的（只能有一个取值，或者可从一组之中选其一的属性）、多值的（可以取多个值的属性）、可问的（可向用户询问其值的属性）、可导出的（可以运用知识推导求值的属性），等等。三元组中的"值"是指相应属性的值，根据属性的不同类别，可以是一个或多个。

在 MYCIN 专家系统中，每个属性的值都可以带有一个可信度因子 CF，用以指出相应属性值的信任程度。$CF \in [0,1]$，当 $CF > 0$ 时，表示相信该属性取相应值的程度；当 $CF < 0$ 时，表示不相信该属性取相应值的程度；当 CF 为 1、-1 和 0 时，分别表示完全相信、完全不相信、既非相信又非不相信（不能确定）该属性取相应的值。三元组表数据示例如表 4-2 所示。

表 4-2　三元组表数据示例

对象	属性	值
患者-1	姓名	（李明 1.0）
患者-2	过敏史	（奶源蛋白 0.2）（青霉素 0.56）
培养物-1	提取部位	（肝部 1.0）（胃液 1.0）

表 4-2 中，类似于位于"青霉素"后面的 0.56 这样的数据，就表示该属性取值的可信度，如"患者-2"青霉素过敏的可信度为 0.56。

3. 知识的表示

MYCIN 专家系统的知识库主要用于存储诊断和治疗感染性疾病的领域知识，同时存放一些进行推理所需的静态知识，如临床参数的特性表、清单、词典等。

领域知识用产生式规则表示，其一般形式为

RULE ***　IF　<前提>　THEN　<行为>

其中，***是规则的编号。该知识规则表示当<前提>成立时，则执行<行为>所描述的动作。

规则前提的一般形式为

（$ AND ＜条件-1＞＜条件-2＞… ＜条件-n＞）

它表示条件-1，条件-2，…，条件-n 之间是合取关系，其中每个条件既可以是一个简单条件，也可以是具有 OR 关系的复合条件。例如，对于条件-i，可为

（$ OR ＜条件-i1＞＜条件-i2＞… ＜条件-im＞）

其中，AND 和 OR 是逻辑函数，返回 T、NIL 或-1～1 中间的某个数字。

规则的行为部分由专门表示动作的行为函数表示，MYCIN 专家系统中有 3 个专门用于表示动作的行为函数：CONCLUDE、CONCLIST 和 TRANLIST，其中 CONCLUDE 用得最多，其形式为

（CONCLUDE C P V TALLY CF）

其中，C、P、V 分别表示上下文、临床参数和值；TALLY 是一个变量，用于存放规则前提部分的信任程度；CF 是规则强度，由领域专家在给出知识时给出。

例如，对于规则 RULE 047：

IF

（1）病原体的鉴别名不确定，且

（2）病原体来自血液，且

（3）病原体的染色是革兰氏阴性，且

（4）病原体的形态是杆状的，且

（5）病原体呈赭色

THEN

该病原体的鉴别名是假单胞细菌，可信度为 0.4。

它在 MYCIN 专家系统中的表示形式为：

RULE 047

    PREMISE （$ AND （NOTDEFINITE CNTXT IDENT）

               （SAME CNTXT SITE BLOOD）

               （SAME CNTXT STAIN GRAMNEG）

               （SAME CNTXT MORPH ROD）

               （SAME CNTXT BURNT））

    ACTION （CONCLUDE CNTXT IDENT PSEUDOMONAS TALLY.4）

其中，NOTDEFINITE、SAME 是 MYCIN 专家系统中专门用于表示条件的函数。

4. 推理的控制策略

MYCIN 专家系统采用逆向推理及深度优先的搜索策略。系统启动后，首先在数据库中建立一个上下文的根节点，并为该根节点指定一个名称 PATIENT-1（患者-1），其类型为对象 PERSON（"患者"），患者-1 的属性为（NAME AGE SEX REGIMEN），即姓名、年龄、性别和治疗方案。其中前三项都具有 LABDATA 特性（可问性），即可通过向用户询问得到其值。于是 MYCIN 专家系统向医生（用户）提出询问，要求医生输入患者的姓名、年龄及性别，并以三元组形式存入数据库中。治疗方案（REGIMEN）不是 LABDATA 属性，必须由系统推导得出。事实上，治疗方案正是 MYCIN 专家系统进行推理的最终目标，也是人们使用 MYCIN 专家系统进行咨询的根本目的。

为了得到治疗方案，MYCIN 专家系统将开始推理。推理时，首先运用了规则 RULE 092，其内容为：

RULE 092：

IF

（1）有一种需要治疗的病原体，且

（2）可能还有其他需要治疗的病原体，尽管它们还没有从当前的培养物中被分离出来。

THEN

（1）给出能有效抑制需治疗的病原体的治疗方案；

（2）选出最佳治疗方案。

ELSE

指出患者不需要治疗。

这条规则用于获取治疗方案，是用户咨询 MYCIN 专家系统的最终目标，所以被称为目标规则。它反映了医生诊治疾病时的决策过程：首先确定患者有无需要治疗的细菌性感染，再进一步确定引起感染的病原体，然后确定可抑制病原体的药物，最后给出最佳治疗方案。

第 092 号规则的前提部分涉及临床参数 TREATFOR，它是一个 NON-LABDATA，因而系统调用 TREATFOR 的 UPDATED-BY 特性所指出的第一条规则，检查它的前提是否为真。此时若该前提所涉及的值是可向用户询问的，就直接询问用户，否则再找出可推出该值的规则，对其前提判断是否为真，如此反复进行，直到最后推出患者-1 的主要临床参数 REGIMEN 为止。这是一个典型的逆向推理的算法。在这个过程中，每当得到一个值时，都要加入上下文树中。

在推理中，规则前提条件是否成立，取决于数据库中是否已有相应的证据（来自用户，或者由系统推出），以及它是否满足阈值条件。MYCIN 专家系统规定的阈值为 0.2，当规则前提的 CF>0.2 时，则调用该规则结论中的函数，并把推出的结果放入数据库中。若前提的 CF≤0.2，则放弃该规则。

5. 解释系统

MYCIN 专家系统具有较强的解释功能，能回答咨询过程中用户提出的各种问题。例如，当系统向用户询问患者的性别时，用户可咨询系统："为什么要问患者的性别？"此时 MYCIN 专家系统将回答："性别是关于任何患者的 4 个标准参数之一，在以后的推理过程中有用，如性别与确定能否在某一部位找到病原体有关，还与确定患者最近的肌酸酐清除率有关。"

MYCIN 专家系统为了能回答用户提出的问题，除了要运用数据库在推理过程中得到的信息及知识库的有关知识，还建立了一棵用于记录咨询过程中系统各种行为的历史树，同时建立了分别对不同类型问题提供解释的专用程序，以及理解用户问题、对问题进行分类解释的程序。

4.5 实验：基于产生式规则的动物识别专家系统

4.5.1 实验目的

（1）了解产生式规则的原理。
（2）了解产生式规则专家系统的构成及其原理。
（3）了解产生式规则专家系统的正向推理机制。

4.5.2 实验要求

（1）学会使用 Python 构造专家系统事实库、产生式规则库。
（2）学会使用 Python 进行专家系统规则的正向推理。
（3）可以修改程序以扩充相应功能。

4.5.3 实验原理

参见 4.2 节的内容，在表 4-1 的基础上建立动物识别产生式规则库，建立事实库、动态数据库和控制系统，并采用正向推理控制策略完成简单的动物识别。

4.5.4 实验步骤

（1）构造动物实体 animal。

```python
class animal(object):
    def __init__(self):
        self.name = ''
        # 门
        self.phylum = ''
        # 纲
        self.classes = ''
        # 目
        self.order = ''
        # 科
        self.family = ''
        # 表面
        self.surface = ''
        # 食物
        self.food = ''
        # 嘴型
        self.mouth = ''
        # 足部
        self.foot = ''
```

```python
        # 头部
        self.head = "
        # 纹饰
        self.ornament = "
        # 牙齿
        self.tooth = "
        # 会飞：1；不会飞：0;未定义：-1
        self.canfly = -1
        # 生产方式
        self.birth = "


    def clone(self, _animal):
        self.name = _animal.name
        self.phylum = _animal.phylum
        self.classes = _animal.classes
        self.order = _animal.order
        self.family = _animal.family
        self.surface = _animal.surface
        self.food = _animal.food
        self.mouth = _animal.mouth
        self.foot = _animal.foot
        self.head = _animal.head
        self.ornament = _animal.ornament
        self.tooth = _animal.tooth
        self.canfly = _animal.canfly
        self.birth = _animal.birth


    def output(self):
        print('\n')
        print('该动物', end=")
        if self.birth != ":
            print(self.birth, end=")
            print(',', end=")

        if self.head != ":
            print(self.head, end=")
            print(',', end=")
        if self.mouth != ":
            print(self.mouth, end=")
```

```
                print(',', end='')
            if self.tooth != '':
                print(self.tooth, end='')
                print(',', end='')
            if self.food != '':
                print(self.food, end='')
                print(',', end='')
            if self.surface != '':
                print(self.surface, end='')
                print(',', end='')
            if self.ornament != '':
                print(self.ornament, end='')
                print(',', end='')
            if self.foot != '':
                print(self.foot, end='')
                print(',', end='')
            if self.canfly == 1:
                print('会飞，', end='')
            elif self.canfly == 0:
                print('不会飞，', end='')
        print('应该属于', end='')
        if self.phylum != '':
            print(self.phylum, end='')
        if self.classes != '':
            print(self.classes, end='')
        if self.order != '':
            print(self.order, end='')
        if self.family != '':
            print(self.family, end='')

        if self.name != '':
            print(self.name, end='')
        print('。\n')
```

（2）构造规则。

```
import animal
class rule(object):
    def __init__(self):
        self.antecedent = animal()
        self.consequent = animal()
```

```python
    def setAntecedent(self, animal):
        self.antecedent.clone(animal)


    def setConsequent(self, animal):
        self.consequent.clone(animal)


    # 规则匹配
    def match(self, animal):
        result = True
        if self.antecedent.canfly != -1:
            if self.antecedent.canfly != animal.canfly:
                result = False
                return result
        if self.antecedent.classes != '':
            if self.antecedent.classes != animal.classes:
                result = False
                return result
        if self.antecedent.family != '':
            if self.antecedent.family != animal.family:
                result = False
                return result
        if self.antecedent.food != '':
            if self.antecedent.food != animal.food:
                result = False
                return result
        if self.antecedent.foot != '':
            if self.antecedent.foot != animal.foot:
                result = False
                return result
        if self.antecedent.head != '':
            if self.antecedent.head != animal.head:
                result = False
                return result
        if self.antecedent.mouth != '':
            if self.antecedent.mouth != animal.mouth:
                result = False
                return result
        if self.antecedent.name != '':
```

```
            if self.antecedent.name != animal.name:
                result = False
                return result
        if self.antecedent.order != '':
            if self.antecedent.order != animal.order:
                result = False
                return result
        if self.antecedent.ornament != '':
            if self.antecedent.ornament != animal.ornament:
                result = False
                return result
        if self.antecedent.surface != '':
            if self.antecedent.surface != animal.surface:
                result = False
                return result
        if self.antecedent.tooth != '':
            if self.antecedent.tooth != animal.tooth:
                result = False
                return result
        if self.antecedent.birth != '':
            if self.antecedent.birth != animal.birth:
                result = False
                return result
        if self.antecedent.phylum != '':
            if self.antecedent.phylum != animal.phylum:
                result = False
                return result
        return result

    # 规则执行
    def execute(self, animal):
        if self.consequent.canfly != -1:
            animal.canfly = self.consequent.canfly
        if self.consequent.classes != '':
            animal.classes = self.consequent.classes
        if self.consequent.family != '':
            animal.family = self.consequent.family
        if self.consequent.food != '':
            animal.food = self.consequent.food
```

```
if self.consequent.foot != '':
    animal.foot = self.consequent.foot
if self.consequent.head != '':
    animal.head = self.consequent.head
if self.consequent.mouth != '':
    animal.mouth = self.consequent.mouth
if self.consequent.name != '':
    animal.name = self.consequent.name
if self.consequent.order != '':
    animal.order = self.consequent.order
if self.consequent.ornament != '':
    animal.ornament = self.consequent.ornament
if self.consequent.surface != '':
    animal.surface = self.consequent.surface
if self.consequent.tooth != '':
    animal.tooth = self.consequent.tooth
if self.consequent.birth != '':
    animal.birth = self.consequent.birth
if self.consequent.phylum != '':
    animal.phylum = self.consequent.phylum
```

（3）构造动物识别专家系统。

```
import animal
import rule


class expertsys(object):
    def __init__(self):
        #事实库
        self.facts=[]
        #规则库
        self.rules=[]
        #动态数据库
        self.dataset=[]

        self.setRules()
```

（4）构造规则库。

```
    #建立规则库
    def setRules(self):
        R1 = rule()
        # 设置前件
```

```
R1_antecedent = animal()
R1_antecedent.birth = '胎生'
R1.setAntecedent(R1_antecedent)
# 设置后件
R1_consequent = animal()
R1_consequent.classes = '哺乳纲'
R1.setConsequent(R1_consequent)

self.rules.append(R1)

R2 = rule()
# 设置前件
R2_antecedent = animal()
R2_antecedent.birth = '卵生'
R2_antecedent.canfly = 1
R2.setAntecedent(R2_antecedent)
# 设置后件
R2_consequent = animal()
R2_consequent.classes = '鸟纲'
R2.setConsequent(R2_consequent)

self.rules.append(R2)

R3 = rule()
# 设置前件
R3_antecedent = animal()
R3_antecedent.surface = '毛发'
R3.setAntecedent(R3_antecedent)
# 设置后件
R3_consequent = animal()
R3_consequent.classes = '哺乳纲'
R3.setConsequent(R3_consequent)

self.rules.append(R3)

R4 = rule()
# 设置前件
R4_antecedent = animal()
R4_antecedent.birth = '羽毛'
R4.setAntecedent(R4_antecedent)
```

```
# 设置后件
R4_consequent = animal()
R4_consequent.classes = '鸟纲'
R4.setConsequent(R4_consequent)

self.rules.append(R4)

R5 = rule()
# 设置前件
R5_antecedent = animal()
R5_antecedent.mouth = '喙'
R5.setAntecedent(R5_antecedent)
# 设置后件
R5_consequent = animal()
R5_consequent.classes = '鸟纲'
R5.setConsequent(R5_consequent)

self.rules.append(R5)

R6 = rule()
# 设置前件
R6_antecedent = animal()
R6_antecedent.food = '肉'
R6.setAntecedent(R6_antecedent)
# 设置后件
R6_consequent = animal()
R6_consequent.order = '食肉目'
R6.setConsequent(R6_consequent)

self.rules.append(R6)

R7 = rule()
# 设置前件
R7_antecedent = animal()
R7_antecedent.food = '草'
R7.setAntecedent(R7_antecedent)
# 设置后件
R7_consequent = animal()
R7_consequent.order = '食草目'
R7.setConsequent(R7_consequent)
```

```
self.rules.append(R7)

R8 = rule()
# 设置前件
R8_antecedent = animal()
R8_antecedent.foot = '爪'
R8.setAntecedent(R8_antecedent)
# 设置后件
R8_consequent = animal()
R8_consequent.phylum = '有爪门'
R8.setConsequent(R8_consequent)

self.rules.append(R8)

R9 = rule()
# 设置前件
R9_antecedent = animal()
R9_antecedent.foot = '蹄'
R9_antecedent.classes = '哺乳纲'
R9.setAntecedent(R9_antecedent)
# 设置后件
R9_consequent = animal()
R9_consequent.order = '有蹄目'
R9.setConsequent(R9_consequent)

self.rules.append(R9)

R10 = rule()
# 设置前件
R10_antecedent = animal()
R10_antecedent.phylum = '有爪门'
R10_antecedent.tooth = '有犬齿'
R10.setAntecedent(R10_antecedent)
# 设置后件
R10_consequent = animal()
R10_consequent.order = '食肉目'
R10.setConsequent(R10_consequent)

self.rules.append(R10)
```

```
R11 = rule()
# 设置前件
R11_antecedent = animal()
R11_antecedent.phylum = '有爪门'
R11_antecedent.order = '食肉目'
R11_antecedent.classes = '鸟纲'
R11_antecedent.canfly = 1
R11.setAntecedent(R11_antecedent)
# 设置后件
R11_consequent = animal()
R11_consequent.family = '鹰'
R11.setConsequent(R11_consequent)

self.rules.append(R11)


R12 = rule()
# 设置前件
R12_antecedent = animal()
R12_antecedent.order = '食肉目'
R12_antecedent.classes = '哺乳纲'
R12_antecedent.ornament = '褐色斑纹'
R12.setAntecedent(R12_antecedent)
# 设置后件
R12_consequent = animal()
R12_consequent.family = '猫'
R12.setConsequent(R12_consequent)

self.rules.append(R12)


R13 = rule()
# 设置前件
R13_antecedent = animal()
R13_antecedent.order = '有蹄目'
R13_antecedent.ornament = '黑白斑纹'
R13.setAntecedent(R13_antecedent)
# 设置后件
R13_consequent = animal()
R13_consequent.family = '斑马'
R13.setConsequent(R13_consequent)
```

```
        self.rules.append(R13)

        R14 = rule()
        # 设置前件
        R14_antecedent = animal()
        R14_antecedent.order = '食肉目'
        R14_antecedent.classes = '哺乳纲'
        R14_antecedent.ornament = '王字纹'
        R14.setAntecedent(R14_antecedent)
        # 设置后件
        R14_consequent = animal()
        R14_consequent.family = '虎'
        R14.setConsequent(R14_consequent)

        self.rules.append(R14)

        R15 = rule()
        # 设置前件
        R15_antecedent = animal()
        R15_antecedent.foot = '细腿'
        R15_antecedent.head = '红顶'
        R15_antecedent.classes = '鸟纲'
        R15.setAntecedent(R15_antecedent)
        # 设置后件
        R15_consequent = animal()
        R15_consequent.family = '丹顶鹤'
        R15.setConsequent(R15_consequent)

        self.rules.append(R15)
```

（5）设置事实库，初始化动态数据库。

```
    def setFacts(self,_facts):
        for ani in _facts:
            f=animal ()
            f.clone(ani)
            self.facts.append(f)
            d=animal ()
            d.clone(ani)
            self.dataset.append(d)
```

（6）正向推理并输出。

```
def forwardReasoning(self):
    for d in self.dataset:
        for r in self.rules:
            #如果规则匹配，则执行规则
            if r.match(d):
                r.execute(d)
                d.output()
```

（7）测试。

```
import expertsys
import animal


if __name__=='__main__':

    aniexpert=expertsys.expertsys()

    ani1=animal ()
    ani1.birth='卵生'
    ani1.canfly=1
    ani1.head='红顶'
    ani1.foot='细腿'

    ani2=animal ()
    ani2.birth='胎生'
    ani2.food='肉'
    ani2.ornament='褐色斑纹'

    aniexpert.setFacts([ani1,ani2])
    aniexpert.forwardReasoning()
```

4.5.5　实验结果

运行结果如图 4-12 所示。

```
In [7]: runfile('C:/Users/mf/aniexperts/
go_expert.py', wdir='C:/Users/mf/aniexperts')
Reloaded modules: expertsys, animal, rule

该动物卵生,红顶,细腿,会飞,应该属于鸟纲丹顶鹤。


该动物胎生,肉,褐色斑纹,应该属于哺乳纲食肉目猫。
```

图 4-12　运行结果

习题

1. 产生式系统的 3 个基本组成部分是什么？
2. 正向推理和反向推理各自的特点是什么？
3. 提高规则模式匹配效率的方法有哪些？
4. 专家系统的基本结构是什么？运作机制如何？

参考文献

[1]　张大均. 教育心理学[M]. 北京：人民教育出版社，2011.

[2]　CHARLES L F. A Fast Algorithm for the Many Pattern/Many Object Pattern Match Problem [D]. Pittsburgh：Carnegie Mellon University，1974.

[3]　耿庆宦，吕良双. 产生式系统规则匹配算法研究[J]. 计算机与现代化，2009，171(11).

[4]　王伟辉，耿国华，周明全. 规则软件系统模式匹配算法研究综述[J]. 小型微型计算机系统，2012，33(5)：913-920.

[5]　Rete 算法的特例 Uni-Rete 算法[EB/OL]. [2007-04-12]. http://blog.sina.com.cn/s/blog_4a7a7aa3010008mk.html.

第5章　语义网络

在人工智能领域，问题求解的研究是以知识表示为基础的，知识表示指将已获得的知识以计算机内部代码形式或形式语言、类自然语言加以合理地描述、存储，以便合理、充分、有效地利用这些知识进行推理。知识表示有许多重要工具，语义网络便是其中之一[1]。本章将重点对语义网络表示法、知识的语义网络表示和语义网络推理的过程进行详细介绍。

5.1　语义网络简述

5.1.1　语义网络的概念

语义网络是自然语言理解及认知科学领域研究的一个概念，最早是 1968 年由奎廉（J. R. Quillian）在他的博士论文中作为人类联想记忆的一个显式心理学模型提出的[2]。1972 年，西蒙（R. F. Simon）正式提出语义网络的概念，并将语义网络应用到了自然语言理解的研究中[3]。

语义网络是一种采用网络形式表示人类知识的方法，用来表达复杂的概念及其之间的相互关系。它是一个有向图，顶点表示概念，而边表示这些概念间的语义关系，从而形成一个由节点和弧组成的语义网络描述图。

5.1.2　语义网络的特点

语义网络是通过概念及其语义关系来表示知识的一种网络图，它是一个带标注的有向图。其中有向图的各节点用来表示各种概念、事物、属性、情况、动作、状态等，节点上的标注用来区分各节点所表示的不同对象，每个节点可以带有若干个属性，以表征其所代表的对象的特性；弧是有方向、有标注的，方向用来体现节点间的主次关系，而其上的标注则表示被连接的两个节点间的某种语义联系或语义关系[4]。

语义网络具有下列特点。

（1）能把实体的结构、属性与实体间的因果关系显式地和简明地表达出来，与实体相关的事实、特征和关系可以通过相应的节点弧线推导出来。

（2）由于与概念相关的属性和联系被组织在一个相应的节点中，因此概念易于受访和学习。

（3）表现问题更加直观，更易于理解，适用于知识工程师与领域专家沟通。

（4）语义网络结构的语义解释依赖于该结构的推理过程，但没有结构的约定，因而得到的推理不能保证像谓词逻辑法那样有效。

（5）节点间的联系可能是线状、树状或网状的，甚至是递归状的，使相应的知识存储和检索可能需要比较复杂的过程。

5.2 语义网络表示法

在语义网络知识表示中，节点一般划分为实例节点和类节点两种类型。节点之间带有标识的有向弧表示节点之间的语义联系，是语义网络组织知识的关键。

语义网络表示法的特点有结构性、自然性、联想性、自索引性和非严格性。

1．结构性

语义网络把事物的属性及事物间的各种语义联系显式地表现出来，是一种结构化的知识表示法。在这种方法中，下层节点可以继承、新增和修改上层节点的属性，从而实现信息共享。

2．自然性

语义网络是一种直观的知识表示法，符合人们表达事物间关系的习惯，而且把自然语言转换成语义网络也较为容易。

3．联想性

语义网络着重强调事物间的语义联系，体现了人类思维的联想过程。

4．自索引性

语义网络表示把各节点之间的联系以明确、简洁的方式表示出来。用户通过与某一节点连接的弧很容易找出相关信息，而不必查找整个知识库，可以有效地避免搜索时的组合爆炸问题。

5．非严格性

语义网络没有公认的形式表示体系，它没有给其节点和弧赋予确切的含义。由于在推理过程中有时不能区分物体的"类"和"实例"的特点，因此通过语义网络实现的推理不能保证其推理结果的正确性。

5.2.1 基本网元

从结构上来看，语义网络一般由一些最基本的语义单元组成。这些最基本的语义单元称为语义基元，可用如下三元组来表示。

（节点1，弧，节点2）

基本网元是指一个语义基元对应的有向图。例如，若有语义基元（A,R_{AB},B），其中A，B分别表示两个节点，R_{AB}表示A与B之间的某种语义联系，则它所对应的基本网元如图5-1所示。

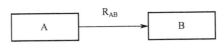

图5-1 基本网元结构

当把多个基本网元用相应的语义联系关联在一起时，就形成了一个语义网络，如图 5-2 所示。在语义网络中，节点还可以是一个语义子网络，所以，语义网络实质上可以是一种多层次的嵌套结构。

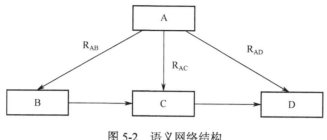

图 5-2　语义网络结构

5.2.2　基本语义关系

语义网络除了可以描述事物本身，还可以描述事物之间错综复杂的关系。基本语义联系是构成复杂语义联系的基本单元，也是语义网络表示的基础，因此从一些基本的语义联系组合成任意复杂的语义联系是可以实现的。下面只给出一些经常使用的基本语义关系。

1. 类属关系

类属关系是指具有共同属性的不同事物间的分类关系、成员关系或实例关系，它体现的是"具体与抽象""个体与集体"的层次分类。其直观意义是"是一个""是一种""是一只"……在类属关系中，最主要的特征是属性的继承性，处在具体层的节点可以继承抽象层节点的所有属性。常用的类属关系如下。

（1）AKO(A-Kind-Of)：表示一个事物是另一个事物的一种类型。

（2）AMO(A-Member-Of)：表示一个事物是另一个事物的成员。

（3）ISA(Is-A)：表示一个事物是另一个事物的实例。例如，"李刚是一个中学生"，其语义网络表示如图 5-3 所示。

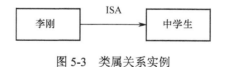

图 5-3　类属关系实例

2. 聚类关系

聚类关系也称为包含关系，是指具有组织或结构特征的"部分与整体"之间的关系，它和类属关系最主要的区别就是，聚类关系一般不具备属性的继承性。通常用 Part-of 标识，表示一个事物是另一个事物的一部分。用它连接的上下层节点的属性很可能是很不相同的，即 Part-of 联系不具备属性的继承性。例如，"轮胎是汽车的一部分"，其语义网络表示如图 5-4 所示。

图 5-4　聚类关系实例

3．属性关系

属性关系是指事物和其属性之间的关系。常用的属性关系如下。

（1）Have：表示一个节点具有另一个节点所描述的属性。

（2）Can：表示一个节点能做另一个节点的事情。

例如，"鸟有翅膀""电视机可以放电视节目"，其对应的语义网络表示如图 5-5 所示。

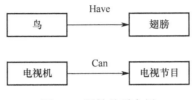

图 5-5　属性关系实例

4．时间关系

时间关系是指不同事件在其发生时间方面的先后关系，节点间不具备属性的继承性。常用的时间关系如下。

（1）Before：表示一个事件在另一个事件之前发生。

（2）After：表示一个事件在另一个事件之后发生。

例如，"香港回归之后，澳门也回归了""王芳在黎明之前毕业"，其对应的语义网络表示如图 5-6 所示。

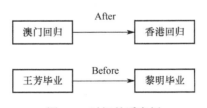

图 5-6　时间关系实例

5．位置关系

位置关系是指不同事物在位置方面的关系，节点间不具备属性的继承性。常用的位置关系如下。

（1）Located-on：表示一物体在另一物体之上。

（2）Located-at：表示一物体在某一位置。

（3）Located-under：表示一物体在另一物体之下。

（4）Located-inside：表示一物体在另一物体中。

（5）Located-outside：表示一物体在另一物体之外。

例如，"书在桌子上"，其对应的语义网络表示如图 5-7 所示。

图 5-7　位置关系实例

6．相近关系

相近关系又称为相似关系，指不同事物在形状、内容等方面相似或接近。常用的相近关系如下。

（1）Similar-to：表示一事物与另一事物相似。

（2）Near-to：表示一事物与另一事物接近。

例如，"猫长得像虎"，其对应的语义网络表示如图 5-8 所示。

图 5-8　相近关系实例

7．因果关系

因果关系指由于某一事件的发生而导致另一事件的发生，适合表示规则性知识。通常用 If-then 联系表示两个节点之间的因果关系，其含义是"如果……那么……"。例如，"如果天晴，那么小明骑自行车上班"，其对应的语义网络表示如图 5-9 所示。

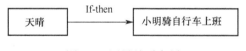

图 5-9　因果关系实例

8．组成关系

组成关系是一种一对多的联系，用于表示某一事物由其他一些事物构成，通常用 Composed-of 联系表示。Composed-of 联系所连接的节点间不具备属性继承性。例如，"整数由正整数、负整数和零组成"，其对应的语义网络表示如图 5-10 所示。

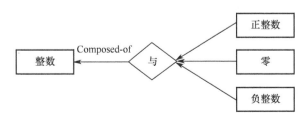

图 5-10　组成关系实例

5.3 知识的语义网络表示

语义网络既可以表示事实性的知识，也可以表示事实性知识之间的复杂联系。知识的语义网络表示也是语义网络推理的基础。本节给出了几种典型知识的语义网络表示及用语义网络表示知识的步骤。

5.3.1 事实性知识的表示

对于一些简单的事实，如"鸟有翅膀""轮胎是汽车的一部分"，要描述这些事实需要两个节点，用前面给出的基本语义联系或自定义的基本语义联系就可以表示了。

对于稍微复杂一些的事实，如在一个事实中涉及多个事物，如果语义网络只被用来表示一个特定的事物或概念，那么当有更多的实例时，就需要更多的语义网络，这样就使问题复杂化了。通常把有关一个事物或一组相关事物的知识用一个语义网络来表示。例如，用一个语义网络来表示事实"苹果树是一种果树，果树又是树的一种，树有根、有叶"。这一事实涉及"苹果树""果树"和"树"这 3 个对象，以及树的两个属性"有根""有叶"。

先建立"苹果树"节点，为了进一步说明苹果树是一种果树，增加一个"果树"节点，并用 AKO 联系连接这两个节点。为了说明果树是树的一种，增加一个"树"节点，并用 AKO 联系连接这两个节点。为了进一步描述树"有根""有叶"的属性，引入"根"节点和"叶"节点，并分别用 Have 联系与"树"节点连接。这个事实的语义网络表示如图 5-11 所示。

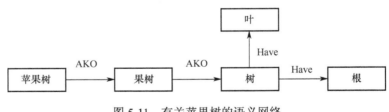

图 5-11 有关苹果树的语义网络

5.3.2 情况、动作和事件的表示

为了描述那些复杂的知识，在语义网络的知识表示法中，通常采用引进附加节点的方法来解决。西蒙在语义网络表示方法中增加了情况节点、动作节点和事件节点，允许用一个节点来表示情况、动作和事件。

1. 情况的表示

在用语义网络表示那些不及物动词表示的语句或者没有间接宾语的及物动词表示的语句时，如果该语句的动作表示了一些其他情况，如动作作用的时间等，则需要增加一个情况节点用于指出各种不同的情况。例如，用语义网络表示知识"请在 2018 年 8 月前归还图书"。这条知识只涉及一个对象就是"图书"，它表示了在 2018 年 8 月前"归还"图书这一种情况。为了表示归还的时间，可以增加一个"归还"节点和一个"情况"节点，这样不仅说明了归还的对象是图书，而且很好地表示了归还图书的时间。其语义网络表示如图 5-12 所示。

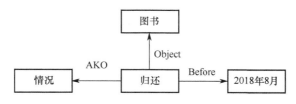

图 5-12　带有情况节点的语义网络

2．动作的表示

有些表示知识的语句既有发出动作的主体，又有接受动作的客体。在用语义网络表示这样的知识时，可以增加一个动作节点用于指出动作的主体和客体。例如，用语义网络表示知识"张老师送给李刚一本书"。这条知识涉及两个对象，就是"张老师"和"书"，为了表示这个事实，增加一个"送给"节点。其语义网络表示如图 5-13 所示。

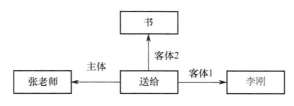

图 5-13　带有动作节点的语义网络

3．事件的表示

如果要表示的知识可以看成发生的一个事件，那么可以增加一个事件节点来描述这个知识。例如，用语义网络表示知识"中国足球队与日本足球队在中国进行了一场比赛，结局的比分是 3∶2"。其语义网络表示如图 5-14 所示。

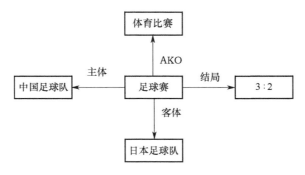

图 5-14　带有事件节点的语义网络

5.3.3 连词和量词的表示

在稍微复杂一些的知识中，经常用到如"并且""或者""所有的""有一些"等这样的联结词或量词。在谓词逻辑表示法中，很容易表示这类知识。而谓词逻辑中的联结词和量词可以用语义网络来表示。因此，语义网络也能表示这类知识。

1. 合取与析取的表示

当用语义网络来表示知识时，为了能表示知识中体现的合取与析取的语义联系，可增加合取节点与析取节点。只是在使用时要注意其语义，不应出现不合理的组合情况。例如，对事实"参观者有男有女，有年老的，有年轻的"，可用图 5-15 所示的语义网络表示。其中，A、B、C、D 分别代表 4 种情况的参观者。

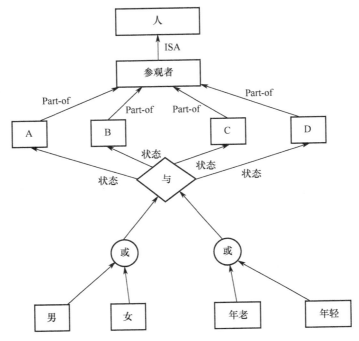

图 5-15　具有合取与析取关系的语义网络

2. 存在量词与全称量词的表示

在用语义网络表示知识时，对存在量词可以直接用"是一种""是一个"等语义关系来表示。对全称量词，可以采用亨德里克（G. G. Hendrix）提出的语义网络分区技术来表示，以解决量词的表示问题，这样的语义网络称为分块语义网络（Partitioned Semantic Net）。该技术的基本思想为：把一个复杂的命题划分成若干个子命题，每个子命题用一个简单的语义网络来表示，称为一个子空间，多个子空间构成一个大空间；每个子空间看作大空间中的一个节点，称为超节点；空间可以逐层嵌套，子空间之间用弧相互连接。例如，对事实"每个学生都学习了一门外语"，可用图 5-16 所示的语义网络表示。

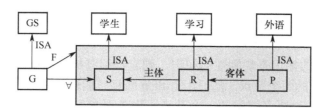

图 5-16　具有全称量词的语义网络（分块语义网络）

其中,G 代表整个陈述句，它是一般陈述句 GS 的一个实例。G 中的每个元素至少有两个特性：句中的关系［Form（F）］和全称量词（∀）。在这个例子中只有 S 具有全称量词，R、P 看成具有存在量词。

另一个例子，对事实“每个学生都学习了每门外语”用语义网络表示，只需对图 5-16 做简单的修改，即用 ∀ 链与节点 P 相连。其语义网络表示如图 5-17 所示。

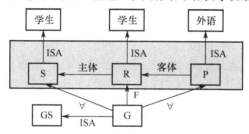

图 5-17　全称量词在语义网络中的表示

5.3.4　用语义网络表示知识的步骤

用语义网络表示知识的过程中主要涉及对象、属性及它们之间的关系，用语义网络表示知识的主要步骤如下。

（1）确定问题中所有对象及其属性。

（2）确定所讨论对象间的关系。

（3）根据语义网络中所涉及的关系，对语义网络中的节点及弧进行整理，包括增加节点、弧和归并节点等。

① 在语义网络中，如果节点中的联系是 ISA、AKO、AMO 等类属关系，则下层节点对上层节点具有属性继承性。整理同一层节点的共同属性，并抽出这些属性，加入上层节点中，以免造成信息冗余。

② 如果要表示的知识中含有因果关系，则增加情况节点，并从该节点引出多条弧，将原因节点和结果节点连接起来。

③ 如果要表示的知识中含有动作关系，则增加动作节点，并从该节点引出多条弧，将动作的主体节点和客体节点连接起来。

④ 如果要表示的知识中含有“与”和“或”关系，则可在语义网络中增加“与”节点和“或”节点，并用弧将这些“与”“或”节点与其他节点连接起来以表示知识中的语义关系。

⑤ 如果要表示的知识是含有全称量词和存在量词的复杂问题，则采用前面介绍的语义网络分区技术来表示。

⑥ 如果要表示的知识是规则性的知识，则应仔细分析问题中的条件与结论，并将它们作为语义网络中的两个节点，然后用 If-then 弧将它们连接起来。

（4）将各对象作为语义网络的一个节点，而各对象间的关系作为网络中各节点的弧，连接形成语义网络。

5.4　语义网络的推理方法

用语义网络表示知识的问题求解系统主要由两大部分组成：一部分是由语义网络构成的知识库；另一部分是用于问题求解的推理机。语义网络的推理方法主要有继承和匹配两种。

5.4.1　继承推理

继承指把对事物的描述从抽象节点传递到具体节点。通过继承可以得到所需节点的一些属性值，它通常是沿着 ISA、AKO、AMO 等继承弧进行的。继承推理就是下层节点继承上层节点的属性或方法。

继承的一般过程如下。

（1）建立节点表，存放待求节点和所有以 ISA、AKO、AMO 等继承弧与此节点相连的那些节点。初始情况下，只有待求解的节点。

（2）检查表中的第一个节点是否有继承弧。如果有，就从该弧所指的存放所有节点的节点表的末尾记录这些节点的所有属性，并从节点表中删除第一个节点。如果没有，则仅从节点表中删除第一个节点。

（3）重复检查表中的下一个节点是否有继承弧，直到节点表为空。记录下来的属性就是待求节点的所有属性。

继承推理的一般规则如下。

IF X (AKO) Y AND Y(AKO)Z THEN X(AKO)Z；

IF X (ISA) Y AND Y(AKO)Z THEN X(ISA)Z；

IF X (AKO) Y AND Y(属性)Z THEN X(属性)Z；

IF X (ISA) Y AND Y(属性)Z THEN X(属性)Z；

IF X (属性) Y AND Y(AKO)Z THEN X(属性)Z；

IF X (属性) Y AND Y(ISA)Z THEN X(属性)Z。

5.4.2　匹配推理

语义网络问题的求解一般是通过匹配推理来实现的。所谓匹配推理，是指在知识库的语义网络中寻找与待求问题相符的语义网络模式。其主要过程如下。

（1）根据问题的要求构造网络片段，该网络片段中有些节点或弧为空，标记待求解的问题（询问处）。

（2）根据该语义网络片段在知识库中寻找相应的信息。

（3）当待求解的语义网络片段和知识库中的语义网络片段相匹配时，与询问处（也就是待求解的地方）相匹配的事实就是问题的解。

例如，假设"王强是理想公司的经理，理想公司在中关村，王强 28 岁"这个事实的语义网络（见图 5-18）已在知识库中，问王强在哪个公司工作。根据这个问题的要求，可构造如图 5-19 所示的语义网络片段。

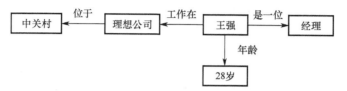

图 5-18　有关王强的语义网络

图 5-19　待求解的语义网络片段

在语义网络知识表达方法中，没有形式语义，也就是说，与谓词逻辑不同，对所给定的表达，其表示什么语义没有统一的规则和定义。如何赋予网络结构含义完全决定于管理这个网络的过程的特性。在已经设计出的以语义网络为基础的系统中，它们各自采用不同的推理过程，但推理的核心思想无非是继承和匹配。

5.5　实验：语义网络写入图形数据库

5.5.1　实验目的

（1）了解向数据库中写入语义网络的方法。
（2）简单使用 Neo4j 呈现语义网络。

5.5.2　实验要求

本次实验后，能理解语义网络的节点（Node）和关系（Relationship）在数据库中是如何呈现的。

5.5.3　实验原理

按照 5.3 节介绍的方法，将一个事实用语义网络表示，首先要找出它的节点，再描述它与其他节点的关系，最后用 Python 写入数据库中。

5.5.4　实验步骤

（1）　从 neomodel 包导入类。

```
from neomodel import StructuredNode, StringProperty, RelationshipTo, RelationshipFrom, config
```

（2） 连接 Neo4j 图形数据库。

```
config.DATABASE_URL = 'bolt://neo4j:neo4j@localhost:7687'
```

即将要构造的事实为"树和草都是植物。树和草都有叶和根。水草是草，且生长在水中。果树是树，且会结果。梨树是果树的一种，它会结梨"。

（3） 编写节点类。

植物、树、草、叶、根、水草、水、果树、结果、梨树、结梨这些节点类继承自 StructuredNode 类，包括节点属性和连接关系。

```
class Plant(StructuredNode):
    name = StringProperty(unique_index=True)
    has1 = RelationshipFrom('Tree', 'AKO')
    has2 = RelationshipFrom('Grass', 'AKO')
    have1 = RelationshipTo('Leaf', 'Have')
    have2 = RelationshipTo('Root', 'Have')


class Tree(StructuredNode):
    name = StringProperty(unique_index=True)
    ako = RelationshipTo('Plant', 'AKO')
    have = RelationshipFrom('Fruiter', 'AKO')


class Grass(StructuredNode):
    name = StringProperty(unique_index=True)
    ako = RelationshipTo('Plant', 'AKO')
    has = RelationshipFrom('Waterweeds', 'AKO')


class Leaf(StructuredNode):
    name = StringProperty(unique_index=True)
    have = RelationshipFrom('Plant', 'Have')


class Root(StructuredNode):
    name = StringProperty(unique_index=True)
    have = RelationshipFrom('Plant', 'Have')


class Waterweeds(StructuredNode):
    name = StringProperty(unique_index=True)
    ako = RelationshipTo('Grass', 'AKO')
    live = RelationshipTo('Water', 'Live')


class Water(StructuredNode):
```

```
    name = StringProperty(unique_index=True)
    have = RelationshipFrom('Waterweeds', 'Live')

class Fruiter(StructuredNode):
    name = StringProperty(unique_index=True)
    ako = RelationshipTo('Tree', 'AKO')
    can = RelationshipTo('Bear', 'Can')
    have = RelationshipFrom('Pear', 'AKO')

class Bear(StructuredNode):
    name = StringProperty(unique_index=True)
    have = RelationshipFrom('Fruiter', 'Can')

class Pear(StructuredNode):
    name = StringProperty(unique_index=True)
    ako = RelationshipTo('Fruiter', 'AKO')
    can = RelationshipTo('BearPear', 'Can')

class BearPear(StructuredNode):
    name = StringProperty(unique_index=True)
    have = RelationshipFrom('Pear', 'Can')
```

（4）根据类生成实例。

```
plant = Plant(name=" 植物 ").save()
tree = Tree(name=" 树 ").save()
grass = Grass(name=" 草 ").save()
leaf = Leaf(name=" 叶 ").save()
root = Root(name=" 根 ").save()
waterweeds = Waterweeds(name=" 水草 ").save()
water = Water(name=" 水 ").save()
fruiter = Fruiter(name=" 果树 ").save()
bear = Bear(name=" 结果 ").save()
pear = Pear(name=" 梨树 ").save()
bearpear = BearPear(name=" 结梨 ").save()
```

（5）创建实例之间的连接关系。

```
pear.ako.connect(fruiter)
pear.can.connect(bearpear)
fruiter.ako.connect(tree)
fruiter.can.connect(bear)
waterweeds.ako.connect(grass)
```

```
waterweeds.live.connect(water)
plant.have1.connect(leaf)
plant.have2.connect(root)
tree.ako.connect(plant)
grass.ako.connect(plant)
```

5.5.5 实验结果

输出结果如图 5-20 所示。

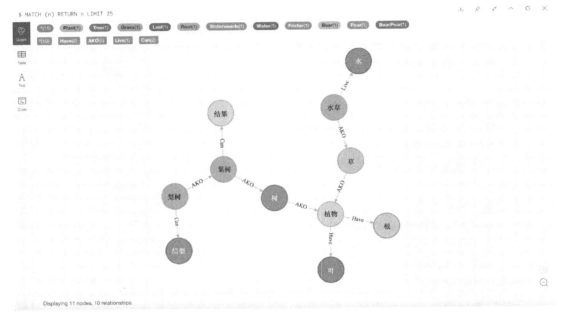

图 5-20   Neo4j 输出

习题

1. 什么是语义网络？语义网络的特点有哪些？

2. 什么是继承推理和匹配推理？

3. 用语义网络表示事实"郑州位于西安和北京之间"。

4. 用语义网络表示事实"参赛者有教师、有学生，有高、有低"。

5. 用语义网络表示事实"每个学生都学习了一门程序设计语言"。

6. 用语义网络表示事实"每个学生都学习了所有的程序设计课程"。

7. 设有事实"李刚是一个学生，他在北京大学主修计算机课程，他的入校时间是 2015 年"。求解问题：李刚主修什么课程？

参考文献

[1]　谢志鸣. 基于计算智能的自适应语义网络系统研究[D]. 上海：东华大学，2007.

[2]　LU J J, ZHANG Y F, MIAO Z, et al. Principles and technology of semantic network[M]. Beijing：Science Press, 2007.

[3]　HOLSAPPLE C W, SINGH M. The knowledge chain model: activities for competitiveness[J]. Expert Systems with Application 2001, 20(1): 77-98.

[4]　夏幼明，刘海庆，徐天伟. 基于语义网络的知识表示的形式转换及推理[J]. 武汉大学学报（信息科学版），2001 (4)：89-93.

第6章 本体

本体论（Ontology）原是一个哲学概念，是探究世界的本原或基质的哲学理论。近年来，随着信息科学技术的飞速发展，本体论受到越来越多研究人员的关注，并在人工智能、计算机语言及数据库理论中发挥着越来越重要的作用。本体是本体论在实际中的应用，目前已经被广泛应用于知识工程、数字图书馆、软件复用、信息检索、多智能体系统、系统建模、异构信息集成、语义网等领域。

6.1 本体概述

6.1.1 本体的定义

本体论是研究客观事物存在本质的理论，其真正内涵是对世界上任何领域的真实存在所做出的客观描述。对本体论的理解，人们不存在什么疑问。但是，对本体的理解，哲学界和计算机科学界有不同的观点。

在哲学界，本体作为表述哲学理论的术语，是指形成现象的根本实体。

在计算机科学界，最近十多年，随着认识和研究的深入，对本体的定义描述一直在不断发展变化。

1991 年，Neches 等给出构成相关领域词汇的基本术语和关系，以及利用这些术语和关系构成的规定这些词汇外延的规则的定义。该定义只给出了建立一个本体的基本要素。

1993 年，Gruber 给出了概念模型明确的规范说明。该定义得到人们的广泛认可。

1997 年，Borst 给出了共享概念模型的形式化规范说明。

1998 年，Studer 给出了共享概念模型明确的形式化规范说明。

1999 年，William 和 Austin 认为本体是用于描述或表达某一领域知识的一组概念或术语，可用于组织知识库较高层次的知识抽象，也可用来描述特定领域的知识。

1999 年，Chandrasekaran 等认为本体属于人工智能领域的内容理论，它研究特定领域知识的对象分类、对象属性和对象间的关系，为领域知识的描述提供术语。

其中，Studer 对本体的定义包含了 4 层含义：概念模型、明确化、形式化和共享。

（1）概念模型（Conceptualization）：通过抽象出客观世界中一些现象的相关概念而得到的模型，其表示的含义独立于具体的环境状态。

（2）明确化（Explicit）：所使用的概念及使用这些概念的约束都有明确的定义。

（3）形式化（Formal）：本体是计算机可读的。

（4）共享（Share）：本体中体现的是共同认可的知识，反映的是相关领域公认的概念集，它所针对的是团体而不是个体。

从以上不同研究者给出的定义，可以看出本体涉及的概念有术语（词汇）、术语关系、规则、概念化、形式化的规格说明、领域知识、表达和共享。

综上所述，在计算机科学领域，本体是指一种"形式化的、对共享概念体系的明确而又详细的说明"，它提供一种共享词表，也就是特定领域存在着的对象类型或概念及其属性和；也可以说，本体就是一种结构化的、更加适合在计算机系统中使用的对特定领域某套概念及其相互之间关系的形式化表达（Formal Representation）。

本体通过对概念、术语及其相互关系的规范化描述，勾画出某一领域的基本知识体系和描述语言。其目标是捕获相关领域的知识，提供对该领域知识的共同理解，确定该领域内共同认可的词汇，并从不同层次的形式化模式上给出这些词汇（术语）和词汇间相互关系的明确定义[1]。

6.1.2 本体的作用

当前的计算机正在从单一的设备向进行信息交换和事务处理的世界范围的网络转变。因此，支持数据、信息和知识的交换、重用和共享成了当今计算机科学领域迫切需要解决的问题。而本体的出现为解决以上问题提供了新的思路。

之所以在知识工程、自然语言处理、信息检索系统、智能信息集成和知识管理、信息交换和软件工程等领域研究与发展本体，是因为本体有以下突出的特点[2]。

（1）本体可以在不同的建模方法、范式、语言和软件工具之间进行翻译与映射，以实现不同系统之间的互操作和继承。

（2）从功能上来讲，本体和数据库有些相似。但是，定义本体的语言，在词法和语义上都比数据库所能表示的信息丰富得多。最重要的是，本体提供的是一个领域严谨丰富的理论，而不单单是一个存放数据的结构。

（3）本体是领域内重要实体、属性、过程及其相互关系形式化描述的基础。这种形式化的描述可成为软件系统中可重用和共享的组件。

（4）本体可以为知识库的构建提供一个基本的结构。本体既可以描述简单事实及抽象概念（主要描述的是事物或概念的各组成部分，以及这些组成部分之间的静态联系），也可以描述事物或概念的运动和变化。

在实际应用中，知识库就可以运用这类结构去表达现实世界中浩如烟海的知识和常识，这在中科院陆汝钤研究员建立的 Pangu 知识库中就得到了很好的体现。

（5）对于知识管理系统来说，本体就是一个正式的词汇表。本体可以将对象知识的概念和相互间的关系进行较为精确的定义。在这样一系列概念的支持下，进行知识搜索、知识积累、知识共享的效率将大大提高，真正意义上的知识重用和知识共享也能成为现实。

（6）本体适合表示抽象的描述。本体的使用可以清楚地表示特定领域的相关元素、关系和概念，让知识表达更加准确便捷，帮助人们更好地进行决策。

（7）本体在语义网和其他很多领域都有着广泛的应用。本体的最大贡献在于它可以将某个或多个特定领域的概念和术语规范化，为其在该领域或领域之间的实际应用提供便利。

正是因为以上特点，本体能够在实现某种程度的知识交换、重用和共享中发挥重要作用。

（1）本体的分析澄清了领域知识的结构，从而为知识表示打好了基础。本体可以重用，从而避免了重复的领域知识分析。

（2）统一的术语和概念使知识共享成为可能。

还有人更具体地总结了本体在通信（Communication）、互操作（Inter-operability）和系统工程（Systems Engineering）等方面的作用。

（1）通信方面：本体主要为人与人之间或组织与组织之间的通信提供共同的词汇。

（2）互操作方面：本体在不同的建模方法、范式、语言和软件工具之间进行翻译与映射，以实现不同系统之间的互操作和集成。

（3）系统工程方面：本体分析能够为系统工程提供以下方面的好处。

① 重用（Re-usability）：本体是领域内重要实体、属性、过程及其相互关系形式化描述的基础，这种形式化描述成为软件系统中可重用和共享的组件（Component）。

② 知识获取（Knowledge Acquisition）：当构造基于知识的系统时，用已有的本体作为起点和基础来指导知识的获取，可以提高其速度和可靠性。

③ 可靠性（Reliability）：形式化的表达使得自动的一致性检查成为可能，从而提高了软件的可靠性。

④ 规范描述（Specification）：本体分析有助于确定 IT 系统（如知识库）的需求和规范。

6.1.3　本体的构成要素

Perez 等认为本体可以按分类法来组织，其归纳出本体包含 5 个基本的建模元语（Modeling Primitive），或者说 5 个要素。

（1）类/概念（Classes/Concepts）。概念的含义很广泛，可以指任何事物，如工作描述、功能、行为、策略和推理过程等。

（2）关系（Relations）。关系代表了领域中概念之间的交互作用。关系形式上定义为 n 维笛卡儿乘积的子集，即 $R: C_1 \times C_2 \times \cdots \times C_n$，如子类关系（Subclass-of）。

（3）函数（Functions）。函数是一类特殊的关系。在这种关系中，前 $n-1$ 个元素可以唯一决定第 n 个元素。其形式化的定义为

$$F: C_1 \times C_2 \times \cdots \times C_{n-1} \rightarrow C_n$$

例如，Mother-of 关系就是一个函数，其中 Mother-of(x,y)表示 y 是 x 的母亲，显然 x 可以唯一确定其母亲 y。

（4）公理（Axioms）。公理代表永真断言，如概念乙属于概念甲的范围。

（5）实例（Instances）。实例代表元素。

除此之外，本体还可以包含以下其他一些附加的元素。

（1）属性：对象（和类）所可能具有的属性、特征、特性、特点和参数。

（2）约束（限制）：采取形式化方式所声明的、关于接受某项断言作为输入而必须成立的情况的描述。

（3）规则：用于描述可以依据特定形式的某项断言得出逻辑推论的 IF-THEN（前因–后果）式语句形式的声明。

（4）事件：属性或关系的变化。

从语义上分析，实例表示的就是对象，而概念表示的是对象的集合，关系对应于对象元组的集合。概念的定义一般采用框架（Frame）结构，包括概念的名称、与其他概念之间关系的集合，以及用自然语言对该概念的描述。

基本的关系有 4 种：Part of、Kind of、Instance of 和 Attribute of。

（1）Part of 表示概念之间部分与整体的关系。

（2）Kind of 表示概念之间的继承关系，类似于面向对象中的父类和子类之间的关系，给出两个概念 C 和 D，记 $C'=\{x|x$ 是 C 的实例$\}$，$D'=\{x|x$ 是 D 的实例$\}$，如果对任意的 x 属于 D'，x 都属于 C'，则称 C 为 D 的父概念，D 为 C 的子概念。

（3）Instance of 表示概念的实例和概念之间的关系，类似于面向对象中的对象和类之间的关系。

（4）Attribute of 表示某个概念是另一个概念的属性。例如，概念"价格"可作为概念"桌子"的一个属性。

在实际应用中，不一定要严格地按照上述 5 个建模元语来构造本体。同时，概念之间的关系也不仅限于上面列出的 4 种基本关系，可以根据特定领域的具体情况定义相应的关系，以满足应用的需要。

图 5-11 也可看成一个简单的本体示例。

6.2 本体的分类

对于本体来说，比较著名的分类方法是 Guarino 于 1997 年提出的方法，其以详细程度和领域依赖度两个维度作为依据对本体进行划分。

1. 按详细程度分类

详细程度是相对的、较模糊的一个概念，指描述或刻画建模对象的程度。详细程度高的本体称为参考（Reference）本体，详细程度低的本体称为共享（Share）本体。

2. 按领域依赖度分类

依照领域依赖度，本体可以细分为顶层（Top Level）本体、领域（Domain）本体、任务（Task）本体和应用（Application）本体等 4 类。

顶层本体描述的是最普通的概念及概念之间的关系，如空间、时间、事件、行为等，表达常识性基本概念，与具体的应用无关，其他种类的本体都是该类本体的特例。

领域本体描述的是特定领域（医药、汽车等）的概念及概念之间的关系。

任务本体描述的是特定任务或行为中的概念及概念之间的关系。

应用本体描述的是依赖于特定领域和任务的概念及概念之间的关系。

其中，顶层本体具有普遍性和抽象性，它可以作为构建领域本体的基础，并且为不同系统提供一个共同的知识库，如图 6-1 所示。利用顶层本体中已有的概念集、规范的关系定义和公理定义，以及合理的逻辑结构，可以大大减少领域本体构建过程中的复杂性，使得将来在不同本体或系统之间的映射和互操作变得容易[3]，如表 6-1 中描述的 3 级顶层本体与领域本体之间的关系。

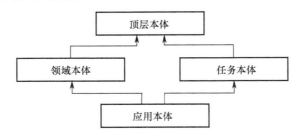

图 6-1　面向应用的多层次本体

表 6-1　3 级本体类型的种类及描述对象

本体类型	种类	描述对象
顶层本体	DOLCE、SUMO、CYC、GFO、BFO	描述客观世界最具抽象性和普遍性的概念，如空间、世界、事件、对象、过程等
领域顶层本体	GALEN、GFO-Bio、中医药领域顶层本体等	描述某个领域最具抽象性和普遍性的概念，具有顶层本体和领域本体的一些共同特征
领域本体和子领域本体	GOLD、OBO、GO、FMA、中医证候本体等	描述某个领域或其子领域的具体的概念和其内在关系

一个顶层本体的举例如下。

例 6.1　通用形式化本体（General Formal Ontology，GFO）是目前可用的标准化顶层本体之一，致力于构建一个可以适用于所有领域的顶层本体，由 3 层元本体（本体的本体，其术语用于定义本体中的概念，如实体、关系、角色等）架构组成。

（1）抽象顶层：包括集合（Set）和条目（Item）。

（2）元层面：它从 Item 中推导出来，分为范畴（Category）和个体（Individual），即本体中的每个事物或者是范畴，或者是个体。

（3）由所有相关的 GFO 基本类别所组成的基本层面：这个层面的谓词可以通过领域–顶层连接公理与领域本体中的范畴进行对接。

GFO 基本分类树如图 6-2 所示。

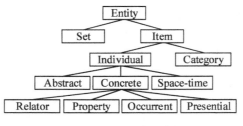

图 6-2　GFO 基本分类树

两个领域本体的举例如下。

例 6.2 对于具有许多种含义的英文单词"card"来说，关于扑克领域的本体可能会赋予该词以"打扑克"的意思，而关于计算机硬件领域的本体则可能会赋予其"穿孔卡片"和"视频卡"的意思。

例 6.3 交通工具本体的局部："Car"（汽车）这个类拥有两个子类"2-Wheel Drive Car"（两轮驱动型汽车）和"4-Wheel Drive Car"（四轮驱动型汽车）。关系："Ford Explorer"（探索者）是一种"4-Wheel Drive Car"（四轮驱动型汽车），而后者是一种"Car"（汽车），如图 6-3 所示。

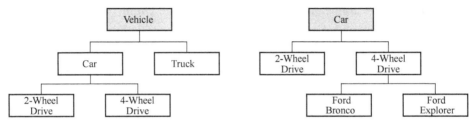

图 6-3 简单的领域本体示例

1999 年，Perez 和 Benjamins 在分析与研究了各种本体分类法的基础上，归纳出 10 种本体：知识表示本体、普通本体、顶级本体、元（核心）本体、领域本体、语言本体、任务本体、领域-任务本体、方法本体和应用本体。

这种分类法是对 Guarino 提出的分类方法的扩充和细化，但划分的界限较为模糊，10 种本体之间有交叉，层次不够清晰。

3. 按表示和描述的形式化程度分类

按照表示和描述的形式化程度的不同，可以将本体分为完全非形式化本体、半非形式化本体、半形式化本体和严格形式化本体。

（1）完全非形式化本体：用自然语言自由、随意地表达。

（2）半非形式化本体：用受限定的、结构式自然语言表达。

（3）半形式化本体：用人工定义的形式语言表达。

（4）严格形式化本体：用这些属性的形式语义、定理和证明严格、仔细地定义术语，并使之具有确定性和完整性。

4. 按语法结构分类

按语法结构分类，本体语言可分为以下几类。

（1）基于框架的本体语言。F-Logic、OKBC 和 KM 编程语言属于完全或部分基于框架的语言。

（2）基于谓词逻辑的本体语言。基于谓词逻辑的本体语言也称为传统的本体建模语言，有 KIF、Ontolingua、CycL、OKBC、OCML、Frame Logic 和 LOOM 等。目前使用的最普遍的是 Ontolingua 、CycL 和 LOOM 等。

（3）基于语义网络的本体语言。有些是直接基于 XML 语法的，如基于 XML 的本体交换语言（XML - Based Ontology Exchange Language，XOL）、简单的 HTML 本体扩展（Simple HTML Ontology Extension，SHOE）和本体标记语言（Ontology Markup Language，OML）。另有几种语言都是建立于 RDF（S），即 RDF（the Resource Description Framework）和 RDFS（RDF Schema）的并集的，是对 RDF（S）进一步的扩充，继承了 RDF（S）的语法和表达能力，改善了 RDF（S）的特征，如本体交互语言（Ontology Inter-change Language，OIL）、DAML（DARPA Agent Markup Language）+OIL 和网络本体语言（Web Ontology Language，OWL）。

（4）基于图的本体语言。比较有代表性的基于图的本体描述语言有语义网络、Sowa 提出的基于图的本体表示方式概念图（Conceptual Gragh，CG）。基于图的本体描述语言还有 Faure 和 Poibeau 提出的 DirectedA-cyclic Graph（DAG）、Borgo 等提出的 LexicalSemantic Graph、Guarino 和 Masolo 等提出的 Lexical Conceptual Graph（LCG）等。

各种语言发展错综复杂，同时不断地更新迭代，这一部分内容读者只作为了解即可，部分内容将在 6.3 节介绍。

6.3 本体的构建

构造本体的目的是捕获相关领域的知识，提供对该领域知识的共同理解，确定该领域内共同认可的词汇，并从不同层次的形式化模式上给出这些词汇（术语）和词汇之间相互关系的明确定义。

6.3.1 本体建模语言

自然语言、框架、语义网络或逻辑语言等都可以用来描述本体。本体建模语言大致可分为两类：传统的本体建模语言和面向 Web 的本体建模语言。它们之间的区别在于，面向 Web 的建模语言一般以 XML 为语法基础，常用于表达 Web 信息的语义。

1. 基于谓词逻辑的本体描述语言

基于谓词逻辑的本体描述语言也称为传统的本体建模语言，有 KIF、Ontolingua、CycL、OKBC、OCML、Frame Logic 和 LOOM 等，目前使用最普遍的是 Ontolingua 、CycL 和 LOOM 等[4]。

KIF（Knowledge Interchange Format）是斯坦福大学人工智能实验室专家在研究本体时提出的一种基于谓词演算的形式化语言。它重点研究语言的表达能力，主要功能包括定义对象、函数和关系。它允许元级知识和非单调推理规则的表示，并基于一阶谓词逻辑，具有描述语义，为采用不同知识表示方式的计算机程序之间的通信搭建了桥梁。

Ontolingua 则以 KIF 为核心语言，定义本体框架作为知识表示的基础。斯坦福大学人工智能实验室的 Ontology Server 采用 Ontolingua 作为本体表示语言。该语言支持 3 种本体定义形式：使用 KIF 表示；使用 Frame Ontolingua 的词汇库表示；同时使用上述两种表示方法。无论采用哪种表示方法，Ontolingua 都包括 3 个组成部分：定义头部分、用自然语言描述的非形式化定义部分、用 KIF 或 Frame Ontolingua 定义的转换器。这些 Ontolingua 转换器将由 Ontolingua 表示的本体转换为 LOOM 等目标。Ontolingua 提供了本体开发环境 Ontology Serve，使得用户可以通过 Ontology Server 协作开发本体，还提供了一个共享的本体库，以便用户重用已有的本体来开发新本体[5]。

  CycL 是一阶逻辑语言，但为了增强知识表示的灵活性，其在一阶逻辑的基础上增加了默认知识的表示、二阶谓词等，所以是一阶谓词逻辑的一种扩展。CycL 可处理量词、默认推理、SKOLEM 化和其他一些二阶特性。实践证明，二阶谓词逻辑的知识描述是不可避免的。在 CycL 中，类和关系的命名是唯一的，断言的语法形式与 LISP 语法一致。CycL 是 CYC 的知识表示语言，而 CYC 是通用本体论最著名的研究项目之一，启动于1984 年，它的主要目的是建立一个庞大的人类常识知识库，用于解决计算机软件的脆弱性问题。到 2000 年为止，CYC 的常识库已有 16 万条知识、几百个微理论。CYC 的主要资助商有 Apple、Bellcore、DEC、DoD、Interval、Kodak 和 Microsoft 等[6]。

  LOOM 是一种基于一阶谓词逻辑的知识本体表示语言，由美国南加州大学信息科学学院设计并实现。LOOM 提供了明确定义且表达力强的模型描述语言，能描述定义、规则、事实等；提供了有效的推理机制，能利用正向推理、语义一致化和面向对象的真值维护等技术实现推理；提供了编程范例、逻辑范例、产生式规则范例和面向对象范例等，并能方便地把范例集成到应用中。目前，南加州大学又推出了 LOOM 的第二代Power-Loom。

2. 面向 Web 的本体描述语言

  当前网络超级链接错综复杂，而且几乎不能自动处理信息（不具备机器理解、推理能力），以文字匹配为基础的搜索引擎往往找到大量无关信息，HTML 也不包含机器能阅读的语义信息。因此，建立语义网越来越有必要。语义网并非独立的另一个 Web，而是当前 Web 的一个延伸。在语义网中，信息被赋予明确而完整的含义（语义）；机器可以识别并理解这种语义，从而对 Web 中的信息实现自动化采集、分割、组合乃至逻辑推理等，如图 6-4 所示。

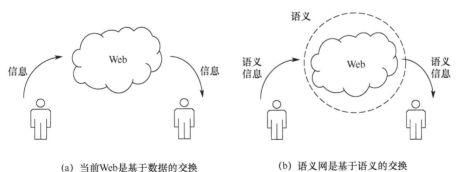

(a) 当前Web是基于数据的交换   (b) 语义网是基于语义的交换

图 6-4 当前 Web 与语义网

  例如，能够支持 Web 3.0 技术的 Topic Map 可以创建丰富的语义模型，并需要许多门户网站和其他丰富数据产品的支持。Topic Map 与普通的网络链接有很大的不同，它具有极大的灵活性，如图 6-5 所示。

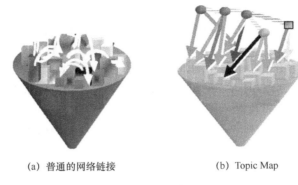

(a) 普通的网络链接   (b) Topic Map

图 6-5　普通的网络链接和 Topic Map

下面简单介绍创建语义网的过程[7]。

（1）对问题领域进行分析，确定语义网能够解决问题。

（2）选择或创建本体。如果问题领域已经有了领域内的标准化本体，那么应尽可能选择使用标准化的本体；否则，需要根据具体的领域知识创建新的本体。

（3）创建新的本体包括以下过程。

① 定义本体中的 Class（这些 Class 是对领域知识的抽象描述）。

② 使用子类−父类（Subclass-Superclass）继承关系组织这些 Class 的层次结构（taxonomy）。

③ 在 Class 中定义属性（Slots），并描述属性的约束（包括值的类型、取值范围、可出现次数等）。

（4）依据选择或建立的本体，创建对象实例（Instances）。

（5）依据需求建立应用程序和服务。

为了更好地建立语义网，面向 Web 的建模语言应运而生。过去几年，已经有 6 种基于 XML 的本体语言，如图 6-6 所示。

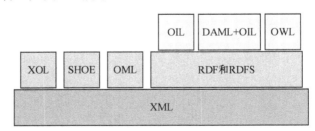

图 6-6　各本体建模语言与 XML 的关系示意

随着计算机技术和互联网技术的发展，基于 Web 的本体描述语言逐渐成为主要本体描述语言[8]。为了适应 Web 的开放性且能够与 RDFS 兼容，传统的本体建模语言，如 Ontolingua、LOOM 等不再被使用。从当前的发展情况来看，本体建模语言主要是 OWL [9]。注意，本书对于各类语言仅做简单介绍，对这些语言感兴趣的读者可自行查找资料进行学习。

OWL 是 W3C 为了更好地开发语义网，于 2002 年 7 月 29 日公布的本体建模语言。其以此作为语义网的标准建模语言，并于 2004 年正式推出 OWL。由于 OWL 是 W3C 的推荐标准，符合 RDF/XML 标准语法格式，并且能够与多种本体描述语言进行兼容和交互，因此应用范围很广，深受用户的青睐。2012 年，W3C 推出的 OWL2 是对 OWL 的进一步完善，在 OWL 的语法方面进行了改进，并且提供了更强大的表达能力和逻辑推理能力，在本体构建方面和语义网中有更广阔的应用前景[10]。

OWL 起源于 DAML+OIL 网络实体语言，作为 RDF 的扩展词典进行开发。其开发目的是提供一种"机器可读"的规范语言。OWL 通过对 XML、RDF 及 RDFS 提供额外的词汇及一套完整的语义来大大增加语言的"机器可读性"。

OWL 有 3 种子语言：OWL Lite、OWL DL 和 OWL Full。它们之间的关系如图 6-7 所示。

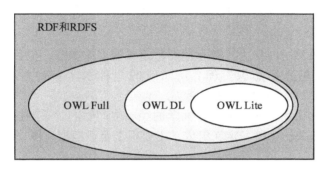

图 6-7　OWL 的 3 种子语言之间的关系

OWL Full 可以看作一种扩展 RDF，而 OWL Lite 和 OWL DL 可看作受限制的扩展 RDF。所有的 OWL（Lite、DL、Full）文件是一个 RDF 文件，而所有的 RDF 文件是一个 OWL Full 文件，但仅仅一部分 RDF 文件是一个合法的 OWL Lite 文件或 OWL DL 文件[11]。

目前，OWL 语言与可视化技术的结合，使得直接向用户表达显示信息成为可能，面向 e-Science 环境的本体可视化建模通过建立本体来提供解释性的语义以推进其发展，这已经得到学界的公认。本体在 e-Science 中的主要应用前景包括：为大型本体的本地化应用和用户提供管理范式；提高向大型本体创建子本体的精确抽取程度；提高大型本体的本地个性化和使用比例[12]。

6.3.2　本体构建的规则

目前已有的本体很多，出于对各自问题域和具体工程的考虑，构造本体的过程各不相同。由于没有一个标准的本体构造方法，不少研究人员出于指导人们构造本体的目的，从实践出发，提出了很多有益于构造本体的标准，其中最有影响力的是 Gruber 于 1995 年提出的 5 条规则。

（1）明确性和客观性：本体应该用自然语言对所定义的术语给出明确的、客观的语义定义。

（2）完全性：所给出的定义是完整的，完全能表达所描述术语的含义。

（3）一致性：由术语得出的推论与术语本身的含义是相容的，不会产生矛盾。

（4）最大单调可扩展性：向本体中添加通用或专用的术语时，不需要修改其已有的内容。

（5）最小承诺：对待建模对象给出尽可能少的约束。

6.3.3 本体构建的方法

本体构建方法可分为抽象方法和具体方法。抽象方法用来说明本体构建需要哪些步骤，具有宏观指导作用，而具体方法用于说明本体构建过程中需要哪些具体方法。由于本体工程到目前为止仍处于相对不成熟的阶段，每个工程拥有自己独立的方法，因此下面简单将本体构建方法分为手工构建本体、半自动构建本体、自动构建本体 3 种。

1. 手工构建本体

手工构建本体虽然费时费力，并且需要特定领域专家参与，但目前大多数本体依旧靠手工来构建。这里介绍知识工程界所承认的几种本体开发方法，它们通常参照 IEEE1074-1995 标准（软件开发生命周期法）建立。

（1）骨架法。这个模式是从爱丁堡大学的经验中产生的。采用这个模式开发的企业本体由一组与企业相关的术语和定义组成，主要用于企业模拟。图 6-8 所示为骨架法的本体构建流程[13]。

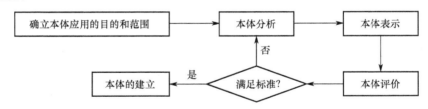

图 6-8　骨架法的本体构建流程

（2）评价法。这个方法用于构造多伦多虚拟企业本体工程（TOVE），由多伦多大学企业集成实验室研制，使用一阶逻辑进行集成。TOVE 本体包括企业设计本体、工程本体、计划本体和服务本体。具体的本体开发过程如下。

① 定义直接可能的应用和所有解决方案：开发者认为开发本体的动机来自实际的应用，一旦存在现有本体不能回答的问题，就需要开发新的本体。

② 非形式化的本体能力问题的形成：提供潜在的非形式化的对象和关系的语义表示。

③ 术语的抽取和定义：从非形式化能力问题中提取非形式化的术语，然后用一种形式语言（如 KIF2）定义这些词汇。

④ 问题形式化。

⑤ 形式化公理：这些公理用来定义本体词汇的语义和约束，在 TOVE 中，所有公理用一阶谓词逻辑表示。

（3）KACTUS 法。该方法用于欧洲的 ESPRIT 项目 KACTUS，KACTUS 的主要表达方法是 CML3，具体开发过程如下[14]。

① 应用的说明：提供应用的上下文和应用模型所需的组件。

② 相关本体范畴的初步设计：搜索已存在的本体，进行提炼、扩充。

③ 本体的构造：最小关联原则用来确保模型既相互依赖又尽可能一致，以至于得到最大同构。

（4）METHONTOLOGY 方法。这种本体开发模式是由西班牙马德里理工大学提出的。其使用本体生命周期的概念来管理整个本体的开发过程，使本体的开发过程更接近于软件工程中的软件开发过程。该过程具体分为 3 个阶段：管理阶段、开发阶段和维护阶段。管理阶段主要包括本体开发的计划、控制和质量保证。开发阶段包括规格说明、概念化、形式化和执行等步骤。维护阶段和开发阶段是同时展开的，包括知识获取、系统集成、知识评价、产生文档和配置管理等[13]。

（5）七步法。该方法主要用于领域本体的构建[15]。具体开发过程如下。

① 确定本体的专业领域。在建立本体前，必须先确定本体将覆盖的专业领域、范围和应用目标。

② 考虑已有本体的重用。本体的主要作用就是解决知识的共享和重用问题，所以在设计和建立自己的领域本体之前，应考虑重用已经存在的本体。

③ 列出本体中的重要术语。列举出该领域的所有概念及对该概念的详细解释。除此之外，针对每个概念，要列出它所有可能的属性，每个属性都有对应的属性值。

④ 定义类和类等级体系。完善等级体系可行的方法有自顶向下法、自底向上法和综合法，即依据分类层次结构来描述概念与概念之间的关系（见 6.5.1 节）。

⑤ 描述定义概念的属性。

⑥ 定义概念的属性取值。建立领域概念的分类关系后，将分类概念的属性值添加到分类概念中。

⑦ 依据概念来创建实例。

（6）循环获取法。循环获取法是一种环状的结构[16]，如图 6-9 所示。

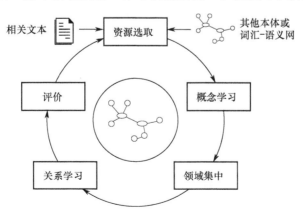

图 6-9　循环获取法的基本流程

① 资源选取：这是环形的起点，是一个通用的核心本体的选择；任何大型的通用本体（如 CYC、Dahlgren 的本体）、词汇–语义网（如 WordNet、GermaNet）、领域相关的本体（如 TOVE）都可以作为这个过程的开始；选定基础本体后，必须确定用于抽取领域相关实体的文本。

② 概念学习：从选择的文本中获取领域相关的概念，建立概念之间的分类关系。

③ 领域集中：除去领域无关的概念，只留下与领域相关的概念。

④ 关系学习：除了基础本体中继承的关系，其他关系通过学习从文本中抽取。

⑤ 评价：对得到的领域相关的本体进行评价，还可以进一步地重复上述过程。

其他具有代表性的本体构建方法还有五步循环法[17]、KACTUS 法[18]、SENSUS 法[19]和 IDEF5 法[20]。

骨架法、评价法多用于企业领域本体的构建，它们的主要区别在于：骨架法是基于流程导向的构建方法，提供了构建方法学框架；评价法本质上用于构建本体所描述的知识逻辑模型。

METHONTOLOGY 法、KACTUS 法和七步法主要用于构建领域知识本体，它们的不同之处在于：METHONTOLOGY 法是以化学领域的本体构建方法为基础，经过改进发展而来的，构建方法更为通用；KACTUS 法主要是对已有本体的提炼、扩展，难以用于构建新的本体；七步法是基于本体构建工具 Protégé 的本体构建方法，较为实用，应用广泛。

循环获取法强调本体迭代循环，支持本体演进，是基于文本的领域本体构建方法，缺乏具体的技术[17]。

从构建方法、应用领域等多方面对上述本体构建方法进行比较[21]，如表 6-2 所示。

表 6-2　本体构建方法比较

方法	构建方法	详细程度	是否支持演进	生命周期	成熟度	应用领域
骨架法	人工	简单	否	无	低	企业
评价法	人工	简单	否	非真正生命周期	低	企业
METHONTOLOGY 法	人工	详细	否	有	最高	化学
KACTUS 法	不确定	简单	否	无	低	网络
七步法	半自动	详细	否	非真正生命周期	高	医学
循环获取法	半自动	详细	是	有	中	多领域

从表 6-2 中的比较可以看出，这些方法都有各自的适用领域，方法的通用性比较差；除了循环获取法，其他方法都不支持演进，方法的可扩展性不强。另外，七步法和 METHONTOLOGY 法成熟度较高，方法较为具体详细，被各领域学者和专家广泛引用。

2. 半自动构建本体

半自动构建本体的核心在于复用已有本体，主要是充分利用已有本体，结合人工构建本体的方法，实现半自动化构建本体。下面简单介绍基于叙词表的领域本体构建和基于顶层本体的领域本体构建，这里针对领域本体进行说明。

（1）基于叙词表的领域本体构建。其流程如图 6-10 所示。

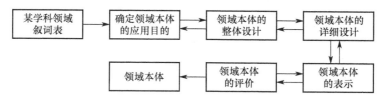

图 6-10　基于叙词表的领域本体构建流程

（2）基于顶层本体的领域本体构建。该方法从本体工程方法论的成熟度和领域本体构建的特点出发，借鉴了骨架法和七步法，并融合了叙词表和顶层本体资源，对概念体系的规范化校验和本体的标准化处理提出了具体的方法和步骤。它主要借助词表法对选词进行规范化处理，并选择合适的顶层本体，对领域本体构建进行标准化处理，最后将领域本体嫁接到顶层本体中，如图 6-11 所示。

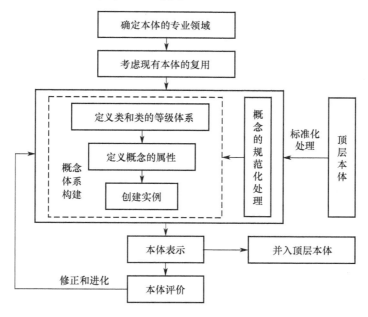

图 6-11　基于顶层本体的领域本体构建流程

3. 自动构建本体

自动构建本体主要借鉴知识获取的相关技术，如基于自然语言规则的方法、基于统计分析的机器学习方法等，是目前的一个研究热点。其大致可分为三步：首先，运用相似度计算来计算出不同实体之间的相似度；其次，确定这些实体之间是并行关系还是上下级关系等；最后，结合前面判定的关系进行本体构建。

目前的本体构建方法论还未能像软件工程那样成为"科学"或"工程过程"的完整方法论。因此，只有总结和发展现有的各种方法论，结合具体应用，再配合领域专家的支持，才能得到适合具体项目的优秀本体构建方法。

6.3.4 本体的构建工具

本体开发是一项庞大的工程，需要借助开发工具来完成本体的构建任务。本体构建工具主要用于本体的开发，多数工具都具有编辑、图示、自动将系统内容转换为数据库、自动转换置标语言等功能，主要包括编辑工具、标注工具和集成工具等。

1. 本体编辑工具

本体编辑是一项比较庞大的、复杂的、反复的系统工程，包括问题说明、领域知识的获取和分析、概念的设计和领域本体的约束、迭代建设测试等一系列环节。目前常用的本体编辑工具主要分为两类：可视化手工构建工具和半自动化构建工具。

可视化手工构建工具主要有 Protégé、OntoEdit 和 OILed 等，这类工具通常为用户提供可视化界面，用户可以通过简单的操作完成本体的构建。

（1）Protégé。Protégé 软件是斯坦福大学医学院生物信息研究中心基于 Java 语言开发的本体编辑和知识获取软件，或者说是本体开发工具，也是基于知识的编辑器。这个软件主要用于语义网中本体的构建，是语义网中本体构建的核心开发工具。Protégé 工具本身没有嵌入推理工具，不能实现推理，但它具有很强的可扩展性，可以用插件来扩展一些特殊的功能，如推理、提问、XML 转换等。

Protégé 采用 Windows 风格的图形化界面，模块划分清晰，使用户比较容易学习使用，如图 6-12 所示。Protégé 中文支持良好，用户可以使用中文来编辑本体。

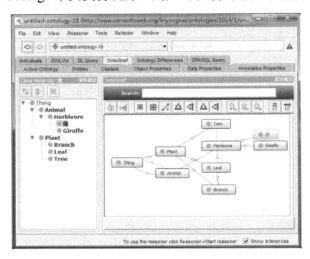

图 6-12　Protégé 界面

Protégé 支持模块化设计，并且支持 DAML+OIL 和 OWL 语言，可利用 RDF、RDFS 和 OWL 等本体描述语言在系统外对本体进行编辑和修改。Protégé 最大的缺点在于不能批量导入数据，构建大规模本体费时费力，手动输入错误率比较高，效率较低。Protégé 属于开放源代码的软件，有兴趣的读者可登录 https://protege.stanford.edu/进一步了解。

（2）OntoEdit。OntoEdit 使用图形工具来支持本体开发和维护。它将骨架法与合作开发和推理功能相结合，分层构建本体。它主要关注本体开发的 3 个阶段：需求说明阶段、修正阶段和评价阶段。

OntoEdit 支持 RDF（S）、XML、DAML+OIL 或框架逻辑 Flogic，并且支持推理的多重继承，提供对本体的并发操作，并能输入和输出数据库结构与数据。需要注意的是，OntoEdit 不开放源代码。

（3）OILed。OILed 采用的是 Windows 风格的图形化界面，比较容易使用。它的本体编辑功能较多，既可以对类、属性、个体、公理等进行定义和描述，又可以进行框架描述，而且允许匿名框架描述。OILed 是一个基于 OIL 的本体编辑工具，使用 DAML+OIL 来构建本体，结合了框架表示和描述逻辑表示两者的长处。

OILed 提供源代码，为用户构建本体提供了足够的功能，并示范了如何利用事实推理来核查本体的一致性。

目前，尚未出现本体自动化构建工具，下面介绍一种本体半自动构建工具 Jena。

Jena 基于 Java 语言，提供实现本体形式化的方法，可通过程序调用方法来实现本体的自动构建。Jena 可运用多种协议发布数据，能够将大规模 RDF 三元组高效存储到硬盘，提供处理 OWL 和 RDFS 本体的 API。同时，用户可以利用 Java API 访问 Jena，并将数据共享至互联网，从而实现本体共享。Jena 大大提高了构建本体的效率，但要实现完全意义上的自动化本体构建，仍需要进一步的研究。

值得一提的是，Jena 也是开放源代码的软件，有兴趣的读者可登录 http://jena.apache. org/进一步了解。

2. 本体标注工具

本体标注工具可以在 Web 页面及其他文档中自动或半自动插入本体标记，将非结构化、半结构化的信息与本体联系起来。

现在国内外已经开发出许多本体标注工具，常用的有 AeroDAML、COHSE 和 SMORE 等，本书不再一一介绍。

3. 本体集成工具

本体集成的目的是使异质的本体互操作，目前是本体研究的一个热点。本体集成工具用于解决同一领域内本体的融合和集成问题，常见的有 PROMPT、OntoMerge 和 MAFRA 等。

除了上述本体编辑工具、本体标注工具和本体集成工具，还有本体存储查询工具和学习工具等。

6.4 本体的应用

随着本体理论和技术研究的深入，本体已经广泛应用于计算机及其相关领域，在这些领域发挥着重要作用。由于本体应用广泛，本书从以下几个方面略加介绍。

（1）在信息检索中的应用。由于本体具有较好的概念层次结构和逻辑推理能力，因此在信息检索领域应用比较广泛。本体在信息检索中的应用主要集中在两个环节：一是利用本体进行文档预处理；二是提高信息检索的准确率。

（2）在语义网中的应用。本体在语义网中的应用研究主要集中在提高对模糊信息的语言描述能力，促进半自动化和自动化本体生成和本体演进方面[22]。随着本体技术和语义网研究的深入，本体在语义网中的应用也会越来越广泛，语义网服务也会更加智能化。

（3）在知识工程和知识管理中的应用。本体统一了领域中的术语和概念，从而使知识共享和重用成为可能。例如，欧盟 IST 资助的 On-To-Knowledge 项目开发了基于本体的知识管理工具集。

（4）在信息建模、面向对象分析和数据库设计中的应用。本体建模过程澄清了领域知识的结构，为信息系统的分析和设计提供了基础。

（5）在异构信息集成、多智能体系统中的应用。在分布式的网络环境下，海量数据信息存储于不同的系统、数据库中，造成了数据的冗余和异构问题。本体作为共享概念模型的明确的形式化规范说明，用显式、形式化的方法描述了领域中概念的结构及概念之间的关系，解决了异构数据的集成和融合问题，可以实现基于内容的访问、异构信息语义层的集成和互操作。

（6）在其他学科领域的应用。除了上述领域，本体也广泛应用于医药、教育、电子商务、农业、军事、旅游、地理信息、法律、生物等领域。这些专业领域多数是通过构建领域本体来实现领域知识融合和知识信息共享的。尤其在医学领域，由于其信息复杂，病例、疗法繁多，对知识共享要求较高，因此医学领域的本体应用研究较多，构建了大量的本体模型，为其他学科的本体应用研究起到了示范作用。

目前被广泛使用的本体有以下 5 个。

① WordNet：基于心理语言规则的英文词典，以 Synsets 为单位组织信息；Synsets是在特定的上下文环境中可互换的同义词的集合。

② FrameNet：也是英文词典，采用称为 Frame Semantics 的描述框架，提供很强的语义分析能力。

③ GUM：支持多语种处理，包含基本的概念及独立于各种具体语言的概念组织方式。

④ ENSUS：为机器翻译提供概念结构，包括 7 万多个概念。

⑤ Mikrokmos：支持多语种处理，采用一种语言中立的中间语言 TMR 来表示知识。

6.5 领域本体的构建

通过前面的介绍可以看出，本体的应用目前主要针对某个领域，它可以分析澄清领域知识的结构，可以通过重用来避免重复的领域知识分析，可以统一术语和概念使知识共享成为可能。下面简单介绍领域本体构建的相关内容。

6.5.1 领域本体的构建过程

领域本体的构建过程主要包括确定本体的领域与范围、列举领域重要的术语和概念、建立本体框架、定义领域中的概念及概念之间的关系，如图 6-13 所示。

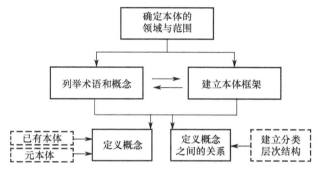

图 6-13 领域本体的构建过程

（1）确定本体的领域与范围。

首先要明确构建的本体将覆盖的专业领域和它的目的与作用，以及它的系统开发、维护和应用对象，这些与领域本体的构建过程有着很大的关系，所以应当在开发本体前注意。

另外，需要明确该领域本体的能力问题（Competency Questions），它是由一系列基于该本体的知识库系统应该能回答出的问题组成的。能力问题被用来检验该本体是否合适：本体是否包含了足够的信息来回答这些问题；问题的答案是否需要特定的细化程度或需要一个特定领域的表示。

（2）列举领域重要的术语和概念。

在领域本体创建的初始阶段，尽可能列举出系统想要陈述的或要向用户解释的所有概念。这里的概念和术语是需要声明或解释的。不必在意所要表达的概念之间的意思是否重叠，也不要考虑这些概念到底用何种方式（类、属性还是实例）来表达。

（3）建立本体框架。

在（2）中已经产生了大量的领域概念，但它们是毫无组织结构的词汇表，这时需要按照一定的逻辑规则把它们进行分组，形成不同的工作领域。在同一工作领域的概念，其相关性应该比较强。另外，对其中的每个概念的重要性进行评估，选出关键性术语，摒弃那些不必要或超出领域范围的概念，尽可能准确且精简地表达领域的知识，从而形成一个领域知识的框架体系，得到领域本体的框架结构。

上述（2）和（3）并非是绝对的顺序，这两个步骤往往也可以颠倒过来进行，可以先列举领域的术语和概念，然后从概念中抽象出本体框架；也可以先产生本体框架，再按照框架列举出领域的术语。至于如何具体进行，应该根据开发人员对领域的认识程度而定。如果领域内已经存在非常清晰的框架或认识已经很深刻，那么可以直接产生框架。当然，这两个步骤也可以交叉进行。

（4）设计元本体，重用已有的本体，定义领域中的概念及概念之间的关系。

这一步分为两个层次来理解：一是定义概念，二是定义概念与概念之间的关系。

首先，定义概念。概念可以采用元本体中定义的元概念进行定义，或者采用在本体中已经被定义的概念进行定义，或者重用已有的本体。为了描述各概念，利用术语对概念进行标识，并对其含义进行定义。

需要说明的是，元本体是指本体的本体，其术语用于定义本体中的概念，如实体、关系、角色等。可以认为元本体是更高层次的本体，是领域内概念的抽象。在设计元本体时，要尽量做到领域无关性，并且包含的元概念数目尽可能少。

目前，Web 上有许多可重用的本体资源库。重用已有的本体，既可以减少开发的工作量，又能增强与其他使用该本体的系统的交互能力。UNSPSC、DMOZ、Ontolingua的本体文库和 DAML 的本体文库等，都可以导入本体开发系统中[23]。

其次，定义概念之间的关系。这些关系不仅涉及相同工作领域的概念，不同工作领域的概念也可以相关。概念之间的关系常常体现在概念的分类层次结构上，建立分类层次结构有以下 3 种可行的方法。

① 自上向下法（Top-Down）：先定义领域中综合的、概括性的概念，然后逐步细化、说明。

② 自下向上法（Bottom-Up）：先定义具体的、特殊的概念，从最底层、最细小的类的定义开始，然后将这些概念泛化成综合性的概念。

③ 混合法（Combination）：混合使用自上向下法与自下向上法，先建立那些显而易见的概念，然后分别向上和向下进行泛化与细化。

这 3 种方法各有利弊，采用哪种方法取决于开发人员对领域认识的角度。一般领域概念层次对应一棵树，树中的节点体现了领域概念间的层次结构关系，树由四类元素组成：根节点、枝节点、树枝和叶节点。

6.5.2　领域本体的设计原则

在开发过程中，领域本体的设计遵循以下几个基本原则[24]。

（1）可扩展性。领域本体的概念层次树应该可以根据应用需求方便地进行扩充、进一步细化或修改。若采用由底向上的开发方式，可扩展性是领域本体必须具备的特性。

（2）智能性。领域本体应该能够充分体现领域知识，具有比较强的描述能力。利用领域本体描述的数据所具备的相应概念的语义，能够为应用程序处理数据提供一种结合了领域知识的智能帮助。

（3）开放性。领域本体应该是一个开放的框架，可以采用开放源代码方式进行开发，从而可以让更多专家参与领域本体的开发和建设。

（4）易用性。领域本体不只是计算机可读、可理解的领域知识，还应该具备良好的可阅读性。

（5）持久性。领域本体刻画了领域知识，这些知识相对稳定。因此，领域本体需要采用一种可以持久保存的数据格式存储。数据格式应该具有开放、公开、非专有、平台中立的特性。

6.5.3　领域本体建模的生命周期

本体的存在是为了让人类更好地对知识进行共享与重用，因而就必然要求开发出来的本体相对稳定且独立于具体的应用。在领域本体建模的起点就必须详细说明模型中涵盖的概念、实例、关系和公理等实体，至少初步认定描述这些实体的绝大部分词汇。

综合现有系统的开发过程，可以用领域本体建模的生命周期对领域本体建模的方法、概念、步骤和设计标准进行有机的集成[25]。

领域本体建模的生命周期从总体上可以划分为规划、概念化和实现 3 个主要的阶段，知识获取主要集中在规划与概念化这两个阶段，而评价、集成和技术文档应当贯穿于开发的整个过程，如图 6-14 所示。

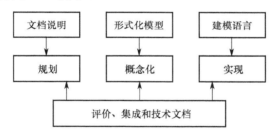

图 6-14　领域本体建模的生命周期

规划是指以文档的形式详细说明开发该领域本体的目的，明确开发目标和本体的用途，并预期最终用户。概念化则是指统一开发人员对领域概念化模型的认识，并以一种明确的方式详细记录概念化模型。实现较容易理解，是指用形式化的语言对概念化阶段产生的领域概念化模型进行编码。

以上只是从宏观上对一般的领域本体建模进行分析，某些特定领域本体的生命周期模型可能更为复杂。

6.6　实验：小型本体构建示例

6.6.1　实验目的

（1）了解本体建模的具体应用。
（2）了解应用本体和上层本体之间的关系继承与映射。
（3）了解本体建模后，实例之间隐含的关系是如何推理出来的。

6.6.2 实验要求

（1）了解应用本体（本实例中未涉及领域本体）对上层本体中的关系的继承。

（2）利用 Protégé 软件建立简单的本体模型。

（3）会用 Protégé 软件推理实例之间隐含的关系。

6.6.3 实验原理

图 6-15 所示为一个典型的例子。这是镇江金山寺和与之有关的人物关系，以及它们自身的一些属性（如别名、前身）等。

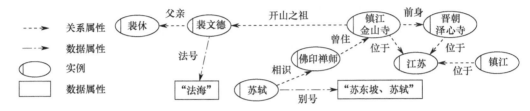

图 6-15 镇江金山寺和与之有关的人物关系、属性

实例之间存在大量的关系，首先需要定义一个模式层，它包含一些规范和关系。当模式层映射到实例上时，实例间不仅包含它们自身之间的关系，还包含上层模式所定义的关系，如图 6-16 所示。

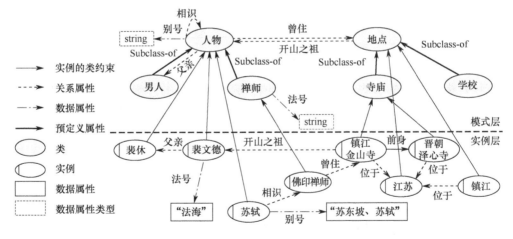

图 6-16 模式层和实例层的对应关系

通过建立图中的本体模型，可以对实例之间隐含的关系进行推理。

6.6.4 实验步骤

1. 依照模式层建立类、类与类之间的关系、类的属性

（1）打开 Protégé 软件的 Entities 面板，单击 Classes 标签（默认情况下用户看到的

是该标签的页面），进入类及其层次的编辑页面，构建类和子类。

在 Classes 页面，右击 owl:Thing 选项，选择 Add subclasses 选项，在出现的对话框的 Name 标签后输入类的名称（人物、地点），然后单击"确定"按钮，如图 6-17 所示。

图 6-17　构建类

在"人物"类上右击，在弹出的快捷菜单中选择 Add subclass 选项以添加子类，"人物"的子类有"女人""男人""禅师"，"地点"的子类有"学校"和"寺庙"，如图 6-18 所示。

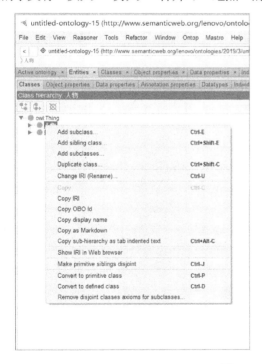 

图 6-18　构建子类

（2）构建类之间的关系。

"人物"与"地点"之间是相互排斥的属性，在"人物"的 Disjoint With 面板中选择"地点"，即定义了两个类的互相排斥属性，如图 6-19 所示。

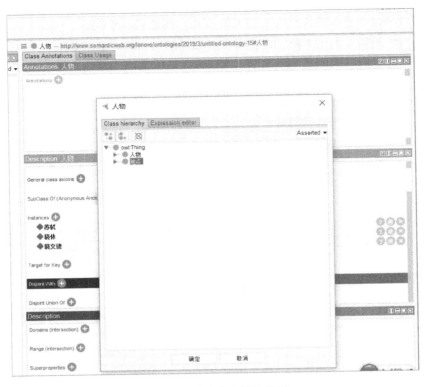

图 6-19 构建类之间的关系

（3）建立类的关系属性。

编辑完类（class）之后，跳转至 Object properties 界面编辑类的关系属性。这里添加"曾住"属性，如图 6-20 所示。

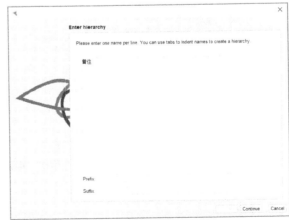

图 6-20 添加"曾住"属性

类似地，可以依次添加 "位于""开山之祖" 等属性，如图 6-21 所示。

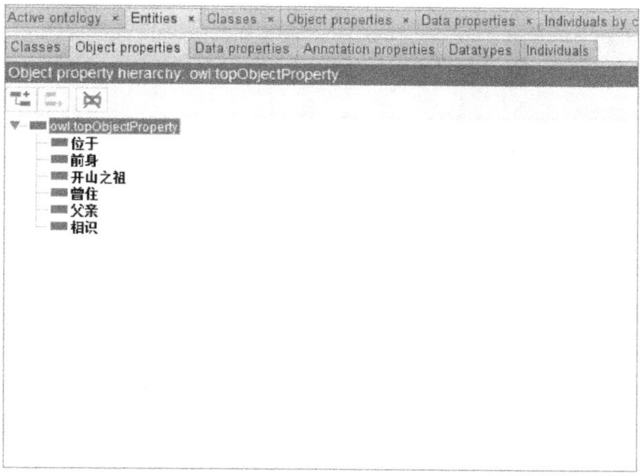

图 6-21　添加其他属性

（4）为类的关系属性添加约束。例如，为"曾住"添加 domain 的约束"人物"，添加 range 的约束"地点"。为"父亲"添加 domain 的约束"人物"，添加 range 的约束"男人"等，如图 6-22 所示。

图 6-22　为类的关系属性添加约束

（5）建立类的数据属性。

在 Data properties 界面编辑类的数据属性。例如，先添加"法号"为"人物"的数据属性，然后在弹出的界面中选择 Built in datatypes 选项卡，从中选择 xsd:string 选项来将该属性的类型限制为字符串，如图 6-23 所示。

类似地，可以依次添加"别号""生日"等数据属性，如图 6-24 所示。

2. 依据实例层，建立实例、实例的类约束、实例之间的关系、实例的属性

（1）建立实例和实例的类约束。在 Entities 界面中单击 Individuals 标签，建立实例。例如，建立"佛印禅师"实例，然后在其 Description 面板中单击 Class hierarchy 标签，从类层次中选择"禅师"，由此来对该实例进行类约束。按照此方法，建立其他实例，如图 6-25 所示。

135

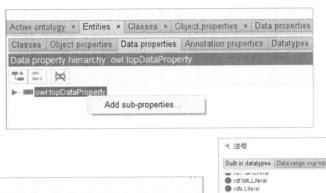

图 6-23 为"人物"添加"法号"数据属性

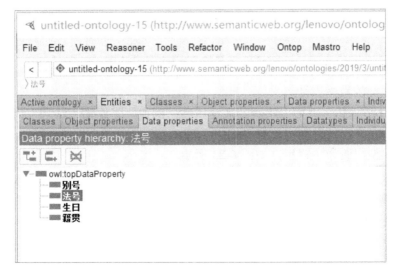

图 6-24 添加其他数据属性

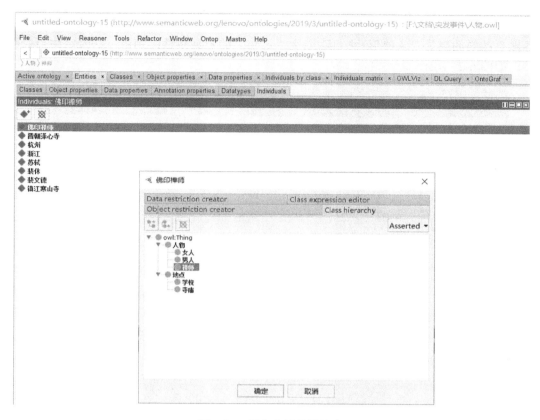

图 6-25　建立实例的类约束

（2）建立实例之间的关系。以"佛印禅师"为例，在右侧 Property assertions 面板的 Object property assertions 中将"佛印禅师"和"镇江金山寺"通过"曾住"关联起来，如图 6-26 所示。

图 6-26　建立实例之间的关系

（3）定义实例属性的取值。以"苏轼"为例，在右侧 Property assertions 面板的 Data

property assertions 中，为"苏轼"的数据属性"别名"添加"苏东坡、东坡"（由于实例"苏轼"的类约束为"人物"，它自动继承"人物"的数据属性：别号、法号、生日、籍贯），如图 6-27 所示。

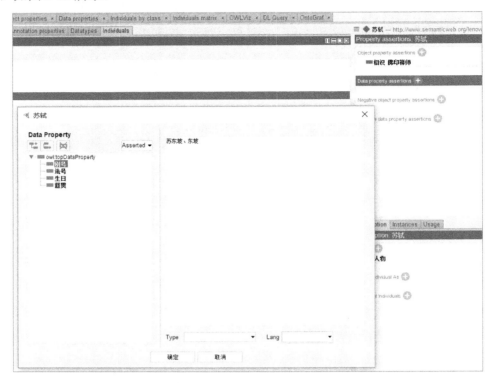

图 6-27　定义实例属性的取值

3. 保存本体

在保存本体时，设置本体格式为 RDF/XML Syntax，文件类型为 OWL File，如图 6-28 所示。

图 6-28　保存本体

6.6.5　实验结果

1. 可视化本体

执行 Windows→Tabs→OntoGraf 命令，结果如图 6-29 所示。

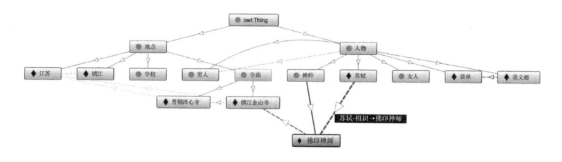

图 6-29　本体可视化

2. 本体推理

在菜单 Reasoner 中选择 Start reasoned 选项，推理得到的信息就会在对应的描述中显示出来。本例中裴休是男人就是推导出来的，如图 6-30 所示。

图 6-30　推理结果（一）

单击图 6-30 中"男人"后面的问号图标，可以显示此推理的解释，如图 6-31 所示。

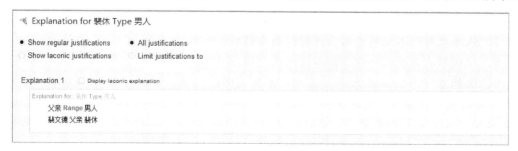

图 6-31　推理解释（一）

同理，也可以推理出"佛印禅师"相识"苏轼"，推理结果与解释（"相识"属性的自反性）如图 6-32 和图 6-33 所示。

图 6-32　推理结果（二）

图 6-33　推理解释（二）

习题

1．简述本体的概念和分类。

2．目前构建本体的主流语言有哪些？

3．本体构建的方法有哪些？请简要说明它们之间的关系。

4．试用七步法来构建 6.6 节的示例。

5．半自动构建本体方法的半自动化体现在何处？

6．你认为上层本体、领域本体、应用本体之间的关系是什么？

7．试思考为何本体的应用总是针对某个领域而言的。

8．试从不同角度谈一谈本体与语义网之间的关系。

9．试构建一个简单的本体，它可以包含大学、院系、班级、课程、老师、学生、辅导员等实例（根据需求自行选择），以及它们之间的关系和一些属性，可以参照图 6-15 画出实例之间的关系和属性，再进一步思考怎样为它定义一个模式层，构建一些类与类之间的关系，形如图 6-16。

10．利用 Protégé 软件将你在第 9 题中构建的本体模型可视化，看是否可以推理出一些知识。

参考文献

[1]　于楠. 基于 Ontology 的领域知识库层次分类体系的构建[D]. 沈阳：东北大学，2005.

[2]　王瑾民. 本体知识库的构建与进化方法研究[D]. 青岛：中国海洋大学，2008.

[3]　龙海，朱彦. 论 GFO 的基本框架及顶层本体比较研究[J]. 中国中医药图书情报杂志，2015，39(5)：18-22.

[4]　丘威，张立臣. 本体语言研究综述[J]. 情报杂志，2006，7：61-64.

[5]　顾芳，曹存根. 知识工程中的本体研究现状与存在问题[J]. 计算机科学，2004，31(10)：1-10.

[6]　卢雪峰. 基于本体的专业文献信息智能检索系统研究[D]. 大连：大连理工大学，2006.

[7]　王雨英. 基于本体的信息检索研究[D]. 青岛：中国海洋大学，2006.

[8]　BENIAMINOV E M, LAPSHIN V A. Levels of presenting ontologies, languages, mathematical models, and ontology webserver project in Web 2.0[J]. Automatic Documentation and Mathematical Linguistics, 2012, 46(2): 59-67.

[9]　杨良斌，黄国彬，周静怡. 近两年来国外有关本体基本问题的主要研究述评[J]. 图书馆建设，2008(8)：80-84.

[10]　王向前，张宝隆，李慧宗. 本体研究综述[J]. 情报杂志，2016，35(6)：163-170.

[11]　于娟. 基于本体语言 OWL 的知识表示及推理算法研究[D]. 青岛：青岛大学，2006.

[12]　RAJUGAN R, CHANG E, DILLON T. Visual Modeling of Ontology Views for e-Sciences Using XSemantic Nets [J]. Computer-Based Medical Systems, 2007. CBMS apos; 2007. Twentieth IEEE International Symposium, 2007(20-22): 601-606.

[13]　余凡. 领域本体构建方法及实证研究[M]. 武汉：武汉大学出版社，2015.

[14]　李恒杰，李军权，李明. 领域本体建模方法研究[J]. 计算机工程与设计，2008，29(2)：127-130.

[15]　NOY N F, MCGUINNESS D L. Ontology Development 101: A Guide to Creating YourFirst Ontology[C]. Stanford Knowledge Systems Laboratory Technical Report KSL-01-05 and Stanford Medical Informatics Technical Report SMI-2001-0880, 2001.

[16]　KIETZ J U, VOLZ R, MAEDCHE A. Extracting a Domain-Specific Ontology from a Corporate Intranet[C]. Proceedings of the 2nd Workshop on Learning Language Learning(CoNLL), 2000.

[17]　ALEXANDER M, STEFFEN S. OntologyLearning for the Semantic Web[J]. Intelligent Systems, IEEE, 2002, 16(2): 72-79.

[18]　胡兆芹. 本体与知识组织[M]. 北京：中国文史出版社，2014.

[19]　JOHN D S. Sensus Communis[M]. Durham :Duck University Press,1990.

[20]　YE Y, YANG D, JIANG Z, et al. Ontology-based semantic models for supply chainmana gement[J]. International Journal of Advanced Manufacturing Technology, 2008, 37(11-

12): 1250-1260.

[21] 李景，孟连生. 构建知识本体方法体系的比较研究[J]. 现代图书情报技术，2004(7)：17-22.

[22] 徐静，孙坦，黄飞燕. 近两年国外本体应用研究进展[J]. 图书馆建设，2008(8)：84-90.

[23] 秦鹏. 领域本体的构建方法研究[J]. 电脑知识与技术，2015, 11(27)：180-181.

[24] 仇宝艳. 面向领域本体的知识建模问题研究[D]. 济南：山东师范大学，2009.

[25] 张瑾，丁颖. 领域本体构建方法研究[J]. 计算机时代，2007, 6: 13-16.

第 7 章　知识图谱

知识图谱（Knowledge Graph，KG）是知识的一种表达方式，它以结构化的形式描述客观世界中的概念、实体及其关系，将互联网的信息表达成更接近人类认知世界的形式，提供一种更好地组织、管理和理解互联网海量信息的能力。知识图谱给互联网语义搜索带来了活力，同时在智能问答中显示出强大的威力，已经成为互联网知识驱动的智能应用的基础设施。知识图谱与大数据、深度学习一起，已成为互联网和人工智能进一步发展的核心驱动力与底层支撑。

本章重点对知识图谱的基本概念、产生历程、生命周期、关键技术、可视化、分类及相关工具等进行介绍。

7.1　知识图谱简述

7.1.1　知识图谱的概念

知识图谱是一种由节点和边组成的语义网络[1]，是一种基于图的知识表达方式，具体由"节点-边-节点"的形式构成。其中，节点可以代表抽象的概念，即具有同种特性的实体构成的集合，如国家、民族、书籍、计算机等，也可以代表具体的实体，即具有可区别性且独立存在的事物，如某个人、某座城市、某只动物、某件商品等。实体是知识图谱中最基本的元素，不同的实体间存在不同的关系。边可以代表两个节点之间的关系，如朋友、配偶等，用以描述现实世界中的概念、实体及它们之间丰富的关联关系，也可以代表实体或概念的属性，即用于区分概念的特征，如创建时间、所属领域、姓名、书名、身高、出生日期等。不同概念具有不同的属性，不同的属性值类型对应于不同类型属性的边。若属性值对应的是概念或实体，描述两个实体之间的关系，则这类属性称为对象属性；若属性值是具体的数值，则这类属性称为数据属性。当前知识图谱的内涵还不够清晰[2]，关于知识图谱概念的具体定义，还没有较为统一的描述，不同的组织、不同的视角对其有不同的理解。

在维基百科的定义中，知识图谱是 Google 用于增强其搜索引擎功能的知识库。知识图谱是 Google 及其服务使用的一个知识库[3]，其通过从各种来源收集信息来优化其搜索引擎的结果。本质上，知识图谱是一种揭示实体之间关系的语义网络，可以对现实世界的事物及其相互关系进行形式化的描述。现在的知识图谱已被用来泛指各种大规模的知识库[4]。

在百度百科的定义中，知识图谱被图书情报界称为知识域可视化[5]或知识领域映射地图[6]，是显示知识发展进程与结构关系的一系列各种不同的图形。其用可视化技术描述知识资源及其载体，挖掘、分析、构建、绘制和显示知识及它们之间的相互联系。具体来说，知识图谱是通过将应用数学、图形学、信息可视化技术、信息科学等学科的理论和方法与计量学引文分析、共现分析等方法结合，并利用可视化的图谱形象地展示学科的核心结构、发展历史、前沿领域及整体知识架构以达到多学科融合目的的现代理论。它把复杂的知识领域通过数据挖掘、信息处理、知识计量和图形绘制而显示出来，揭示知识领域的动态发展规律，为学科研究提供切实的、有价值的参考。迄今为止，其实际应用在发达国家已经逐步拓展并取得了较好的效果，但它在我国仍处于研究的起步阶段。

在 Google 的定义中，Google 知识图谱（Google Knowledge Graph）是 Google 的一个知识库，其使用语义检索从多种来源收集信息，以便提高 Google 搜索的质量。知识图谱于 2012 年 5 月 16 日正式发布，首先在美国使用。知识图谱除了显示其他网站的链接列表，还提供结构化及详细的关于主题的信息，其目标是使用户使用此功能提供的信息来解决他们查询的问题，而不必导航到其他网站并自己汇总信息。Google 于 2012 年基于语义网、Linked Data 发布了知识图谱，主要用于提高 Google 搜索的质量，因此 Google 对知识图谱的解释更侧重于自身的搜索业务，即知识图谱从 3 个方面增强 Google 的搜索能力：一是找到正确的事物（Find the Right Thing）；二是得到最好的总结（Get the Best Summary）；三是更深入更广泛（Go Deeper and Broader）。

从知识图谱的组成元素来看，知识图谱旨在描述真实世界中存在的各种实体或概念。其中，每个实体或概念用一个全局唯一确定的 ID 来标识，这些 ID 称为它们的标识符。每个属性-值对用来刻画实体的内在特性，而关系用来连接两个实体，刻画它们之间的关联。此解释形象且完整地说明了知识图谱的基本组成元素，即实体、概念、属性、关系，以及它们所代表的含义和相互之间的关系。实体或概念就是图上的节点；属性-值是节点的内在特征；关系是节点和节点之间的关联，图上表现为两个节点之间的连线[7]。

从知识工程的发展来看，知识图谱研究如何将人类的知识转化为图，从而方便计算机存储并用于推理。计算机可以通过知识图谱实现从感知智能到认知智能的飞跃，支持智能问答、辅助决策、智能分析等应用。该解释说明了知识图谱中的几个要点问题：第一，知识图谱是人工智能中的一项重要技术，实际上它是与深度学习并行的人工智能 3 个流派之一，属于符号主义；第二，知识图谱用图的方式来组织和描述人类知识，因为图结构更便于计算机存储，同时可用于后期的知识推理等智能应用；第三，知识图谱是实现机器认知智能的关键技术，是人工智能由计算智能、感知智能发展到认知智能的重要基础；第四，知识图谱目前在工业界已经拥有较成熟的落地应用，典型的如智能问答、辅助决策、智能分析、情报分析、反欺诈等[8]。

因此，从不同的视角看待知识图谱，会形成不同的理解。从人工智能的视角来看，知识图谱是一种理解人类语言的知识库；从数据库的视角来看，知识图谱是一种新型的知识存储结构；从知识表示的视角来看，知识图谱是计算机理解知识的一种方法；从 Web 的视角来看，知识图谱是知识数据之间的一种语义互联。但是，就其本质而言，知识图谱旨在从数据中识别、发现和推断事物、概念之间的复杂关系，是事物关系的可计算模型。知识图谱的构建涉及知识建模、关系抽取、图存储、关系推理、实体融合等多方面的技术，而知识图谱的应用则涉及语义搜索、智能问答、语言理解、决策分析等多个领域。要构建并利用好知识图谱，需要系统性地利用好涉及知识表示、数据库、自然语言处理[9]、机器学习、数据挖掘、知识工程等多个方面的技术。

7.1.2　知识图谱的产生历程

知识图谱并非突然出现的新技术，而是历史上很多相关技术，包括语义网络（Semantic Network）、专家系统知识库知识表示、本体论、万维网、语义网（Semantic Web）、链接数据（Linked Data）等相互影响和继承发展的结果，如图 7-1 所示，它有着来自 Web、人工智能和自然语言处理等多方面的技术基因。从早期的人工智能发展历史来看，语义网是传统人工智能与 Web 融合发展的结果，是知识表示与推理在 Web 中的应用，而知识图谱则可以看作语义网的一种简化后的商业实现。

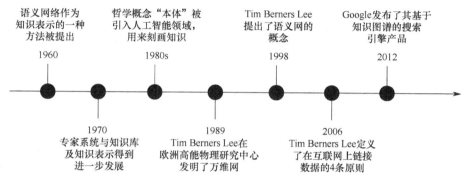

图 7-1　知识图谱的产生历程

1960 年，认知科学家 Allan M. Collins 提出用语义网络来研究人脑的语义记忆。典型的语义网络如 WordNet，它定义了名词、动词、形容词和副词之间的语义关系。例如，动词之间的蕴含关系，如"打鼾"蕴含"睡眠"等。WordNet 被广泛应用于语义消歧等自然语言处理领域。

1970 年，随着专家系统的提出和商业化发展，知识库构建和知识表示得到进一步发展。在专家系统的基本思想中，专家基于大脑中的知识进行决策，因此人工智能的核心应该是用计算机符号来表示这些知识，并通过推理机模仿人脑对知识进行处理。早期专家系统最常用的知识表示方法包括基于框架的语言（Frame-based Languages）和产生式规则（Production Rules）等。基于框架的语言主要用于描述客观世界的类别、个体、属性及关系等，较多地应用于辅助自然语言理解；产生式规则主要用于描述类似于 IF-THEN 的逻辑结构，适合于刻画过程性知识。依据专家系统的观点，计算机系统应该由知识库和推理机两部分组成，而不应由函数等过程性代码组成。

20 世纪 80 年代，哲学领域的本体（Ontology）概念被人工智能领域所借鉴，本体的建模方法也初步确立，本体相关的语言或技术通常被用来定义知识图谱的模式（Schema）。在人工智能领域，本体被定义为"a formal explicit specification of a shared conceptualization"，即一种共享的概念化，这种概念被形式化地、精确地定义。形式化意味着本体是可以被计算机理解的；精确意味着概念及概念被使用的约束要被精确地定义；共享意味着本体不是针对某些个人的，而是被一个团体（通常是一个领域）所共享的；概念化是指本体是对世界上某些现象的一种抽象模型，它指出了这种现象的相关概念[10]。简而言之，本体精确定义和描述了某一领域的一些基本概念及概念之间的关系，而这种定义和描述是可以被计算机理解的，且是被领域所共同接受的。人工智能研究人员将本体这一概念引入计算机领域来研究知识表示，促进了知识工程中的知识向更深入的方向推进。

1989 年，万维网之父、图灵奖获得者 Tim Berners Lee 提出构建一个全球化的以链接为中心的信息系统（Linked Information System），任何人都可以通过添加链接把自己的文档链入其中。他认为以链接为中心和基于图的组织方式，比起基于树的层次化组织方式，更加适合于互联网这种开放的系统。这一思想逐步被人们实现，并演化发展成今天的互联网。1994 年，Tim Berners Lee 又提出，Web 不应该仅仅只是网页之间的互相链接。实际上，网页中所描述的都是现实世界中的实体和人脑中的概念。网页之间的链接实际上包含语义，即这些实体或概念之间的关系，然而机器无法有效地从网页中识别出其中蕴含的语义。

1998 年，Tim Berners Lee 提出了语义网的概念，即语义网是一个在某些方面类似于一个全局数据库的数据网（The Semantic Web is a web of data, in some ways like a global database），其最初的理念是把基于文本链接的万维网转化成基于实体链接的语义网，知识图谱的早期理念来源于此。仍然基于图和链接的组织方式，只是图中的节点代表的不只是网页，还有客观世界中的实体（如人、机构、地点等），而超链接也被增加了语义描述，以具体标明实体之间的关系（如出生地、创办人等）。相对于传统的网页互联网，语义网的本质是知识的互联网或事物的互联网（Web of Things）。在语义网被提出之后，出现了一大批新兴的语义知识库，如作为 Google 知识图谱后端的 Freebase、作为 IBM Watson 后端的 DBpedia 和 YAGO、作为 Amazon Alexa 后端的 True Knowledge、作为苹果 Siri 后端的 Wolfram Alpha，以及 Schema.ORG、Wikidata 等。

2006 年，Tim Berners Lee 提出了链接数据（Linked Data）的概念，强调要更多地建立数据之间的链接，而非仅仅把文本数据结构化。在分析 Web 发展和演化过程的基础上，Tim Berners Lee 提出了当前 Web 环境下急需发展数据 Web 的思想。数据 Web 的核心和关键就是关联数据。简单来讲，链接数据是指使用 Web 链接以前未链接的相关数据，或者使用 Web 减少使用其他方法链接当前链接的数据的障碍，它是一系列利用 Web 在不同数据源之间创建语义关联的最佳实践方法。更具体地说，维基百科将链接数据定义为"一个术语，用于描述使用 URI 和 RDF 在语义网上公开、共享和链接数据、信息与知识片段的最佳实践方法"。关联数据的四原则：①使用 URI 作为任何对象的标识名称，即用户可以将 Web 上的任何资源用 URI 进行标识；②使用 HTTP URI 使人们可以找到对象的标识名称，即用户在万维网上可以通过 HTTP 协议连接 URI，从而找到标识的对象；③访问 HTTP URI 中的某个标识名称时，可以根据访问标识的 URI 发现有意义的信息（采用 RDF、SPARQL 标准），即用户可以通过访问 HTTP URI 找到有价值的信息，提高信息的利用率；④提供相关的 URI 链接，以便查询者可以发现更多的对象，即用户通过互联可以发现更多的信息[11]。因此，链接数据提出的目的是构建一张计算机能理解的语义数据网络，而不只是人能读懂的文档网络，以便在此之上构建更智能的应用。

2012 年，Google 推出基于知识图谱的搜索服务，首次提出知识图谱的概念。早在 2010 年，Google 收购了早期语义网公司 MetaWeb，并以其开发的 Freebase 作为数据基础之一，于 2012 年正式推出了称为知识图谱的搜索引擎服务，用于改善搜索体验，提高搜索质量，引起了社会各界的关注。一方面，各大企业陆续开始着手构建自己的知识图谱，如百度的"知心"、搜狗的"知立方"等；另一方面，学术界对知识图谱构建技术与应用的研究也在不断地加深。随着研究的深入，作为一种知识表示的新方法和知识管理的新思路，知识图谱不再局限于搜索引擎应用，而在其他系统（如 IBM Watson）中也开始崭露头角，扮演着越来越重要的角色。随后，知识图谱逐步在语义搜索、智能问答、辅助语言理解、辅助大数据分析、增强机器学习的可解释性、结合图卷积辅助图像分类等很多领域发挥出越来越重要的作用[12]。

知识图谱的发展是人工智能的重要分支——知识工程在大数据环境中的成功应用。从知识工程的角度，可以将知识图谱的产生划分为如下几个标志性的阶段，即前知识工程时期、专家系统时期、万维网时期、群体智能时期、大规模知识获取时期及现代知识图谱时期。而目前以传统本体概念为基础进行知识组织的偏静态的知识图谱也具有其局限性，能对动态特征进行描述的事理图谱[13]将是未来的一个发展方向。

7.1.3　知识图谱的生命周期

知识图谱从无到有的构建过程称为知识图谱的生命周期，领域知识图谱的构建过程可分为知识建模、知识获取、知识融合、知识存储、知识计算及知识应用 6 个阶段[14]。知识图谱的构建是一项庞大而复杂的工程，现阶段的知识图谱系统还远远不能满足人们的应用需求，构建一个完善的知识图谱仍然面临着诸多挑战，知识图谱在各行业中的应用场景也并不十分明确，有待探索与深入研究。下面以生命周期的视角来阐述知识图谱构建过程中的每阶段的相关内容。

1．知识建模

知识建模是建立知识图谱的概念模式的过程，相当于关系型数据库的表结构定义。为了对知识进行合理组织，更好地描述知识本身与知识之间的关联，需要对知识图谱的模式进行良好的定义。一般来说，相同的数据可以有若干种模式定义方法，设计良好的模式可以减少数据的冗余，提高应用效率，因此在进行知识建模时，需要结合数据特点与应用特点来完成模式的定义。

知识建模通常有两种具体方式：第一种是自顶向下的方法，即首先为知识图谱定义数据模式，从顶层概念开始构建，逐步向下细化，形成结构良好的分类学层次，然后将实体添加到概念中；第二种则是自底向上的方法，即首先对实体进行归纳组织，形成底层概念，然后逐步往上抽象，形成上层概念。为了保证知识图谱的质量，需要注意的问题主要有以下几个。

（1）概念划分的合理性，即如何描述知识体系及知识点之间的关联关系[15]。

（2）属性定义的具体方式，即如何在冗余程度最低的条件下满足应用和可视化展现的要求。

（3）事件、时序等复杂知识如何表示，是通过匿名节点的方法还是通过边属性的方法描述，各自的优缺点是什么[16]。

（4）后续的知识扩展难度，即是否支持概念体系的变更及属性的调整等。

2. 知识获取

知识获取是指从不同来源、不同数据中进行知识提取，形成知识并存入知识图谱的过程。由于现实世界中的数据类型及介质多种多样，因此如何高效、稳定地从不同的数据源进行数据接入至关重要，这将直接影响知识图谱中数据的规模、实时性及有效性。知识获取按任务可以分为概念抽取、实体识别、关系抽取、事件抽取和规则抽取等，按抽获方式的自动化程度可以分为手工获取、半自动获取和自动获取。传统专家系统时代的知识主要靠专家手工输入，难以实现大规模应用。现代知识图谱的构建大多依靠对已有的结构化数据资源进行转化以形成基础数据集，然后通过自动化获取和知识图谱补全技术从多种数据源进一步扩展知识图谱，并通过人工众包进一步提高知识图谱的质量。

知识获取的来源大致可分为三类：第一类是结构化数据，包括关系型数据、结构化的开放链接数据等；第二类是半结构化数据，如百科数据、垂直网站中的数据等；第三类是非结构化数据，如各种报道文章等。结构化数据中会存在一些复杂关系，针对这类关系的抽取是此类研究的重点，主要方法包括直接映射或映射规则定义等。从结构化数据库中获取知识一般使用现有的 D2R 工具[17]，如 Triplify、D2RServer、OpenLink、SparqlMap、Ontop 等。对于半结构化数据，通常采用包装器的方式进行解析。包装器是一个针对目标数据源中的数据制定抽取规则的计算机程序，包装器的定义、自动生成及对包装器进行更新与维护以应对网站的变更，是应用此方法需要考虑的问题。非结构化数据的抽取难度最大，文本中的知识获取主要包括实体识别和关系抽取，采用的方法主要是自然语言处理的相关技术，如何保证抽取的准确率和覆盖率则是从这类数据中进行知识获取需要考虑的重要科学问题。

3. 知识融合

知识融合是知识图谱构建中不可缺少的一环，是指将不同来源的知识进行对齐、合并，形成全局统一的知识标识和关联的工作，体现了开放链接数据中互联的思想。良好的知识融合方法能有效地避免信息孤岛，使得知识的连接更加稠密，提升知识的应用价值，因此知识融合是构建知识图谱过程中的核心工作与重点研究问题。

知识图谱中的知识融合包含两个层面：模式层的融合和数据层的融合。模式层的融合包含概念合并、概念上下位关系合并及概念的属性定义合并，通常依靠专家人工构建或从可靠的结构化数据中映射生成。在映射的过程中，一般会通过设置融合规则来确保数据的统一。数据层的融合包括实体合并、实体属性融合及冲突检测与解决。进行知识融合时需要考虑的问题主要有：①使用什么方式实现不同来源、不同形态知识的融合；②如何对海量知识进行高效融合[18]；③如何对新增知识进行实时融合；④如何进行多语言融合等[19]。

4. 知识存储

知识存储是指针对构建完成的知识图谱设计底层存储方式，完成各类知识的存储。它需要结合知识应用场景进行良好的设计，存储方案的优劣会直接影响查询的效率。目前尚没有一个统一的可以实现属性知识、关联知识、事件知识、时序知识、资源类知识等所有类型的知识存储的方式，如何根据自身知识的特点选择知识存储方案，或者进行存储方案的结合以满足针对知识的应用需求，是知识存储过程中需要考虑的重要问题。

知识存储的具体方式包括单一式存储和混合式存储两种。在单一式存储中，可以通过三元组、属性表或垂直分割等方式进行知识的存储[20]。其中，三元组的存储方式在进行链接查询时开销较大[21]；属性表的缺点是不利于缺失属性的查询[22]；垂直分割的缺点是数据表过多且写操作的代价比较大[23]。混合式存储将图形数据库与关系数据库相结合进行知识图谱的存储。按具体的存储介质，知识存储可以分为原生（neo4j 等）存储和基于现有数据库（MySQL 等）存储两类。原生存储的优点是其本身已经提供了较为完善的图查询语言或算法支持，但不支持定制，灵活程度不高，对于复杂节点等极端数据情况的表现非常差。基于现有数据库存储的好处是自由程度高，可以根据数据特点进行知识的划分、索引的构建等，但开发和维护成本较高。

5. 知识计算

知识计算是领域知识图谱能力输出的主要方式，通过知识图谱本身的能力为传统的应用形态赋能，提升服务质量并提高效率。其中，图挖掘计算和知识推理是最具代表性的两种知识图谱能力，如何将这两种能力与传统应用相结合是需要解决的一个关键问题。

图挖掘计算指基于图论的相关算法实现对图谱的挖掘与探索，可辅助传统的推荐、搜索类应用。知识图谱中的图算法一般包括图遍历、最短路径、权威节点分析、族群发现最大流算法、相似节点等，大规模图上的算法效率是图算法设计与实现要考虑的主要问题。知识推理一般用于知识发现、冲突与异常检测，是知识精细化工作和决策分析的主要实现方式。知识推理又可以分为基于本体的推理和基于规则的推理，一般需要依据行业应用的业务特征定义规则，并基于本体结构与所定义的规则执行推理过程，给出推理结果。知识推理的关键问题包括大数据量下的快速推理，以及记忆对增量知识和规则的快速加载[24]。

6. 知识应用

知识应用是指将知识图谱特有的应用形态和领域数据与业务场景相结合，助力领域业务转型，典型应用包括语义搜索、智能问答及可视化决策支持。如何针对业务需求设计实现知识应用，并基于数据特点进行优化调整，是知识应用的关键问题。

语义搜索应用是指基于知识图谱中的知识，解决传统搜索中遇到的关键字语义多样性及语义消歧的难题，通过实体链接实现知识与文档的混合检索。语义搜索需要考虑如何解决自然语言输入带来的表达多样性问题，同时需要解决语言中实体的歧义性问题。智能问答应用是指针对用户输入的自然语言进行理解，从知识图谱中或目标数据中给出用户问题的答案。其关键技术及难点包括准确的语义解析，即如何正确理解用户的真实意图及对于返回的答案如何评分以确定优先级顺序。可视化决策支持应用是指通过提供统一的图形接口，结合可视化、推理、检索等为用户提供信息获取的入口。其需要考虑的关键问题包括：①如何通过可视化方式辅助用户快速发现业务模式；②如何提升可视化组件的交互友好程度；③如何在大规模图环境下提高底层算法效率。

7.2　知识图谱的关键技术

知识图谱技术是与知识图谱建立和应用相关的所有技术的总称，是融合认知计算、知识表示与推理、信息检索与抽取、自然语言处理与语义网、数据挖掘与机器学习等方向的交叉研究。从知识图谱生命周期的角度来看，知识图谱技术分为 3 个关键部分：知识图谱构建技术、知识图谱查询和推理计算技术，以及知识图谱应用技术[14]。

7.2.1　知识图谱构建技术

1. 知识建模与表示

知识建模即定义知识表达的基本模式，知识表示是根据定义的知识表达基本模式将现实世界中的各类知识表达成计算机可存储和计算的结构。机器必须掌握大量的知识，特别是常识知识才能实现真正的类人智能。从有人工智能开始，就有了对知识表示的研究，知识图谱的知识表示以结构化的形式描述客观世界中概念、实体及其关系，将互联网的信息表达成更接近人类认知世界的形式，为理解互联网内容提供了基础支撑。

2. 知识表示学习

随着以深度学习为代表的表示学习的发展，面向知识图谱中实体和关系的表示学习也取得了重要的进展。知识表示学习将实体和关系表示为稠密的低维向量，实现对实体和关系的分布式表示，可以高效地对实体和关系进行计算，缓解知识稀疏问题，有助于实现知识融合，已经成为知识图谱语义链接预测和知识补全的重要方法。由于知识表示学习能够显著提升计算效率，有效缓解数据稀疏，实现异质信息融合，因此其对于知识库的构建、推理和应用具有重要意义，值得深入研究。

3. 实体识别与链接

实体（指个体或实例）是客观世界的事物，是构成知识图谱的基本元素，分为限定类别的实体，如常用的地名、人名、组织机构名等，以及开放类别的实体，如疾病名称、药物名称等。实体识别是指识别文本中指定类别的实体，实体链接是指识别文本中提及实体的词或短语，即实体提及，并与知识库中对应的实体进行链接。实体识别技术可以检测文本中的新实体，并将其加入现有知识库中。实体链接技术通过发现现有实体在文本中的不同出现，可以针对性地发现关于特定实体的新知识。实体识别与链接是知识图谱构建、知识补全与知识应用的核心技术，对实体识别与链接的研究将为计算机类人推理和自然语言理解提供知识基础。

4. 实体关系学习

实体关系描述客观存在的事物之间的关联关系，定义为两个或多个实体之间的某种联系。实体关系学习也称为关系抽取，就是自动从文本中检测和识别实体之间具有的某种语义关系。实体关系抽取分为预定义关系抽取和开放关系抽取两种，预定义关系抽取是指系统所抽取的关系是预先定义好的，如知识图谱中定义好的关系类别（如上下位关系、国家–首都关系等）；开放式关系抽取不预先定义抽取的关系类别，由系统自动从文本中发现并抽取关系。实体关系学习是知识图谱自动构建和自然语言理解的重要基础。

5. 事件知识学习

事件是促使事物状态和关系改变的条件，是动态的、结构化的知识。针对不同领域的不同应用，事件有不同的描述范畴。一种观点将事件定义为发生在某个特定的时间点或时间段、某个特定的地域范围，由一个或多个角色参与的一个或多个动作组成的事情或状态的改变。另一种观点认为事件是细化了的主题，是由某些原因、条件引起的，发生在特定的时间、地点的，涉及某些对象的，并可能伴随某些必然结果的事情。事件知识学习，即将非结构化文本中自然语言所表达的事件以结构化的形式呈现，对于知识表示、理解、计算和应用意义重大。目前已存在的知识资源所描述的大多是实体及实体之间的关系，缺乏对事件知识的描述。

7.2.2　知识图谱查询和推理计算技术

1. 知识存储和查询

知识图谱以图的方式来展现实体、事件及其之间的关系。知识图谱存储和查询主要研究如何设计有效的存储模式以实现对大规模图数据的有效管理，实现对知识图谱中知识的高效查询。知识图谱的结构是复杂的图结构，这给知识图谱的存储和查询带来了挑战。目前知识图谱多以三元组存在的 RDF 形式进行存储管理，并可通过 SPARQL 进行查询。

2. 知识推理

知识推理是指从给定的知识图谱推导出新的实体及实体之间的关系，可分为基于符号的推理和基于统计的推理。在人工智能的研究中，基于符号的推理一般基于经典逻辑（如一阶谓词逻辑或命题逻辑），或者经典逻辑的变异（如默认逻辑）。基于符号的推理可以从一个已有的知识图谱推理出新的实体间的关系，可用于建立新知识或对知识图谱进行逻辑的冲突检测。基于统计的推理一般采用机器学习方法，通过统计规律从知识图谱中学习到新的实体间的关系。知识推理可用于知识分类、知识校验、知识链接预测与知识补全等，在知识计算中具有重要作用。

7.2.3　知识图谱应用技术

1. 语义集成与知识融合

知识图谱可以由任何机构和个人自由构建，其背后的数据来源广泛、质量参差不齐，导致它们之间存在多样性和异构性。当前互联网大数据也具有很强的分布异构的特点，通过知识图谱可以对这些数据资源进行语义标注和链接，建立以知识为中心的资源语义集成服务。语义集成的目标是将不同知识图谱融合为一种统一的、一致的、简洁的形式，为使用不同知识图谱的应用程序间的交互提供语义互操作性，常用的技术方法包括本体匹配（本体映射）、实例匹配（实体对齐、对象共指消解）及知识融合等。语义集成是知识图谱研究中的一个核心问题，对于链接数据和知识融合至关重要。语义集成与知识融合研究对于提升基于知识图谱的信息服务水平和智能化程度，推动语义网及人工智能、数据库、自然语言处理等相关领域的研究发展具有重要的理论价值、广泛的应用前景，以及巨大的社会效益和经济效益。

2. 语义搜索与个性推荐

知识图谱可以将用户搜索输入的关键词映射为知识图谱中客观世界的概念和实体，搜索结果直接显示满足用户需求的结构化信息内容，而非互联网网页。知识图谱是对客观世界认识的形式化表示，将字符串映射为客观事件的事务。当前，基于关键词的搜索技术在知识图谱知识的支持下，可以上升为基于实体和关系的检索（称为语义搜索）。语义搜索利用知识图谱可以准确地捕捉用户的搜索意图，进而基于知识图谱中的知识解决传统搜索中遇到的关键字语义多样性及语义消歧的难题，通过实体链接实现知识与文档的混合检索。它可以借助知识图谱直接给出满足用户搜索意图的答案，而不是包含关键词的相关网页的链接。语义搜索需要解决自然语言输入带来的表达多样性的问题，同时需要解决语言中实体的歧义性问题。

3. 智能问答与高效对话

智能问答是指让计算机自动回答用户所提出的问题，是信息服务的一种高级形式。不同于现有的搜索引擎，智能问答系统返回给用户的不再是基于关键词匹配的相关文档排序，而是精准的自然语言形式的答案。智能问答被认为是未来信息服务的颠覆性技术之一及机器具备语言理解能力的主要验证手段之一。基于知识的智能问答系统将知识图谱看成一个大规模的知识库，通过理解将用户的问题转换为对知识图谱的查询，直接得到用户所关心的问题的答案。以直接而准确的方式回答用户提问的智能问答系统将构成下一代搜索引擎的基本形态[25]。智能问答系统需要针对用户输入的自然语言进行理解，从知识图谱中或目标数据中给出用户问题的答案，其关键技术和难点包括准确地解析语义、正确地理解用户的真实意图及对返回的答案进行评分评定等。

4. 智能分析与决策支持

知识图谱通过语义链接可以帮助人们理解大数据中所蕴含的潜在信息，实现对大数据的智能分析与洞察，为智能决策支持提供服务。决策支持基于路径分析、关联分析、节点聚类等图算法进行辅助分析，并通过图谱可视化的方式展示知识间的关联。可视化决策支持是指通过提供统一的图形接口，结合可视化、推理、检索等，为用户提供信息获取的入口。例如，可以通过图谱可视化技术对创投图谱中的初创公司的发展情况、投资机构的投资偏好等信息进行解读，通过节点探索、路径发现、关联探寻等可视化分析技术展示公司的全方位信息；也可以对关联参数（如步长、过滤条件等）及可视化的形态（如节点颜色、大小、距离等）进行定制，从而为可视化决策支持赋予不同的业务含义。智能分析与决策支持需要考虑的关键问题包括：通过可视化方式辅助用户快速发现业务模式、提升可视化组件的交互友好程度，以及提高大规模图环境下底层算法的效率等。

7.3　知识图谱可视化

7.3.1　知识图谱表示方法

1. 基于符号的知识图谱表示方法

目前，知识图谱的实际存储方式以传统符号化的表示方法为主，大多数开放域的知识图谱都是基于语义网的表示模型进行了扩展或删改的。语义网是基于符号的知识表示框架的一种，下面主要以语义网的知识表示框架为例简要介绍基于符号的知识图谱表示方法。与基于符号的知识图谱表示方法密切相关的内容主要包括 RDF（Resource Description Framework）、RDFS（RDF Schema）、OWL（Ontology Web Language）等。RDF 是最常用的符号语义表示模型，其基本模型是有向标记图，图中的每条边对应一个三元组，一个三元组对应一个逻辑表达式或关于世界的陈述。RDF 提供了描述客观世界事实的基本框架，但缺少类、属性等 Schema 层的定义手段。RDFS 主要用于定义术语集、类集合和属性集合，包括如下元语：Class、subClassOf、type、Property、subPropertyOf、Domain、Range 等，基于这些简单的表达构件可以构建最基本的类层次体系和属性体系。OWL 又在 RDFS 的基础上扩展了表示类和属性约束的表示能力，这样可以构建更为复杂而完备的本体。这些扩展的本体表达能力包括：复杂类表达（如 intersection、union 和 complement 等）、属性约束（如 existential quantification、universal quantification、hasValue 等）、基数约束（如 maxQualifiedCardinality、minQualifiedCardinality、qualifiedCardinality 等）、属性特征（如 inverseOf、SymmetricProperty、AsymmetricProperty、propertyDisjointWith、ReflexiveProperty、FunctionalProperty 等）。OWL 以描述逻辑为主要理论基础，在领域知识图谱的构建中具有重要的实际应用价值。

2. 基于向量的知识图谱表示学习模型

依据知识图谱嵌入表示模型建模原理的不同，基于向量的知识图谱表示学习模型可分为：翻译模型、组合模型和神经网络模型。翻译模型的灵感来自 Word2vec 中词汇关系的平移不变性，典型的方法包括基于向量的三角形法则和基于范数原理的 TransE 模型，通过超平面转化或线性变换处理多元关系的 TransH、TransR 和 TransD 模型，通过增加一个稀疏度参数向量解决异构多元关系的 TranSparse 模型等。组合模型采用的是向量的线性组合和点积原理，典型特征是将实体建模为列向量，将关系建模为矩阵，然后通过线性组合头实体向量与关系矩阵后再与尾实体进行点积来计算打分函数，典型的方法包括采用普通矩阵的 RESCAL、采用低秩矩阵的 LFM、采用对角矩阵的 DistMult 和采用循环矩阵的 HolE 等。神经网络模型采用神经网络拟合三元组，典型模型包括采用单层线性或双线性网络的 SME，采用单层非线性网络的 SLM、NTN 和 MLP，以及采用多层网络结构的 NAM 等。

3. 符号逻辑与表示学习相结合的模型

该模型是把符号逻辑与表示学习结合起来研究更加鲁棒、易于捕获隐含知识、易与深度学习集成，并适应大规模知识图谱应用的新型表示框架。这需要在符号逻辑的表示能力和模型的复杂性之间保持较好的平衡，一方面要求能处理结构的多样性、捕获表达构件的语义和支持较为复杂的推理；另一方面要求学习模型的复杂性较低。此类新型的表示框架的研究对于知识图谱构建所涉及的抽取、融合、补全、问答和分析等任务都具有重要的基础性探索意义，是当前围绕知识图谱表示研究的一个重要的发展趋势。

7.3.2 知识图谱可视化类型

当前还没有专门面向知识图谱的可视化工具，目前都是通过集成现有的可视化工具来实现图谱信息的展示的，同时需要依据待展现数据的特点及数据量的大小来选取相应的可视化方法。依据展现出来的具体内容的不同，知识图谱可视化分为图谱展示、最短路径发现、多节点关联探寻等类型。

7.3.3 知识图谱可视化流程

知识图谱可视化的流程涉及层析结构设计、节点生成、页面生成、布局优化 4 个部分。层析结构设计，即对展示的数据内容进行层次结构分析，确定上下位关系、数据模型和图模型。节点生成，即对主页面、分类页和详情页，根据其节点特点，设计不同的节点生成算法，获得相应的节点和连线信息。页面生成，即在节点和连线准备好之后，将其转换为图形，最终借助 HTML 页面来展示。布局优化，即利用相关算法来优化节点布局，减少交叉点的数量，尽量保持所生成的知识图谱整体平衡、交叉点少、布局美观等[26]。

7.3.4 知识图谱可视化方法

1. 基于 D3.js 的可视化方法

D3（http://d3js.org/）的全称是 Data-Driven Documents，从字面上理解是数据驱动的文档，其主要用来作为数据可视化的 JavaScript 库，当然，除此之外它还包括其他方面的功能。由于 JavaScript 文件的后缀名为.js，因此 D3 也称为 D3.js。D3 对 Web 标准的强调使用户能够充分利用现代浏览器的全部功能，而无须将自己绑定到一个专有的框架中，从而将强大的可视化组件和数据驱动的 DOM 操作方法结合在一起。D3 提供了各种简单易用的函数，大大简化了 JavaScript 操作数据的难度。尤其是在数据可视化方面，D3 已经将生成可视化的复杂步骤精简为几个简单的函数，只需要输入几个数据，就能够转换出各种绚丽的图形。其支持大型数据集和动态行为的交互与动画，可以帮助用户使用 HTML、SVG 和 CSS 使数据变得栩栩如生。D3 中与知识图谱可视化相关的主要是力导向图，如图 7-2 所示，此类图形由节点和连线组成，节点代表数据集中的实体，连线代表节点之间的关系，当鼠标拖曳一个节点时，其他节点都会受到影响。从物理角度看，这种布局表现为粒子之间的互斥作用，但同时由弹簧连接，互斥力会使粒子相互远离，避免在视觉上重叠，而弹簧可以防止它们离得太远。这正好符合知识图谱中三元组结构数据的可视化展示需求。

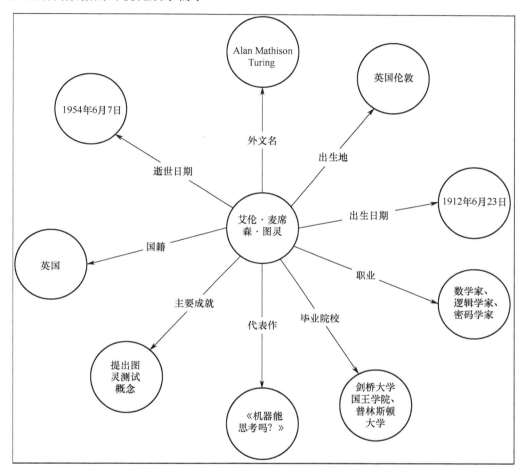

图 7-2　基于 D3.js 的知识图谱可视化示例

2. 基于 ECharts 的可视化方法

ECharts（https://echarts.baidu.com/）是商业级数据图表（Enterprise Charts）的缩写，是百度公司旗下的一款开源可视化图表工具，其最初是为了满足百度公司商业体系中各种业务系统的报表需求。究其本质，ECharts 是一个使用 JavaScript 实现的开源可视化库，底层依赖轻量级的矢量图形库 ZRender，可以流畅地运行在 PC 和移动设备上，兼容当前绝大部分浏览器（IE8/9/10/11、Chrome、Firefox、Safari 等），可提供直观、交互丰富、可高度个性化定制的数据可视化图表。ECharts 自 2013 年 6 月正式发布 1.0 版本以来，功能不断完善，其创新的拖曳重计算、数据视图、值域漫游等特性大大增强了用户体验，赋予了用户对数据进行挖掘、整合的能力。ECharts 中与知识图谱可视化相关的是力导向布局图，典型示例如图 7-3 所示。

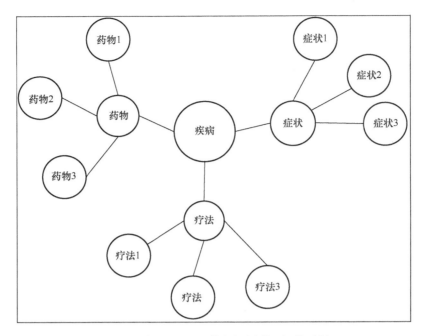

图 7-3　基于 ECharts 的知识图谱可视化示例

3. 基于 GraphViz 的可视化方法

GraphViz（http://www.graphviz.org/）是一款开源图形可视化软件，可将结构信息表示为抽象图形和网络图，在网络、生物信息学、软件工程、数据库和网页设计、机器学习及其他技术领域的可视化接口方面有着重要的应用。在基于 GraphViz 的知识图谱可视化方法中，整个图谱是通过 GraphViz 来构建的，其中节点代表类的实例，边代表实例之间的关系，图的布局可以是层次化结构、射线形结构或圆形结构。例如，对应于文本"In September 2012, the US consulate in Benghazi was attacked by armed men"，典型的可视化示例如图 7-4 所示。

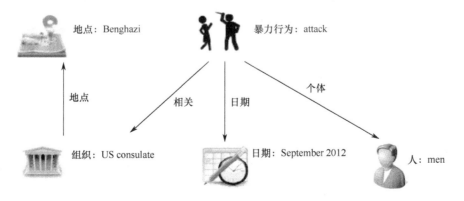

图 7-4　基于 GraphViz 的知识图谱可视化示例

7.4　知识图谱分类

7.4.1　知识图谱分类概述

知识图谱的分类方式很多，从知识图谱所反映的领域方面来说，通常分为通用知识图谱和领域知识图谱两大类，其区别主要体现在覆盖范围与使用方式上。领域知识图谱是相对于通用知识图谱而言的，它面向特定领域，如电商、金融、医疗等。相较而言，领域知识图谱的知识来源更多、规模化扩展要求更迅速、知识结构更加复杂、知识质量要求更高、知识的应用形式更加广泛[12]。

7.4.2　通用知识图谱

1. 基本概念

通用知识图谱可以形象地看成一个面向通用领域的结构化的百科知识库，其中包含了大量现实世界中的常识性知识，覆盖面极广。由于现实世界的知识丰富多样且极其庞杂，通用知识图谱主要强调知识的广度，这类知识图谱通常是基于各类百科数据采用自底向上的方法构建的，一般主要以搜索和问答为主要应用形式。通用知识图谱典型的代表：学术界的如 DBpedia、YAGO、Freebase、Wikidata 等，工业界的如 Google Knowledge Graph、Microsoft Concept Graph、百度的"知心"、搜狗的"知立方"等。

2. 构建方法

通用知识图谱的构建以互联网开放数据（如维基百科或社区众包）为主要来源，以三元组事实型知识为主，较多地采用面向开放域的 Web 抽取，对知识抽取质量有一定的容忍度。具体构建过程通常采用自底向上的方法，主要依赖开放链接数据集和百科数据。开放数据链接和百科中拥有丰富的实体和概念信息，且开放链接和百科中的数据通常以一定的结构组织生成，因此，从这类数据源中抽取概念和实体较为容易。另外，百科的分类体系都经过了百科管理人员或高级编辑人员的校验，其分类系统中的数据可靠性非常高，因此可从百科中抽取概念和实体，通常将标题作为实体的候选，而将百科中的分类系统直接作为概念的候选。通用知识图谱构建涉及的具体任务主要是从开放链接数据集和百科数据这些相对结构化的知识中进行自动学习，包括概念的学习、实体的学习、上下位关系的学习、数据模式的学习等。

对于概念的学习，关键[27]针对单纯使用统计学方法无法抽取多词短语概念及低频概念的不足，提出了一种基于语言学和基于统计学的多策略概念抽取方法，提升了概念抽取的效果。实体学习最终要实现实体对齐，实体对齐的目标是将从不同百科中学习到的描述同一目标的实体或概念进行合并，再将合并后的实体集与开放链接数据中抽取的实体合并。黄峻福[28]提出了一种基于实体属性信息及上下文主题特征进行实体对齐的方法；万静等[29]提出了一种独立于模式的基于属性语义特征的实体对齐方法。对于上下位关系，开放链接数据集中拥有明确的描述机制，针对不同的数据集编写相应的规则并直接解析即可获取。百科中描述了两种上下位关系：一种是类别之间的上下位关系，对应概念的层次关系；另一种是类别与文章之间的上下位关系，对应实体与概念之间的从属关系。Wang 等[30]引入了弱监督学习框架来提取来自用户生成的类别关系，并提出了一种基于模式的关系选择方法，以解决学习过程中的"语义漂移"问题。数据模式的学习又称为概念的属性学习，一个属性的定义包含 3 个部分，即属性名、属性的定义域和属性的值。一旦概念的属性被定义了，那么属于该属性的实体就默认具备此属性，填充属性的值即可。概念属性的变更会直接影响它的实体及其子概念，以及这些概念下的实体，因此概念的属性定义十分重要。通常大部分知识库中的概念属性都是采用人工定义等方式生成的，通用知识图谱则可以从开放数据集中获取概念的属性，然后从在线百科中学习实体的属性，并对实体属性进行往上规约，从而生成概念的属性。在进行属性往上规约的过程中，需要通过一定的机制保证概念属性的准确性。对于那些无法自动保证准确性的属性，需要进行人工校验。例如，Su 等[31]提出了一种新的半监督方法，该方法可以自动从维基百科页面提取属性。

7.4.3 领域知识图谱

1. 基本概念

领域知识图谱又称为行业知识图谱或垂直知识图谱，通常面向某一特定领域，可看成一个基于语义技术的行业知识库。领域知识图谱基于行业数据构建，通常有着严格而丰富的数据模式，对该领域知识的深度和准确性有更高的要求。领域知识图谱面向不同的领域，其数据模式不同，应用需求也各不相同，因此其构建没有一套通用的标准和规范来指导，而需要基于特定行业通过工程师与业务专家的不断交互和定制来实现。领域知识图谱的典型代表，如企业领域的知识图谱"天眼查"（https://www.tianyancha.com/）、地理信息行业的知识图谱"GeoNames"（http://www.geonames.org/）等。

2. 构建方法

领域知识图谱的构建以领域或企业内部的数据为主要来源，知识结构更加复杂，通常包含较为复杂的本体工程和规则型知识，知识抽取的质量要求更高，较多地依靠对企业内部的结构化、非结构化数据进行联合抽取，并依靠人工审核校验以保障质量，应用形式更加全面，除搜索问答之外，通常还包括决策分析、业务管理等。具体构建过程中通常采用自顶向下的方法进行，针对特定的行业，由该行业专家定义数据模式，进行知识建模。国内外现有可借助的建模工具以 Protégé、PlantData 为典型代表。

然后需要根据数据源的不同进行知识获取与知识融合。知识获取的方法主要有面向结构化数据（ETL 及 D2R 法）、半结构化数据（包装器法）及非结构化数据（自然语言处理法）的知识抽取方法。知识融合的任务包括模式层的融合和数据层的融合。工业界在进行知识融合时，通常在知识获取环节就对数据进行控制，以减少融合过程中的难度及保证数据的质量。在这些方面，工业界做了不同角度的尝试，如 DBpedia Mapping 采用属性映射的方式进行知识融合，zhishi.me 采用离线融合的方式识别实体间的 same as

关系[32]，并通过双语主题模型针对中英文下的知识体系进行跨语言融合[33]。在领域知识图谱的构建实践中，杨玉基等对领域知识图谱的构建方法进行了较为系统的研究，提出了一种准确且高效的四步法领域知识图谱构建方法，包括领域本体构建、众包半自动语义标注、外源数据补全及信息抽取四步。其中，本体构建是指构建知识图谱的本体结构（可以理解为知识图谱的框架）；众包半自动语义标注是指将文本页面众包给多个标注者，基于构建好的本体，利用语义标注工具得到高质量的标注数据；外源数据补全是指将其他来源的结构化程度较好的数据按照本体结构处理后，与标注数据整合到一起；信息抽取是指针对知识图谱中较为稀疏的实体或关系，从文本中进行大规模的抽取和补充。此法能够同时较充分地利用领域内高质量的专业资料和海量的互联网数据，从而可高效地构建准确率较高的实际可用的领域知识图谱[34]。

7.5　知识图谱工具

7.5.1　知识建模工具

Protégé（https://protege.stanford.edu/）是一个免费的、开源的本体编辑器和构建智能系统的框架，是由斯坦福大学医学院生物信息研究中心基于 Java 语言开发的本体编辑和知识获取软件，或者说是本体开发工具。它也是基于知识的编辑器，属于开放源代码的软件。这个软件主要用于语义网中本体的构建，是语义网中本体构建的核心开发工具。Protégé 提供了本体概念类、关系、属性和实例的构建能力，并且屏蔽了具体的本体描述语言，用户只需要在概念层次上进行领域本体模型的构建即可。Protégé 基于RDF(S)、OWL 等语义网规范，以领域或企业内部的数据为主要来源，提供了很友好的桌面版图形化界面，适用于原型构建场景，同时提供了在线版本的 WebProtégé，方便在线进行知识图谱语义本体的自动构建。用户使用 Protégé 时，不需要掌握具体的本体表示语言。Protégé 是用户比较容易学习、使用的本体开发工具。由于其优秀的设计和众多的插件，Protégé 已经成为目前最广泛使用的本体编辑器之一，是国内外众多本体研究机构的首选工具。

7.5.2　知识获取工具

知识获取的工具主要有以下三大类。第一类是 D2R 工具，它主要针对结构化数据的知识获取。D2R 工具可将关系型数据映射为 RDF 数据。第二类是包装器工具，它主要针对半结构化数据尤其是网页数据的知识获取。使用面向站点的包装器可以解析特定网页、标记语言文本并提取相应的知识信息。由于包装器通常需要根据目标数据源编写特定的程序，因此学者的研究主要集中在包装器的自动生成方面，所以包装器工具的使用需要根据具体情况具体对待，在实际应用中通常需要针对不同结构的数据配置相应的包装器以完成数据的解析。第三类是信息抽取工具，它主要针对非结构化的文本中的知识提取，按照抽取范围的不同可分为 OpenIE 和 CloseIE 两种。OpenIE 面向开放领域抽取信息，是一种基于语言学模式的抽取，无法获得待抽取知识的关系类型，通常抽取规模大、精度较低，典型工具有 ReVerb、TextRunner 等。CloseIE 面向特定领域抽取信息，因其基于领域专业知识进行抽取，所以可以预先定义好抽取的关系类型，且通常规模小、精度较高，典型工具如 DeepDive（http://deepdive.stanford.edu/）。其基于联合推理的算法使用户只需要关心特征本身，并允许用户使用简单的规则来影响提取过程以提升结果的质量。

7.5.3　实体识别链接工具

DBpedia Spotlight（https://www.dbpedia-spotlight.org/）命名实体识别系统的基本工作原理包括命名性指称识别、候选集生成、候选集消歧和候选集过滤 4 个步骤。它是目前使用最广泛的开源命名实体识别系统之一，可以识别文本中的命名性指称，并与 DBpedia 知识库中的对应实体关联，从而丰富文本的信息。与 DBpedia Spotlight 类似的命名实体识别系统还有 TagMe、AIDA、Wikipedia Miner 等，这些系统极大地方便了命名实体识别与链接工作，但存在以下几个问题：①命名实体识别系统普遍使用维基百科知识库中的人工标注结果作为支持数据，因此维基百科中没有出现过的标注也不可能出现在系统的标注结果中；②实体上下文是候选集消歧最重要的特征，所有命名实体识别系统仅仅选择去除其中的停用词，而忽略了一些"类停用词"带来的噪声；③主题一致性同样是一个重要的用于候选集消歧的特征，而一部分命名实体识别系统受限于本身的核心消歧算法，缺少高效的手段来与主题一致性相融合；④大部分命名实体识别系统都是针对百科类的知识库工作的，目前基本不支持对中文的处理。

7.5.4　知识存储工具

Neo4j（https://neo4j.com/）是一个高性能的 NoSQL 原生图形数据库，它将结构化数据存储在网络上而不是表中。Neo4j 也可以看作一个高性能的图引擎，该引擎具有成熟数据库的所有特性。Neo4j 因嵌入式、高性能、轻量级、开源等优势越来越受关注，经过几年的发展，已经可以用于生产环境，主要有两种运行方式：一种是服务的方式，对外提供 REST 接口；另一种是嵌入式模式，数据以文件的形式存放在本地，可以直接对本地文件进行操作。Neo4j 是目前最流行的图形数据库，支持完整的事务。在属性图中，图是由顶点（Vertex）、边（Edge）和属性（Property）组成的，顶点和边都可以设置属性，顶点也称为节点，边也称为关系，每个节点和关系都可以有一个或多个属性。Neo4j 创建的图是用顶点和边构建的有向图，其查询语言 Cypher 已经成为事实上的标准。Neo4j 的图形数据库平台经过专门优化，可以映射、分析、存储和遍历连接数据的网络，以显示不可见的上下文和隐藏的关系。通过直观地映射数据点及其之间的连接，Neo4j 为智能、实时的应用程序提供了动力，这些应用程序能够应对当今最严峻的企业挑战。

7.5.5　本体知识推理工具

RDFox（https://www.cs.ox.ac.uk/isg/tools/RDFox/）是一个基于描述逻辑的推理工

具，主要针对 TBox 即概念层进行推理，也可用来对实体级的关系进行补全。它是一个用 C++编写的跨平台软件，附带了一个 Java 包装器，允许与任何基于 Java 的解决方案轻松集成，可以在 Mac、Windows 和 Linux 上使用，支持高度可扩展的内存 RDF 三元组存储，支持共享内存并行数据推理。RDFox 的特点：支持共享内存并行 OWL 2 RL 推理；三元组数据可以导出为 Turtle 文件，规则文件可以导出为 RDF 数据记录文件，全部数据内容可以导出为二进制文件；可完全恢复数据存储状态；支持 Java、Python 多语言 APIs 访问，并且支持一种简单的脚本语言与系统的命令行交互。由于 RDFox 完全基于内存，因此它对硬件的要求较高。

Drools（https://www.drools.org/）是一种基于规则的推理工具，其核心算法是基于 RETE 算法改进而来的。Drools 提供了规则定义语言且支持嵌入 Java 代码。它也是一个业务规则管理系统，具有基于前链和后链推理的规则引擎，允许快速可靠地评估业务规则和处理复杂事件。

7.5.6　知识图谱可视化工具

Gruff（https://allegrograph.com/products/gruff/）是一款用于查询和浏览知识图谱的功能强大的可视化工具，允许用户友好地进行三元组导航。同时，Gruff 也是 AllegroGraph 的一个接口，允许用户创建新的三元组、上传三元组及进行查询或在屏幕上可视化地展现。Gruff 有两个版本：一个是独立版本，它包含 AllegroGraph 的基本版本，如果不能直接访问服务器且数据量只有几百万的规模，则可采用此版本；另一个是服务器版本，它支持上亿级的数据处理。Gruff 的图查询编辑器可以与 SPARQL 很好地结合，可在查询视图中直接构造 SPARQL 检索式，也支持用图形化的方式构造检索式。使用 Gruff，可以轻松地在表视图和大纲视图间进行切换、自动发现高亮的节点并将其转换成 SPARQL 查询、高效地找到两个节点的最短路径等。

7.5.7　知识图谱数据智能平台

PlantData（http://www.plantai.io/）是一款知识图谱数据智能平台软件，它以知识图谱技术为核心，致力于整合多源异构的数据，可为行业客户提供知识图谱解决方案，包括互联网文本采集、抽取与分析，多源异构数据整合、加工与挖掘，大数据存储及行业知识图谱套件等数据底层构建和分析服务，同时提供口碑分析、市场营销及行为决策等上层应用。PlantData 消费数据的过程分为数据整理、数据链接、生成数据智慧 3 步骤，其产品组件支持数据语义、网络关系、模型计算、智能问答 4 项功能，能够根据用户的数据和业务快速生成应用。同时，该软件提供了本体概念类、关系、属性和实例的定义与编辑功能，屏蔽了具体的本体描述语言，使用户只需要在概念层次上进行领域本体模型的构建即可，从而使建模更加便捷 PlantData 也提供已完成链接的数据资源，如包括 3600 万余条国内企业工商数据的金融图谱、含有约 1500 万条国内专利数据的专利图谱等，可有力推动知识图谱在产业界的落地发展。

7.6 实验：知识图谱实践

7.6.1 实验目的

（1）了解如何利用知识图谱呈现概念层级知识。
（2）了解如何利用电商网站中的商品分类目录建立知识图谱。
（3）了解知识图谱的入库和查看方式。

7.6.2 实验要求

（1）掌握如何用 Python 程序爬取电商网站中的商品分类目录并构建商品目录树。
（2）掌握如何获取目录树对应的底层商品的概念信息并组织形成商品的知识图谱。
（3）掌握数据入库方式及如何用 Neo4j Desktop 查看数据。

7.6.3 实验原理

下面以京东电商为实验数据来源，采集京东商品目录树，获取其对应的底层商品概念信息，并组织形成商品的知识图谱。

目前，该图谱包括两类关系，即概念之间的上下位关系（用 is a 表示）及商品品牌与商品之间的销售关系（用 sale 表示），涉及商品概念数目达 1300 多个，商品品牌数目达 10 万多个，属性数目达几千种，关系数目规模达 65 万。

7.6.4 实验步骤

1. 下载代码

下载代码（https://github.com/Airobin329/ProductKnowledgeGraph.git），并解压。

```
--|ProductKnowledgeGraph     # 项目文件夹
--|--|data                   # 存放爬取数据的文件夹
--|--|--brands.txt           # 品牌数据文件
--|--|--goods.txt            # 商品数据文件
--|--|--goods_info.json      # 商品信息文件
--|--|image                  # 图片
--|--|build_kg.py            # 数据入库程序
--|--|collect_info.py        # 爬虫程序
--|--|README.md              # 仓库说明
```

2. 安装依赖环境

（1）安装 Python 3（https://www.python.org/downloads/），下载对应操作系统的安装包。
（2）安装依赖库。

```
$ pip install -i https://pypi.douban.com/simple lxml pymongo py2neo chardet
```

lxml 用于解析 html 文件

pymongo 用于连接 mongodb

py2neo 用于连接 neo4j

chardet 用于识别 html 文件编码

（3）安装 MongoDB 并启动服务（https://www.runoob.com/mongodb/mongodb-window-install.html）。

（4）安装 Neo4j 并启动服务（https://www.cnblogs.com/ljhdo/p/5521577.html）。

3. 爬取数据

运行如下的爬虫程序。

```
`$ python collect_info.py`

import urllib.request
from lxml import etree
import gzip
import chardet
import json
import pymongo
import ssl
ssl._create_default_https_context = ssl._create_unverified_context

# 创建数据库类
class GoodSchema:
    def __init__(self):
        # 初始化 MongoDB 连接
        self.conn = pymongo.MongoClient()
        return

    '''获取搜索页'''
    def get_html(self, url):
        headers = { " User-Agent " :  " Mozilla/5.0 (Macintosh; Intel Mac OS X 10_10_3) AppleWebKit/600.5.17 (KHTML, like Gecko) Version/8.0.5 Safari/600.5.17 " }
        try:
            req = urllib.request.Request(url, headers=headers)
            data = urllib.request.urlopen(req).read()
            coding = chardet.detect(data)
            html = data.decode(coding['encoding'])
        except:
            req = urllib.request.Request(url, headers=headers)
```

```
            data = urllib.request.urlopen(req).read()
            html = data.decode('gbk')
        return html


    '''获取详情页'''
    def get_detail_html(self, url):
        headers = {
            " accept " :   " text/html,application/xhtml+xml,application/xml;q=0.9,image/webp,image/
apng,*/*;q=0.8 " ,
            " accept-encoding " :  " gzip, deflate, br " ,
            " accept-language " :  " en-US,en;q=0.9 " ,
            " cache-control " :  " max-age=0 " ,
            " referer " :   " https://www.jd.com/allSort.aspx " ,
            " upgrade-insecure-requests " : 1,
            " user-agent " :   " Mozilla/5.0 (X11; Linux x86_64) AppleWebKit/537.36 (KHTML, like
Gecko) Ubuntu Chromium/66.0.3359.181 Chrome/66.0.3359.181 Safari/537.36 "
        }
        try:
            req = urllib.request.Request(url, headers=headers)
            data = urllib.request.urlopen(req).read()
            html = gzip.decompress(data)
            coding = chardet.detect(html)
            html = html.decode(coding['encoding'])
        except Exception as e:
            req = urllib.request.Request(url, headers=headers)
            data = urllib.request.urlopen(req).read()
            html = gzip.decompress(data)
            html = html.decode('gbk')
        return html



    '''根据主页获取数据'''
    def home_list(self):
        url = 'https://www.jd.com/allSort.aspx'
        html = self.get_html(url)
        selector = etree.HTML(html)
        divs = selector.xpath('//div[@class=  " category-item m " ]')
        for indx, div in enumerate(divs):
            first_name = div.xpath('./div[@class= " mt " ]/h2/span/text()')[0]
            second_classes = div.xpath('./div[@class= " mc " ]/div[@class= " items " ]/dl')
```

```python
        for dl in second_classes:
            second_name = dl.xpath('./dt/a/text()')[0]
            third_classes = ['https:' + i for i in dl.xpath('./dd/a/@href')]
            third_names = dl.xpath('./dd/a/text()')
            for third_name, url in zip(third_names, third_classes):
                try:
                    attr_dict = self.parser_goods(url)
                    attr_brand = self.collect_brands(url)
                    attr_dict.update(attr_brand)
                    data = {}
                    data['fisrt_class'] = first_name
                    data['second_class'] = second_name
                    data['third_class'] = third_name
                    data['attrs'] = attr_dict
                    self.conn['goodskg']['data'].insert(data)
                    print(indx, len(divs), first_name, second_name, third_name)
                except Exception as e:
                    print(e)
    return

'''解析商品数据'''
def parser_goods(self, url):
    html = self.get_detail_html(url)
    selector = etree.HTML(html)
    title = selector.xpath('//title/text()')
    attr_dict = {}
    other_attrs = ''.join([i for i in html.split('\n') if 'other_exts' in i])
    other_attr = other_attrs.split('other_exts =[')[-1].split('];')[0]
    if other_attr and 'var other_exts ={};' not in other_attr:
        for attr in other_attr.split('},'):
            if '}' not in attr:
                attr = attr + '}'
            data = json.loads(attr)
            key = data['name']
            value = data['value_name']
            attr_dict[key] = value
    attr_divs = selector.xpath('//div[@class= " sl-wrap " ]')
    for div in attr_divs:
        attr_name = div.xpath('./div[@class= " sl-key " ]/span/text()')[0].replace('：', '')
```

```
                          attr_value  =   ';'.join([i.replace('        ',")   for   i   in   div.xpath('./div[@class= "  sl-
value " ]/div/ul/li/a/text()')])
                          attr_dict[attr_name] = attr_value

            return attr_dict

        '''解析品牌数据'''
        def collect_brands(self, url):
            attr_dict = {}
            brand_url = url + '&sort=sort_rank_asc&trans=1&md=1&my=list_brand'
            html = self.get_html(brand_url)
            if 'html' in html:
                return attr_dict
            data = json.loads(html)
            brands = []

            if 'brands' in data and data['brands'] is not None:
                brands = [i['name'] for i in data['brands']]
            attr_dict['品牌'] = ';'.join(brands)

            return attr_dict


if __name__ == '__main__':
    handler = GoodSchema()
    handler.home_list()
```

4. 数据入库

运行如下的入库程序。

```
`$ python build_kg.py`
```

代码解释：

```
import json
import os
from py2neo import Graph, Node, Relationship


class GoodsKg:
    def __init__(self):
```

```
        cur = '/'.join(os.path.abspath(__file__).split('/')[:-1])
        self.data_path = os.path.join(cur, 'data/goods_info.json')
        self.g = Graph(
            host= " 127.0.0.1 " ,   # Neo4j 搭载服务器的 IP 地址，ifconfig 可获取到
            http_port=7474,   # Neo4j 服务器监听的端口号
            user= " neo4j " ,   # 数据库用户名，如果没有更改过，应该是 Neo4j
            password= " lilon7179 " )
        return


    '''读取数据'''
    def read_data(self):
        rels_goods = []
        rels_brand = []
        goods_attrdict = {}
        concept_goods = set()
        concept_brand = set()
        count = 0
        for line in open(self.data_path):
            count += 1
            print(count)
            line = line.strip()
            data = json.loads(line)
            first_class = data['fisrt_class'].replace( " ' " ,'')
            second_class = data['second_class'].replace( " ' " ,'')
            third_class = data['third_class'].replace( " ' " ,'')
            attr = data['attrs']
            concept_goods.add(first_class)
            concept_goods.add(second_class)
            concept_goods.add(third_class)
            rels_goods.append('@'.join([second_class, 'is_a', '属于', first_class]))
            rels_goods.append('@'.join([third_class, 'is_a', '属于', second_class]))

            if attr and '品牌' in attr:
                brands = attr['品牌'].split(';')
                for brand in brands:
                    brand = brand.replace( " ' " ,'')
                    concept_brand.add(brand)
                    rels_brand.append('@'.join([brand, 'sales', '销售', third_class]))
```

```
            goods_attrdict[third_class] = {name:value for name,value in attr.items() if name != '品牌'}

        return concept_brand, concept_goods, rels_goods, rels_brand

    '''构建图谱'''
    def create_graph(self):
        concept_brand, concept_goods, rels_goods, rels_brand = self.read_data()
        print('creating nodes....')
        self.create_node('Product', concept_goods)
        self.create_node('Brand', concept_brand)
        print('creating edges....')
        self.create_edges(rels_goods, 'Product', 'Product')
        self.create_edges(rels_brand, 'Brand', 'Product')
        return


    '''批量建立节点'''
    def create_node(self, label, nodes):
        pairs = []
        bulk_size = 1000
        batch = 0
        bulk = 0
        batch_all = len(nodes)//bulk_size
        print(batch_all)
        for node_name in nodes:
            sql = " " " CREATE(:%s {name:'%s'}) " " "  % (label, node_name)
            pairs.append(sql)
            bulk += 1
            if bulk % bulk_size == 0 or bulk == batch_all+1:
                sqls = '\n'.join(pairs)
                self.g.run(sqls)
                batch += 1
                print(batch*bulk_size,'/', len(nodes), 'finished')
                pairs = []
        return


    '''构造图谱关系边'''
    def create_edges(self, rels, start_type, end_type):
        batch = 0
        count = 0
```

```
        for rel in set(rels):
            count += 1
            rel = rel.split('@')
            start_name = rel[0]
            end_name = rel[3]
            rel_type = rel[1]
            rel_name = rel[2]
            sql = 'match (m:%s), (n:%s) where m.name = " %s "  and n.name =  " %s "  create
(m)-[:%s{name: " %s " }]->(n)' %(start_type, end_type, start_name, end_name,rel_type,rel_name)
            try:
                self.g.run(sql)
            except Exception as e:
                print(e)
            if count%10 == 0:
                print(count)
        return

if __name__ =='__main__':
    handler = GoodsKg()
    handler.create_graph()
```

5. 查看数据

使用 Neo4j Desktop 查看数据。

7.6.5　实验结果

由于数据量巨大，在此只截取部分结果，如图 7-5 所示。

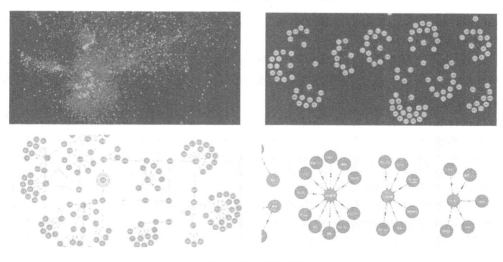

图 7-5　部分实验结果

习题

1. 简述知识图谱的概念及其组成元素。
2. 简述知识图谱的产生历程。
3. 试分析知识图谱的生命周期包含哪些环节。
4. 试分析知识图谱关键技术有哪些。
5. 试分析知识图谱的常见表示方法有哪些。
6. 简述常用的知识图谱可视化方法有哪些。
7. 结合自己的认识，讨论通用知识图谱和领域知识图谱的异同。
8. 结合知识图谱的最新发展，列举知识图谱的相关工具。

参考文献

[1] 陆晓华，张宇，钱进. 基于图数据库的电影知识图谱应用研究[J]. 现代计算机，2016(7)：76-83.

[2] 黄恒琪，于娟，廖晓，等. 知识图谱研究综述[J]. 计算机系统应用，2019，28(6)：1-12.

[3] 赵鑫. 刍议搜索引擎中知识图谱技术[J]. 辽宁行政学院学报，2014，16(10)：150-151.

[4] 徐增林，盛泳潘，贺丽荣，等. 知识图谱技术综述[J]. 电子科技大学学报，2016，45(4)：589-606.

[5] 杨峰. 知识域可视化研究[J]. 情报杂志，2007，26(6)：82-84.

[6] 杨萌，张云中. 知识地图、科学知识图谱和谷歌知识图谱的分歧和交互[J]. 情报理论与实践，2017(5)：125-130.

[7] 王昊奋，漆桂林，陈华钧. 知识图谱：方法、实践与应用[M]. 北京：电子工业出版社，2019.

[8] 漆桂林，高桓，吴天星. 知识图谱研究进展[J]. 情报工程，2017，3(1)：4-25.

[9] 佚名. 浅谈人工智能时代背景下自然语言处理技术的发展应用[J]. 办公自动化，2019(10)：63-64.

[10] 高峰. 基于形式概念分析和本体的移动搜索引擎研究[D]. 北京：中央民族大学，2010.

[11] 金燕，江闪闪. 基于四原则的关联数据发布方法研究[J]. 图书馆理论与实践，2013(5)：77-80.

[12] 中国计算机学会. CCF 2017—2018 中国计算机科学技术发展报告[M]. 北京：机械工业出版社，2018.

[13] 周京艳，刘如，李佳娱，等. 情报事理图谱的概念界定与价值分析[J]. 情报杂志，2018，37(05): 35-40，46.

[14] 中国中文信息学会. 知识图谱发展报告(2018)[EB/OL]. [2019-02-15]. cips-upload. bj. bcebos. com/KGDevReport 2018.pdf.

[15] GUARINO N. Formal ontology, conceptual analysis and knowledge representation[J]. International journal of human-computer studies, 1995, 43(5-6): 625-640.

[16]　RAISIG S, WELKE T, HAGENDORF H, et al. Insights into knowledge representation: The influence of amodal and perceptual variables on event knowledge retrieval from memory[J]. Cognitive science, 2009, 33(7): 1252-1266.

[17]　SAHOO S, HALB W, HELLMANN S, et al. A survey of current approaches for mapping of relational databases to RDF[R]. W3C RDB2RDF Incubator Group Report, 2009.

[18]　DONG X L, GABRILOVICH E, HEITZ G, et al. From data fusion to knowledge fusion[J]. Proceedings of the VLDB Endowment, 2014, 7(10): 881-892.

[19]　BRYL V, BIZER C, ISELE R, et al. Interlinking and knowledge fusion[J]. Linked Open Data——Creating Knowledge Out of Interlinked Data, 2014, 8: 70-89.

[20]　ÖZSU M T. A survey of RDF data management systems[J]. Frontiers of Computer Science, 2016, 10(3): 418-432.

[21]　HARRIS S, GIBBINS N. 3store: efficient bulk RDF storage[C]. International Workshop on Practical and Scalable Semantic Systems, 2003.

[22]　WILKINSON K. Jena property table implementation[EB/OL]. http://www.hpl.hp.com/ techre ports/2006/HPL-2006-140.pdf.

[23]　BOBROV N, CHERNISHEV G, NOVIKOV B. Workload-independent data-driven vertical partitioning[J]. Advances in Databases and Information Systems, 2017(9): 275-284.

[24]　WANG S, WAN J, LI D, et al. Knowledge Reasoning with Semantic Data for Real-Time Data Processing in Smart Factory. Sensors, 2018, 18(2): 471.

[25]　ETZIONI O. Search needs a shake-up[J]. Nature, 2011, 476(7358): 25-26.

[26]　秦锦玉，翟洁，陈程，等. 基于知识图谱的可视化技术研究[J]. 电子设计工程，2018, 388(14)：7-11.

[27]　关键. 面向中文文本本体学习概念抽取的研究[D]. 长春：吉林大学，2010.

[28]　黄峻福. 中文 RDF 知识库构建问题研究与应用[D]. 成都：西南交通大学，2016.

[29]　万静，李琳，严欢春，等. 基于 VS-Adaboost 的实体对齐方法[J]. 北京化工大学学报（自然科学版），2018，45(1)：72-77.

[30]　WANG C, FAN Y, HE X, et al. Predicting hypernym–hyponym relations for Chinese taxonomy learning[J]. Knowledge and Information Systems, 2018: 1-26.

[31]　SU F, RONG C, HUANG Q, et al. Attribute extracting from Wikipedia pages in domain automatically. Information Technology and Intelligent Transportation Systems, 2017(11): 433-440.

[32]　WU T, QI G, WANG H. Zhishi.schema Explorer: A Plaform for Exploring Chinese Linked Open Schema[J]. Semantic Web and Web Science, 2014: 174-181.

[33]　WU T, QI G, WANG H, et al. Cross-Lingual Taxonomy Alignment with Bilingual Biterm Topic Model[C]. AAAI, 2016.

[34]　杨玉基，许斌，胡家威，等. 一种准确而高效的领域知识图谱构建方法[J]. 软件学报，2018，29(10)：2931-2947.

第8章 知识推理

知识推理作为知识表示后续的一个重要落点，是知识处理的重要组成部分。本书将从知识推理的概念讲起，通过第 8 章和第 9 章的内容来介绍知识推理的相关内容。本章内容主要涉及传统的确定性知识推理，这是所有知识推理的根基和起源，其中的自然演绎推理更是在几十年的时间里占据知识推理领域最重要的位置。

8.1 推理简述

8.1.1 推理的概念

人们在对各种事物进行分析、汇集并做出最后决策时，通常是从已知的知识出发，通过一系列思考找出蕴含的事实，或者归纳出新的事实，这一过程通常称为推理。也可以说，推理是按照某种思维方法，遵循某种策略，由已知判断推出另一判断的过程。这其中包含着一些重要的概念和过程。首先，推理一般包括两种判断：一种是已知的判断，它包括已掌握的与求解问题有关的知识及关于问题的已知的事实，即推理的前提；另一种是由已知判断推出的新判断，即推理的结论。在人工智能系统中，中间的推理过程是由程序实现的，称为推理机，如图 8-1 所示。

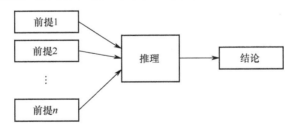

图 8-1　推理过程

下面给出几个简单的推理示例，其中最常用的三段论，它是由两个前提（大前提、小前提）和一个结论组成的。

例如：

大前提：体育系的学生至少会一项体育运动。

小前提：张三是体育系的一名学生。

结论：张三至少会一项体育运动。

又如，在推理规则中，存在以下传递：已知 A 的父亲是 B，B 的母亲是 C，那么可以推出新知识——C 是 A 的祖母。

再如，在案例推理中，利用案例库中已有的案例对新的案例进行推理。案例库中的案例（包括问题描述部分和方案部分）是已知的知识，通常采用特征-值对的形式表达，针对新案例推理得到的方案部分则是推出的新知识[1]。表 8-1 所示为两个已知的案例，问题描述部分包含"Symptom""Car""Year"等特征，最后两行为诊断和行为方案。每个案例都描述一种情况，所有案例之间都是独立的。当一个新案例出现时，将它的问题描述与已知案例的问题描述部分进行比较，选一个最接近的案例（假如是案例 2），则案例 2 的方案就是推理出来的新案例的方案。

表 8-1 具体案例示例

步骤	特征	案例 1	案例 2
问题描述	Symptom	Front light doesn't work	Front light doesn't work
	Car	VM Golf II，1.6L	Audi A6
	Year	1993	1995
	Battery voltage	13.6V	12.9V
	State of lights	OK	Surface damaged
	State of light switch	OK	OK
方案	Diagnosis	Front light fuse defect	Bulb defect
	Repair	Replace front light fuse	Replace front light

并不是任意几个判断凑在一起都能组成推理。已知的判断（前提）与要推出的新判断（结论）之间必须有一定的关系，这种关系就是前提与结论之间的逻辑联系[2]。这种逻辑联系多种多样，决定着推理的质量和效率。其中，有两个方面比较重要：一是可以采用各种不同的求解问题的方法，即推理方式，如匹配方法、不确定的遗传算法等；二是各种推理方式需要采用不同的求解问题的策略，即推理的控制策略，如推理方向、限制策略等，这两方面将在后面进行介绍。

在此基础上，推理拥有很多能力，包括有意识地理解事物的能力、建立和验证事实的能力、运用逻辑的能力及基于新的或存在的知识改变或验证现有体系的能力。目前也衍生出了多种多样的与知识推理相关的方法、系统等，这些在本章及第 9 章将依次进行介绍。

8.1.2 推理方式及分类

由推理的概念知道，推理方式从前提推出结论时，采用的是求解问题的方法，其按不同的依据可以有不同的分类。推理方式的具体分类如图 8-2 所示。

1. 必然性推理、或然性推理

根据前提与结论的联系性质，推理可分为必然性推理与或然性推理。前提与结论有必然性联系，即前提蕴含结论，则这种推理称为必然性推理，也称为演绎推理。前提与结论无必然性联系，即前提与结论无蕴含关系，则这种推理称为或然性推理[2]。

2. 演绎推理、归纳推理、缺省推理

按照新判断推出的途径划分，或按照思维进程的方向性划分，推理可分为演绎推理、归纳推理和缺省推理。

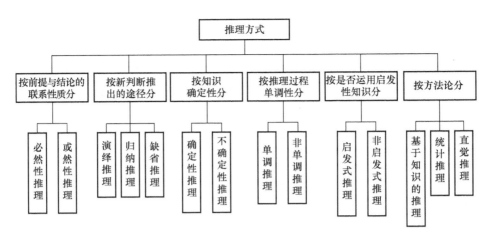

图 8-2　推理方式的具体分类

简单来说，由一般到特殊的推理过程称为演绎推理，它也是必然性推理。由特殊到一般的推理称为归纳推理，由特殊到特殊的推理称为类比推理，类比推理有时也可认为是归纳推理的一种，它们都是或然性推理（完全归纳推理除外）。在知识不完备的情况下，假设某些条件已具备所进行的推理，这种推理称为缺省推理。

下面对这 3 种推理分别加以介绍。

演绎推理是从全称判断推导出特称判断或单称判断的过程，即由一般性知识推出适合某一具体情况的结论。这是一种从一般到特殊的推理，它不能产生新知识。最常用的演绎推理是三段论，其在 8.1.1 节的第一个推理示例中已有介绍。对这个例子进行分析就可以发现，结论"张三至少会一项体育运动"事实上是蕴含于"体育系的学生至少会一项体育运动"这一大前提之中的，它没有超出大前提所断定的范围。这个现象并不是仅这个例子才有的，而是演绎推理的一个典型特征，即在任何情况下，由演绎推理导出的结论都是蕴含在大前提的一般性知识之中的。由此可知，只要大前提和小前提是正确的，则由它们推出的结论也必然是正确的。演绎推理是人工智能中的一种重要推理方式，直到目前研制成功的各类智能系统大多是用演绎推理实现的。

归纳推理是从足够多的事例中归纳出一般性结论的推理过程，是一种从个别到一般的推理，一般能产生新知识。推理的前提是个别特殊的知识，结论一般都超出前提的范围[3]。归纳推理是人类思维活动中最基本、最常用的一种推理形式，人们在由个别到一般的思维过程中经常要用到它，具体内容将在 8.4 节中介绍。

缺省推理又称为默认推理，它是在知识不完全的情况下假设某些条件已经具备所进行的推理。例如，在条件 A 已成立的情况下，如果没有足够的证据证明条件 B 不成立，则默认 B 是成立的，并在此默认的前提下进行推理，推导出某个结论[4]。由于这种推理允许默认某些条件是成立的，这就摆脱了需要知道全部有关事实才能进行推理的束缚，使得在知识不完全的情况下也能进行推理。在默认推理过程中，如果到某一时刻发现原先所做的默认不正确，就要撤销所做的默认及由此默认推出的所有结论，重新按新情况进行推理。

3. 确定性推理、不确定性推理

若按推理时所用知识的确定性来划分，推理可分为确定性推理与不确定性推理。

确定性推理是指推理时前提与结论之间有确定的因果关系，并且事实与结论都是确定的。确定性推理所用的知识都是精确的，推出的结论也是确定的，其真值或者为真，或者为假，没有第 3 种情况出现。本章将要讨论的推理就属于这一类。

不确定性推理是指推理时所用的知识不都是精确的，推出的结论也不完全是肯定的，其真值位于真与假之间，命题的外延模糊不清。自亚里士多德建成第一个演绎公理系统以来，经典逻辑与精确数学的建立及发展为人类科学技术的发展起到了巨大的作用，取得了辉煌的成就，为电子数字计算机的诞生奠定了基础，但也使人们养成了追求严格、迷信精确的习惯[5]。然而，现实世界中的事物和现象大都是不严格、不精确的，许多概念是模糊的，没有明确的类属界限，很难用精确的数学模型来表示与处理。正如费根鲍姆所说的那样，大量未解决的重要问题往往需要运用专家的经验，而这样的问题是难以建立精确的数学模型的，也不宜用常规的传统程序来求解。在此情况下，若仍用经典逻辑做精确处理，势必要人为地在本来没有明确界限的事物间划定界限，从而舍弃了事物固有的模糊性，失去了真实性。这就是近年来各种非经典逻辑迅速崛起，人工智能也把不精确知识的表示与处理作为重要研究课题的原因。另外，从人类思维活动的特征来看，人们经常是在知识不完全、不精确的情况下进行多方位的思考及推理的。因此，要使计算机能模拟人类的思维活动，就必须使它具有不确定性推理的能力[6]。

不确定性推理又分为似然推理与近似推理（模糊推理），前者基于概率论，后者基于模糊逻辑，具体内容将在第 9 章中介绍。

4. 单调推理、非单调推理

若按推理过程中推出的结论是否单调地增加，或者说推出的结论是否越来越接近最终目标来划分，推理又分为单调推理与非单调推理。

单调推理是指在推理过程中随着推理的向前推进及新知识的加入，推出的结论呈单调增加的趋势并越来越接近最终目标，且在推理过程中不会出现反复的情况，即不会因新知识的加入而否定前面推出的结论，从而使推理又退回到前面的某一步。本章将要讨论的基于经典逻辑的演绎推理属于单调性推理。

非单调推理是指在推理过程中由于新知识的加入，不仅没有加强已推出的结论，反而要否定它，使得推理退回到前面的某一步重新开始。非单调推理多是在知识不完全的情况下发生的。由于知识不完全，为使推理进行下去，就要先做某些假设，并在此假设的基础上进行推理，当以后因新知识的加入发现原先的假设不正确时，就需要推翻该假设及以此假设为基础推出的一切结论，再用新知识重新进行推理。显然，前面所说的默认推理是非单调推理。在人们的日常生活及社会实践中，很多情况下进行的推理也是非单调推理，这是人们常用的思维方式[4]。

5. 启发式推理、非启发式推理

若按推理中是否运用与问题有关的启发性知识来分，推理可分为启发式推理与非启发式推理。

启发性知识是指与问题有关且能加快推理进程、求得问题最优解的知识。下面介绍一个用启发性知识选择规则的简单例子。设推理的目标是要在胃炎、胃溃疡、食物中毒这 3 种疾病中选择一个，又设有 r_1、r_2、r_3 3 条产生式规则可供使用，其中 r_1 推出的是胃炎，r_2 推出的是胃溃疡，r_3 推出的是食物中毒。如果希望尽早地排除胃溃疡这一危险疾病，应该先选用 r_2；如果某人前一日吃了过期的食品，则应考虑首先选择 r_3。这里，"胃溃疡危险"及"吃了过期的食品"是与问题求解有关的启发性信息。

6. 基于知识的推理、统计推理、直觉推理

若从方法论的角度划分，推理可分为基于知识的推理、统计推理及直觉推理。

顾名思义，基于知识的推理就是根据已掌握的事实，运用知识进行推理。例如，在诊断疾病时，医生会根据患者的症状及检验结果，运用自己的医学知识进行推理，最后给出诊断结论及治疗方案，这就是基于知识的推理[5]。后面所讨论的推理都属于这一类。

统计推理是根据对某事物的数据统计进行的推理。例如，房地产商根据市场的房价统计，得出房价应该调高还是降低的结论，其中就运用了统计推理。

直觉推理又称为常识性推理，是根据常识进行的推理。例如，当你从操场旁边经过，猛然发现有个足球朝你飞来，这时你会意识到"有危险"，并立即躲开，这就运用了直觉推理。目前，在计算机上实现直觉推理还是一项很困难的、有待深入研究的工作。

除了上述分类方法，推理还有一些其他分类方法。例如，根据推理的繁简不同，推理可分为简单推理与复合推理。还有时间推理、空间推理和案例推理等推理方法。这些传统的知识推理方法主要是基于逻辑、规则的推理，逐渐发展为最基本的通用推理方法。近年来，传统的知识推理继续发展更新，从内容上看主要包括短语和句子级的推理，如基于词汇内容的推理、基于数理逻辑的推理、基于自然语言逻辑（自然语言与数理逻辑结合的一种逻辑）的推理及结合词汇内容和数理逻辑/自然语言逻辑的推理。

除了一般的短语和句子级的推理，基于语义网发展起来的本体与知识图谱作为语义丰富的知识描述，其推理受到了广泛关注，相关内容在第 5、6、7 章中已有涉及。

8.1.3　推理控制策略及分类

推理过程是一个思维过程，即求解问题的过程。问题求解的质量与效率不仅依赖于所采用的求解方法（如 8.1.2 节介绍），而且依赖于求解问题的策略，即推理的控制策略。

推理的控制策略主要包括推理方向、求解策略、冲突消解策略、限制策略、搜索策略等[7]，如图 8-3 所示。

首先讨论推理方向、求解策略和限制策略。

1. 推理方向

推理方向是推理控制策略的一种，用于确定推理的驱动方式。无论按哪种方向进行

推理，一般都要求系统具有一个存放知识的知识库、一个存放初始已知事实及问题状态的数据库和一个用于推理的推理机。

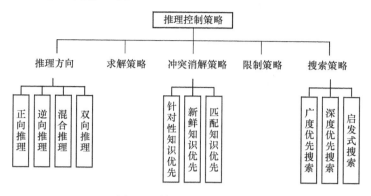

图 8-3 推理控制策略分类

（1）正向推理。

正向推理是以已知事实作为出发点的一种推理，又称为数据驱动推理、前向链推理、模式制导推理及前件推理等。正向推理的基本思想为[8]：从用户提供的初始已知事实出发，在知识库中找出当前可适用的知识，构成可适用知识集，然后按某种冲突消解策略（如归结等）从知识集中选出一条知识进行推理，并将推出的新事实加入数据库中作为下一步推理的已知事实，在此之后在知识库中选取可适用的知识进行推理，如此重复进行这一过程，直到求得所要求的解或知识库中再无可适用的知识为止。

（2）逆向推理。

逆向推理是以某个假设目标作为出发点的一种推理，又称为目标驱动推理、逆向链推理、目标制导推理及后件推理等。逆向推理的基本思想为：首先选定一个假设目标，然后寻找支持该假设的证据，若所需的证据都能找到，则说明原假设是成立的；若无论如何都找不到所需要的证据，则说明原假设不成立，此时需要另做新的假设。

（3）混合推理。

正向推理具有盲目、效率低等缺点，推理过程中可能会推出许多与问题求解无关的子目标；在逆向推理中，若提出的假设目标不符合实际，也会降低系统的效率。为解决这些问题，可把正向推理与逆向推理结合起来，使其各自发挥自己的优势，取长补短，像这样既有正向推理又有逆向推理的推理称为混合推理。

（4）双向推理。

双向推理是指正向推理与逆向推理同时进行，且在推理过程中的某一步骤上"碰头"的一种推理。其基本思想为：一方面根据已知事实进行正向推理，但并不推至最终目标；另一方面从某假设目标出发进行逆向推理，但并不推至原始事实，而是让正向推理与逆向推理在中途相遇，即由正向推理所得的中间结论恰好是逆向推理此时所要求的证据，这时推理就可结束，逆向推理所做的假设就是推理的最终结论。

2. 求解策略

推理的求解策略是指明确推理是只求一个解，还是求所有解或最优解等。图 8-1 所示的正向推理只用于求一个解，只要略加修改就可用来求所有解，如图 8-4 所示。

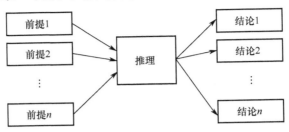

图 8-4　求所有结论的推理过程

3．限制策略

为了防止无穷的推理过程，以及由于推理过程太长增加时间及空间的复杂性，可在推理控制策略中指定推理的限制条件，以对推理的深度、宽度、时间、空间等进行限制。

8.1.4　匹配与冲突消解

匹配是用已知数据与知识库中所有知识进行逐一比较的过程。匹配是推理中必须进行的一项重要工作，只有经过匹配才能从知识库中选出当前适用的知识，才能进行推理。例如，在产生式系统中，为了由已知的初始事实推出相应的结论，首先必须从知识库中选出可与已知事实匹配的产生式规则，然后才能应用这些产生式规则进行推理，逐步推出结论，这在第 4 章中有介绍。语义网络推理与此类似，也需要先通过匹配选出相应的框架及语义网络片段，然后进行推理，这在第 5 章中有介绍。

若按匹配时两个知识模式的相似程度划分，则匹配可分为确定性匹配与不确定性匹配两种。

确定性匹配指两个知识模式完全一致或经过变量代换后可变得完全一致。例如，设有如下两个知识模式：

P_1：mother（王春，李红）　and girl（李红）；

P_2：mother(x,y) and girl(y)。

若用"王春"代换变量 x，用"李红"代换变量 y，则 P_1 与 P_2 就变得完全一致。若用这两个知识模式进行匹配，则它们是确定性匹配。

不确定性匹配指两个知识模式不完全一致，但从总体上看，它们的相似程度又落在规定的限度内。

在推理过程中，系统要不断地用当前已知的事实与知识库中的知识进行匹配，此时可能发生如下 3 种情况。

（1）已知事实不能与知识库中的任何知识成功匹配。

（2）已知事实恰好只与知识库中的一个知识成功匹配。

（3）已知事实可与知识库中的多个知识成功匹配；或者有多个（组）已知事实都可与知识库中某一个知识成功匹配；或者有多个（组）已知事实可与知识库中的多个知识成功匹配。

当第一种情况发生时，由于找不到可与当前已知事实成功匹配的知识，因此推理无法继续进行下去，这或者是由于知识库中缺少某些必要的知识，或者是由于欲求解的问题超出了系统的功能范围等，此时可根据当时的实际情况做相应的处理。对于第二种情况，由于匹配成功的知识只有一个，因此它就是可用的知识，可直接把它用于当前的推理。第三种情况刚好与第一种情况相反，它不仅有知识匹配成功且有多个知识匹配成功，称这种情况为发生了冲突。此时需要按一定的策略解决冲突，以便从中挑选一个知识用于当前的推理，称这一解决冲突的过程为冲突消解，解决冲突时所用的方法称为冲突消解策略[6]。下面就产生式系统运行过程中的冲突及其消解策略做进一步的讨论。

例如，下面两条规则：

R_1：IF 车行驶至十字路口 AND 交通指示灯为红灯 THEN 停车等待。

R_2：IF 车行驶至十字路口 AND 交通指示灯为红灯 AND 车正在靠路的右侧行驶 AND 前面没车 THEN 可以右转弯。

上面给出的例子是两条关于车辆行驶的交通规则。如果当前数据基中包含"车行驶至十字路口""交通指示灯为红灯""车正在靠路的右侧行驶""前面没车"等事实数据，则上面这两条规则都是触发规则，这就使得推理机在应该使用规则 R_1 还是规则 R_2 进行推理上产生了冲突。此时，推理机就需要根据某种预先确定的策略为冲突规则分别设定一个优先级，从而决定选择哪一条触发规则作为启用规则。为了对上面给出的规则进行冲突消解，可以制定这样的冲突消解策略：规则左部（前件）中的条件个数越多，其具有的优先级越高。推理机根据这样的冲突消解策略就会优先选取 R_2 进行推理。

目前已有多种冲突消解策略，其基本思想都是对知识进行排序，常用的有以下几种。

1. 按针对性排序

如果当前数据基可触发两条推理规则 R_1 和 R_2，规则 R_1 中除包含规则 R_2 的全部条件以外，还包含其他条件，则称 R_2 比 R_1 有更强的针对性，R_1 比 R_2 有更强的通用性。采取本策略时，优先选择针对性更强的规则，因为它要求的条件更多，结论更接近目标。

2. 按已知事实的新鲜度排序

在推理过程中，每进行一步操作，数据库就会产生新的事实，与此同时，在推理过程中，可能还会加入新的事实，这也会使数据库中的事实发生变化。人们称这些后生成的事实和后加入的事实为新鲜度高的事实，可优先使用。

3. 按匹配度排序

两个知识模型的相似程度可以通过计算其匹配度来衡量，当其匹配度达到某个预先规定的值时就认为它们是可匹配的。除了用匹配度判断两个知识模型是不是可匹配的，还可以用其进行冲突消解。若规则 R_1 与 R_2 都可匹配成功，则可根据它们的匹配度来决定哪一个规则可优先被应用。

除了上述消解冲突的排序策略，常用的还有根据领域问题的特点排序、按上下文限制排序、按冗余限制排序（推理过程中产生冗余少的优先）、按条件个数排序（结论相同时，所需条件少的优先）等，在具体应用时，可灵活组合上述策略，尽量减少冲突的发生，提高推理的速度和效率。

以上讨论了关于推理的若干基本概念，下面介绍基于经典逻辑的各种推理方法。

第 3 章中介绍了知识的逻辑表示方法，读者在用命题逻辑和一阶谓词逻辑表示知识方面已经具备了一定的基础。本章要介绍的逻辑推理系统，就是对用逻辑表示的知识，通过运用基于逻辑的推理方法和推理规则，从已知事实出发推出结论的逻辑系统。

8.2 自然演绎推理

8.2.1 推理规则

在逻辑推理系统中，最常用的逻辑推理方法就是演绎逻辑，即从一组已知为真的事实出发，直接运用经典逻辑的推理规则推出结论，这种方法一直以来都是确定逻辑辩论正确性的有效方法。其中，基本的推理规则是假言推理规则、拒取式推理规则、代换推理规则、合一推理规则等。

假言推理的一般形式为

$$P, P \rightarrow Q \Rightarrow Q$$

它表示：由 $P \rightarrow Q$ 为真及 P 为真，可推出 Q 为真。例如，由"如果 x 是植物，则 x 能进行光合作用"及"松树是植物"可推出"松树可以进行光合作用"的结论。

拒取式推理的一般形式为

$$P \rightarrow Q, \neg Q \Rightarrow \neg P$$

它表示：由 $P \rightarrow Q$ 为真及 Q 为假，可推出 P 为假。例如，由"若是红灯，则车不能过"及"车可以过"可推出"不是红灯"的结论。

代换推理的一般形式为

$$\{a/x, f(b)/y, w/z\}$$

它表示用常元 a 代换变元 x，用函数 $f(b)$ 代换变元 y，用常元 w 代换变元 z。一般来说，代换的目的是消去变元。特别地，可以进行归结（在 8.3 节介绍）。例如：

$$P(A)$$
$$\neg P(x) \lor Q(x, y)$$
$$Q(A, y), \quad A/x$$

合一推理的一般形式为

$$F = \{F_1, F_2\} = \{P(x, y, z), P(a, b, c)\}$$

则它的合一为

$$\lambda = \{a/x, b/y, c/z\}$$

可使得

$$F_1\lambda = F_2\lambda$$

命题逻辑的主要推理规则如表 8-2 所示。

表 8-2 命题逻辑的主要推理规则

推理规则	表示形式
假言推理	$((A \to B) \land A) \Rightarrow B$
拒取式推理	$((A \to B) \land \neg B) \Rightarrow \neg A$
逆否命题法则	$A \to B \Rightarrow \neg B \to \neg A$
三段论法则	$((A \to B) \land (B \to C)) \Rightarrow A \to C$
析取推理法则	$((A \lor B) \land \neg A) \Rightarrow B$
双重否定法则	$\neg(\neg A) \Rightarrow A$
德·摩根法则	$\neg(A \land B) \Rightarrow \neg A \lor \neg B$
简化法则	$(A \land B) \Rightarrow A$
析取附加法则	$A \Rightarrow (A \lor B)$
合取辩论法则	$\neg(A \land B) \land A \Rightarrow \neg B$

8.2.2 三段论

三段论是一种有效的演绎逻辑辩论，如 8.1.1 节例子中给出的形式一样，它是由两个前提和一个结论组成的，前提和结论都是直言陈述命题，并且结论可以通过演绎从蕴含它的两个前提中推出。例如：

前提：所有的手机都是电子产品。

前提：所有的 iPhone 都是手机。

结论：所有的 iPhone 都是电子产品。

为进一步明确三段论中各语句的逻辑形式和关系，对于上面的例子，可以用字母 S 表示结论的主语"iPhone"，用字母 P 表示结论的谓语"电子产品"，用字母 M 表示以上三段论中的第三项"手机"。通过上述表示后，将 S 称为次要项，包含次要项 S 的前提称为小前提；将 P 称为主要项，包含主要项 P 的前提称为大前提；将 M 称为中间项，为两个前提共用，这样就得到了一个具有标准形式的三段论：

大前提：所有 M 是 P。

小前提：所有 S 是 M。

结论：所有 S 是 P。

上面所给出的例子仅是三段论诸多形式中的一种，三段论的形式取决于构成前提和结论的语句（直言陈述命题）的逻辑形式的组合，除了上述 "所有……是……"的全部肯定，还有"没有……是……"的全部否定、"有些……是……"的部分肯定和"有些……不是……"的部分否定，共有 4 种前提和结论的组合形式。

8.2.3 命题演算形式

在逻辑系统中，命题演绎并不考虑前提和结论的具体内容，只考虑它们之间的语法结构和逻辑关系，因此，将前提和结论都由命题逻辑表示的逻辑系统称为命题演算形式系统。

可以用大写字母来表示命题，下面通过几个例题来说明命题演算涉及的几种推理应用。

例 8.1 有命题 A，B，C，D，Q，它们之间有如下关系。

（1） A。

（2） B。

（3） $A \rightarrow C$。

（4） $B \wedge C \rightarrow D$。

（5） $D \rightarrow Q$。

求证：Q 为真。

证明：

（6） C。　　　（1）与（3）

（7） D。　　　（2）、（4）与（6）

（8） Q。　　　（5）与（7）

除推理出某个结论之外，命题演算还可以证明公理。

例 8.2 公理集合 Q 由下面两条公理组成。

Q_1：$A \rightarrow (B \rightarrow A)$

Q_2：$(B \rightarrow (A \rightarrow C)) \rightarrow ((B \rightarrow A) \rightarrow (B \rightarrow C))$

试证对于任意 A, B, C，都有 $A, B \rightarrow (A \rightarrow C) \Rightarrow B \rightarrow C$，即 $B \rightarrow C$ 是 A 和 $B \rightarrow (A \rightarrow C)$ 的演绎结果。

证明：

（1） A。

（2） $B \rightarrow (A \rightarrow C)$。

（3） $A \rightarrow (B \rightarrow A)$。　　　　　　　　　Q_1

（4） $(B \rightarrow A)$。　　　　　　　　　　　　　（1）与（3）

（5） $(B \rightarrow (A \rightarrow C)) \rightarrow ((B \rightarrow A) \rightarrow (B \rightarrow C))$。　　　Q_2

（6） $(B \rightarrow A) \rightarrow (B \rightarrow C)$。　　　　　　（2）与（5）

（7） $B \rightarrow C$。　　　　　　　　　　　　　（3）与（6）

得证。

8.2.4 谓词演算形式

相应地，前提和结论都由谓词逻辑表示的逻辑系统称为谓词演算形式系统。在做谓词演算之前，首先必须要明确它的一阶谓词公式，并将其转换为等价的合取范式（Conjunctive Normal Form，CNF）。一个合取范式是一些文字析取式的合取，换句话说，一个合取式只能包含 $\wedge$、$\vee$ 和 $\neg$ 3 种逻辑连接符。这里用下面的例子来对此种方法加以说明。

例 8.3　设已知如下事实。

（1）凡是可爱的小动物小红都喜欢。

（2）宠物店 W 的宠物都是可爱的。

（3）Cat 是宠物店 W 的一只宠物。

求证：小红喜欢 Cat。

证明：定义谓词和函数，如下所示。

Cute(x): x 是可爱的。

Like(x,y): x 喜欢 y。

$W(x)$: x 是 W 的一只宠物。

将已知事实及问题用谓词公式表示出来：

R_1：凡是可爱的小动物小红都喜欢。

一阶谓词公式：$(\forall x)\text{Cute}(x) \rightarrow \text{Like}(\text{Hong},x)$。

CNF：$\neg\text{Cute}(x) \lor \text{Like}(\text{Hong},x)$。

R_2：宠物店 W 的宠物都是可爱的。

一阶谓词公式：$(\forall x)W(x) \rightarrow \text{Cute}(x)$。

CNF：$\neg W(x) \lor \text{Cute}(x)$。

R_3：Cat 是宠物店 W 的一只宠物。

一阶谓词公式：$W(\text{Cat})$。

CNF：$W(\text{Cat})$。

应用推理规则进行推理：

（1）$\neg\text{Cute}(x) \lor \text{Like}(\text{Hong},x)$。

（2）$\neg W(x) \lor \text{Cute}(x)$。

（3）$W(\text{Cat})$。

（4）$\neg W(x) \lor \text{Like}(\text{Hong},x)$。　　（1）与（2）

（5）$\text{Like}(\text{Hong},\text{Cat})$。　　（3）与（4），$x/\text{Cat}$

得证：小红喜欢 Cat。

一般来说，由已知事实推出的结论可能有多个，只要其中包含了待证明的结论，就认为问题得到了解决。

自然演绎推理的优点是表达定理证明过程自然，容易理解，而且它拥有丰富的推理规则，推理过程灵活，便于在它的推理规则中嵌入领域启发式知识。其缺点是容易产生组合爆炸，推理过程中得到的中间结论一般呈指数形式递增，这对于一个大的推理问题来说是十分不利的，甚至是不可能实现的。

8.3　归结演绎推理

上面所介绍的演绎推理是从已知的前提出发，通过使用系统的公理和经典逻辑中的推理规则推出结论的过程，它为逻辑辩论的判定或定理的证明提供了一种直接推导的方式。但是，正如第 3 章中所讨论的那样，要证明一个谓词公式的永真性是相当困难的，甚至在某些情况下是不可能的。实际上，对于逻辑辩论的判定或定理的证明，经常使用反证法，即通过反驳一个谓词公式的否定来得出原来的谓词公式就是所求的目标。在反驳的过程中，可以使用一种特殊的推理规则——归结。

归结是 Robinson 于 1965 年在 Herbrand 理论的基础上提出的一种基于"反证法"的推理规则。其原理是通过消解两个根子句中的互补文字来推出一个新的子句，这个新子句称为消解式，消解的目的是减少子句中的项，直到最终消解式为空子句或不再产生新的消解式。空子句可用 nil、null 或□表示。这里，互补文字指一个文字和该文字的非，如 Q 和 $\neg Q$。推出消解式所用的推理规则为拒取式推理规则，一个简单例子如下。

（1） $A \vee B$。

（2） $\neg B$。

（3） A。   （1）与（2）

在上面的例子中，$A \vee B$ 和 $\neg B$ 是根子句，二者的消解式是 A。其中，A 和 B 都是原子公式。

在对一个逻辑系统应用归结之前，首先必须要明确它的子句集。逻辑系统的子句集一般是通过将其转换为等价的合取范式的方法来获得的。

例如，有一个命题公式 $P \wedge (Q \to R) \to S$，首先将其进行整理，转换成各"或"语句的"与"，不然后续推导没有意义。转换是基于数理逻辑的基本等值公式进行的。

例如：

$$P \wedge (Q \to R) \to S$$
$$\Leftrightarrow \neg(P \wedge (Q \to R)) \vee S$$
$$\Leftrightarrow \neg P \vee \neg(\neg Q \vee R) \vee S$$
$$\Leftrightarrow \neg P \vee (\neg\neg Q \wedge \neg R) \vee S$$
$$\Leftrightarrow \neg P \vee (Q \wedge \neg R) \vee S$$
$$\Leftrightarrow \neg P \vee S \vee (Q \wedge \neg R)$$
$$\Leftrightarrow (\neg P \vee S \vee Q) \wedge (\neg P \vee S \vee \neg R)$$

其中，$(\neg P \vee S \vee Q) \wedge (\neg P \vee S \vee \neg R)$ 为原公式的合取范式，$(\neg P \vee S \vee Q, \neg P \vee S \vee \neg R)$ 为原公式的子句集。

根据第 3 章的知识，在逻辑系统中，任何一个谓词公式都可以通过应用等价关系转换成相应的合取范式，即可化为子句集。如果谓词公式是不可满足的，则其子句集也一定是不可满足的，反之亦然[9]。因此，要证明一个谓词公式是不可满足的，只要证明相应的子句集是不可满足的即可。对于上面的例子来说，只要子句集 $(\neg P \vee S \vee Q, \neg P \vee S \vee \neg R)$ 不满足，则 $P \wedge (Q \to R) \to S$ 一定不满足。

但是，要证明一个谓词公式是可满足的，就不能通过证明子句集是可满足的来实现。因为一个子句集是可满足的，并不能推出原公式是可满足的。因此对于一个谓词公式（可以是某个公式或定理，如例 8.2），用上述方法直接将其转换为合取范式，求出其子句集，再进行归结，是无法证明的。这时一般通过证明这个"谓词公式的非"是不可满足的来证明它是可满足的。

例如，有 N 个前提：$P_1, P_2, P_3, \cdots, P_N$ 和它们的演绎结果 C，可表示为

$$P_1, P_2, P_3, \cdots, P_N \Rightarrow C \tag{8-1}$$

式（8-1）可等价地表示为

$$P_1 \wedge P_2 \wedge P_3 \wedge \cdots \wedge P_N \Rightarrow C \tag{8-2}$$

用反证法证明式（8-2）是重言式（永真式），为此，先假定式（8-2）的否定为重言式，其表示形式及等价变换为

$$\neg\ P_1 \wedge P_2 \wedge P_3 \wedge \cdots \wedge P_N \Rightarrow C$$
$$\Leftrightarrow \neg\ (\neg (P_1 \wedge P_2 \wedge P_3 \wedge \cdots \wedge P_N) \vee C)$$
$$\Leftrightarrow P_1 \wedge P_2 \wedge P_3 \wedge \cdots \wedge P_N \wedge \neg C$$

只要证明子句集 $(P_1, P_2, P_3, \cdots, P_N, \neg C)$ 是不可满足的，则式（8-2）的否定为重言式就得到了反驳，从而实现对式（8-2）的有效判定。将这种推理方式称为归结演绎推理。在归结演绎推理中，反驳后的归结是完备的，因为若子句集中存在矛盾，则演绎推理必然会因在有限步内归结出空子句而终止。

在定理证明中运用归结演绎推理时，可直接将定理的结论取反，与前提一起构成子句集，证明其不可满足，如例 8.4。

例 8.4　*证明定理：由 A 和 $B \rightarrow (A \rightarrow C)$ 推出 $B \rightarrow C$。*

首先，对结论取非，求出 A、$B \rightarrow (A \rightarrow C)$、$\neg(B \rightarrow C)$ 的子句集：

前提 1：A。

前提 2：

$$B \rightarrow (A \rightarrow C)$$
$$\Leftrightarrow \neg B \vee (A \rightarrow C)$$
$$\Leftrightarrow \neg B \vee \neg A \vee C$$

结论取反：

$$\neg(B \rightarrow C)$$
$$\Leftrightarrow \neg(\neg B \vee C)$$
$$\Leftrightarrow B \wedge \neg C$$

子句集为 $\{A, \neg B \vee \neg A \vee C, B, \neg C\}$。

对上面的子句集进行消解：

（1）A。

（2）$\neg B \vee \neg A \vee C$。

（3）B。

（4）$\neg C$。

（5）$\neg B \vee C$。　　（1）与（2）

（6）C。　　（3）与（5）

（7）nil。　　（4）与（6）

得证。

8.3.1 命题逻辑中的归结演绎推理

当前提和结论都由命题逻辑表示时，逻辑系统也可用归结演绎推理证明。例 8.4 的定理证明也算是简单的命题逻辑中的归结演绎推理。

例 8.5 试证明下面的推理。

前提：$P \vee Q$，$P \to \neg R$，$S \to T$，$\neg S \to R$，$\neg T$。

求证：Q。

证明：

将前提化为合取范式：

（1）$P \vee Q$。

（2）$P \to \neg R \Leftrightarrow \neg P \vee \neg R$。

（3）$S \to T \Leftrightarrow \neg S \vee T$。

（4）$\neg S \to R \Leftrightarrow S \vee R$。

（5）$\neg T$。

结论取反：

（6）$\neg Q$。

归结：

（7）$\neg S$。　　　　（3）与（5）

（8）R。　　　　　　（4）与（7）

（9）$\neg P$。　　　　（2）与（8）

（10）Q。　　　　　（1）与（9）

（11）nil。　　　　　（6）与（10）

得证：Q。

可以看出，表 8-2 中的拒取式推理规则在一般的逻辑推理中很常用，除此之外，还有其他一些推理规则也可以使用，如表 8-3 所示。

表 8-3　命题逻辑的其他推理规则

推理规则	表示形式
前提引入规则	在证明的任何步骤中，都可以引入前提
结论引入规则	在证明的任何步骤中，所证明的结论都可以作为后续证明的前提
置换规则	在证明的任何步骤中，命题公式中的任何子命题都可以用与之等值的命题公式置换

也就是说，例 8.5 也可用这些推理规则直接求证，过程如下。

（1）$S \to T$。　　　　前提引入

（2）$\neg T$。　　　　　前提引入

（3）$\neg S$。　　　　　（1）与（2）拒取式推理

（4）$\neg S \rightarrow R$。　　　　　　　前提引入

（5）R。　　　　　　　　　　（3）与（4）假言推理

（6）$P \rightarrow \neg R$。　　　　　　　前提引入

（7）$\neg P$。　　　　　　　　　　（5）与（6）拒取式推理

（8）$P \vee Q$。　　　　　　　　前提引入

（9）Q。　　　　　　　　　　（7）与（8）析取三段论

得证。

对于一些语句，也可将问题和结论转换为命题公式，再运用归结演绎推理。

例 8.6　写出下面推理的证明。

如果今天是下雨天，则要带雨伞或带雨衣。如果走路上班，则不带雨衣。今天下雨，走路上班，所以带伞。

证明：

进行如下定义：

P：今天下雨；Q：带雨伞；R：带雨衣；S：走路上班。

将已知事实及问题用命题公式表示出来：

R_1：今天是下雨天，则要带雨伞或带雨衣。

命题公式：$P \rightarrow (Q \vee R)$。

合取范式：$\neg P \vee Q \vee R$。

R_2：走路上班，则不带雨衣。

命题公式：$S \rightarrow \neg R$。

合取范式：$\neg S \vee \neg R$。

R_3：今天下雨，走路上班，所以带伞。

命题公式：$P \wedge S \rightarrow Q$。

合取范式：$\neg P \vee \neg S \vee Q$。

结论取反：$P \wedge S \wedge \neg Q$。

归结：

（1）$\neg P \vee Q \vee R$。

（2）$\neg S \vee \neg R$。

（3）P。

（4）S。

（5）$\neg Q$。

（6）$\neg R$。　　　　　　（2）与（4）

（7）$\neg P$。　　　　　　（1）、（5）与（6）

（8）nil。　　　　　　　（3）与（7）

得证。

有时也可以用归结树来表示上述归结过程，如图 8-5 所示。

一般地，命题逻辑的归结演绎推理过程如下。

第一步：将前提转换为命题公式，结论取反。

第二步：求取合取范式。

第三步：建立子句集。

第四步：归结（对子句集中的子句使用归结规则；归结式作为新子句加入子句集参加归结；直到归结式为空子句 nil 为止），若子句集不可满足，即所证成立。

第五步：归结完毕。

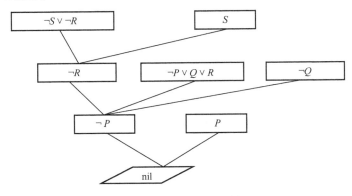

图 8-5　例 8.6 的归结树

例 8.7　证明公式：$(P \rightarrow Q) \rightarrow (\neg Q \rightarrow \neg P)$。

证明：

第一步：将前提转换为命题公式，结论取反。

前提：$P \rightarrow Q$。

结论取反：$\neg(\neg Q \rightarrow \neg P)$。

第二步：求取合取范式。

前提：$\neg P \vee Q$。

结论取反：$\neg Q \wedge P$。

第三步：建立子句集。

（1）$\neg P \vee Q$。

（2）$\neg Q$。

（3）P。

第四步：归结。

（4）$\neg P$。　　　　　（1）与（2）

（5）nil。　　　　　　（3）与（4）

得证。

此处需要再次强调，在命题逻辑中，对不可满足的子句集 S，归结原理是完备的，即若子句集不可满足，则必然存在一个从 S 到空子句的归结演绎；若存在一个从 S 到空子句的归结演绎，则 S 一定是不可满足的。但是，对于可满足的子句集 S，用归结原理得不到任何结果。

8.3.2　谓词逻辑中的归结演绎推理

与命题逻辑类似，谓词逻辑的归结演绎推理的根本也在于找到子句集中的矛盾，从而可以肯定谓词逻辑的反驳是不可满足的。与命题逻辑不同的是，在谓词逻辑中，由于子句中含有变元，因此不像命题逻辑那样可直接消去互补文字，而需要先用最一般合一对变元进行置换，然后才能进行归结。

置换： 在一个谓词公式中用置换项去置换变量。

置换是形如 $\{t_1/x_1, t_2/x_2, \cdots, t_n/x_n\}$ 的有限集合。其中，$x_1, x_2, \cdots, x_n$ 是互不相同的变量，$t_1, t_2, \cdots, t_n$ 是不同于 x_i 的项（常量、变量、函数）；t_i/x_i 表示用 t_i 置换 x_i，并且要求 t_i 与 x_i 不能相同，而且 x_i 不能循环地出现在另一个 t_i 中。

例如：$\{a/x, c/y, f(b)/z\}$ 是一个置换，而 $\{g(y)/x, f(x)/y\}$ 不是一个置换。

合一： 寻找相对变量的置换，使两个谓词公式一致。

设有公式集 $F=\{F_1, F_2, \cdots, F_n\}$，若存在一个置换 θ，可使 $F_1\theta = F_2\theta = \cdots = F_n\theta$，则称 θ 是 F 的一个合一，同时称 $F_1, F_2, \cdots, F_n$ 是可合一的。

例如，设有谓词公式集 $F=\{P(x, y, f(y)), P(a, g(x), z)\}$，则 $\lambda=\{a/x, g(a)/y, f(g(a))/z\}$ 是它的一个合一。一般来说，一个公式集的合一不是唯一的。为了使可合一的谓词公式变成完全一致的谓词公式以进行归结，可以求一个谓词公式的最一般合一。

最一般合一： 设 σ 是谓词公式集 F 的一个合一，如果对 F 的任意一个合一 θ 都存在一个置换 λ，使得 $\theta=\sigma\lambda$，则称 σ 是一个最一般合一（Most General Unifier，MGU）。一个公式集的最一般合一是唯一的。

一种求最一般合一的步骤如下。

（1）令 $w=\{F_1, F_2\}$。

（2）令 $k=0$，$w_0=w$，$\sigma_0=\varepsilon$。

（3）若 w_k 已合一，则停止，σ_k=MGU；否则，找不一致集 D_k。

（4）若 D_k 中存在元素 v_k 和 t_k，其中 v_k 不出现于 t_k 中，则转到步骤（5）；否则，不可合一。

（5）令 $\sigma_{k+1}=\sigma_k\{t_k/v_k\}$，$w_{k+1}=w_k\{t_k/v_k\}=w\sigma_{k+1}$。

（6）$k=k+1$，转到步骤（3）。

若 F_1 和 F_2 可合一，算法必停止。

例如：$W=\{P(a, x, f(g(y))), P(z, f(a), f(u))\}$，其中，$F_1=P(a, x, f(g(y)))$，$F_2=P(z, f(a), f(u))$，求 F_1 和 F_2 的最一般合一。

答案：$\delta=\{a/z, f(a)/x, g(y)/u\}$。求解过程省略。

有了置换和合一的概念，就可以求一个谓词公式集的归结式了。

例 8.8　求 $P(x) \vee Q(x,y)$ 与 $\neg P(a) \vee R(b,z)$ 的归结式。

解：

（1）$P(x) \vee Q(x,y)$。

（2）$\neg P(a) \vee R(b,z)$。

归结：

（3）$Q(a,y) \vee R(b,z)$，$\sigma=\{a/x\}$。

例 8.9　求 $P(x,y) \vee Q(x) \vee R(x)$ 与 $\neg P(a,z) \vee \neg Q(b)$ 的归结式。

解：

（1）$P(x,y) \vee Q(x) \vee R(x)$。

（2）$\neg P(a,z) \vee \neg Q(b)$。

归结（第一种）：

（3）$Q(a) \vee R(a) \vee \neg Q(b)$，$\sigma=\{a/x, z/y\}$。

归结（第二种）：

（4）$P(b,y) \vee R(b) \vee \neg P(a,z)$，$\sigma=\{b/x\}$。

归结时的注意事项如表 8-4 所示。

表 8-4 归结时的注意事项

注意事项	例 子	是否可以归结
谓词的一致性	$P(x)$ 与 $\neg Q(x)$	不可以
常量的一致性	$P(a, \cdots)$ 与 $\neg P(b, \cdots)$	不可以
	$P(a, \cdots)$ 与 $\neg P(x, \cdots)$	a/x 可以
变量与函数	$P(a, x, \cdots)$ 与 $\neg P(x, f(x), \cdots)$	不可以
	$P(x, x, \cdots)$ 与 $\neg P(x, f(x), \cdots)$	可以
不能同时消去两个互补对	$P(x) \vee Q(x)$ 与 $\neg P(x) \vee \neg Q(x)$	不可以同时

在一些简单的谓词逻辑中，没有存在量词和全称量词，推理并不复杂，如例 8.10。

例 8.10 王二挑选礼物，有 A，B，C 三件礼物供他选择，王二有如下想法：三件礼物中至少选一件；若选 A 且不选 B，则一定选 C；若选 B，则一定选 C。

求证：王二一定选礼物 C。

证明：设用 $P(x)$ 表示选择礼物 x。

用谓词和函数表示前提和结论：

R_1：三件礼物中至少选一件。

谓词公式：$P(A) \vee P(B) \vee P(C)$。

CNF：$P(A) \vee P(B) \vee P(C)$。

R_2：若选 A 且不选 B，则一定选 C。

谓词公式：$(P(A) \wedge \neg P(B)) \rightarrow P(C)$。

CNF：$\neg P(A) \vee P(B) \vee P(C)$。

R_3：若选 B，则一定选 C。

谓词公式：$P(B) \rightarrow P(C)$。

CNF：$\neg P(B) \vee P(C)$。

R_4：王二一定选礼物 C。

谓词公式：$P(C)$。

CNF：$P(C)$。

子句集如下。

（1）$P(A) \vee P(B) \vee P(C)$。

（2）$\neg P(A) \vee P(B) \vee P(C)$。

（3）$\neg P(B) \vee P(C)$。

（4）$\neg P(C)$。   结论取反

归结：

（5）$P(B) \vee P(C)$ 。　　　　（1）与（2）

（6）$P(C)$ 。　　　　　　　（3）与（5）

（7）nil 。　　　　　　　　（4）与（6）

得证。

上述归结过程可用图 8-6 所示的归结树表示。

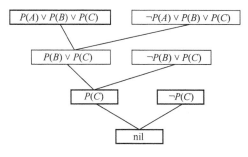

图 8-6　例 8.10 的归结树

一般地，谓词逻辑中都存在函数和量词，其归结演绎推理过程比命题逻辑的复杂一些，具体步骤如下。

第一步：写出前提的谓词关系公式。

第二步：用反驳法写出结论的否定谓词表达式。

第三步：将前提和否定的结论化为 SKOLEM 标准型。

第四步：建立子句集。

第五步：归结（对子句集中的子句使用归结规则；归结式作为新子句加入子句集参加归结；直到归结式为空子句为止），若子句集不可满足，则所证成立。

第六步：归结完毕。

事实上，谓词逻辑的归结演绎推理与命题逻辑的非常相似，不同之处在于，在命题逻辑中，需要将前提和否定的结论化为合取范式，而在谓词逻辑中，则需要将其化为 SKOLEM 标准型，这主要是因为谓词逻辑中有量词和函数。转换为 SKOLEM 标准型的目的是通过消去量词、置换变元，将谓词公式转换为合取范式。下面介绍将谓词公式 G 化为 SKOLEM 标准型的步骤[10]。

（1）消去谓词公式 G 中的蕴含（→），以 $\neg A \vee B$ 代替 $A \rightarrow B$ 。

（2）减小否定符号（¬）的辖域，使否定符号"¬"最多只作用到一个谓词上。

（3）左移任意量词，左移存在量词，重新命名变元名，使所有的变元的名称均不同，并且自由变元和约束变元也不同。

（4）消去存在量词。这里分两种情况，一种情况是存在量词不出现在全称量词的辖域内，此时，只要用一个新的个体常量替换该存在量词约束的变元就可以消去存在量词；另一种情况是存在量词位于一个或多个全称量词的辖域内，这时需要用一个 SKOLEM 函数替换存在量词以将其消去。

（5）把全称量词全部移到公式的左边，并使每个量词的辖域包括这个量词后面公式的整个部分。

（6）母式化为合取范式：任何母式都可以写成由一些谓词公式和谓词公式否定的析取的有限集组成的合取。

需要指出的是，在化解过程中，由于消去存在量词时做了一些替换，一般情况下，公式 G 的 SKOLEM 标准型与 G 并不等值[11]。

下面用例子加以说明。

例 8.11 将下式化为 SKOLEM 标准型：

$$\neg((\forall x)(\exists y)P(a, x, y) \rightarrow (\exists x)(\neg(\forall y)Q(y, b) \rightarrow R(x)))$$

求解：

第一步，消去→号，得

$$\neg(\neg(\forall x)(\exists y)P(a, x, y) \vee (\exists x)(\neg\neg(\forall y)Q(y, b) \vee R(x)))$$

第二步，将￢深入到量词内部，得

$$(\forall x)(\exists y)P(a, x, y) \wedge \neg((\exists x)((\forall y)Q(y, b) \vee R(x)))$$
$$\Leftrightarrow (\forall x)(\exists y)P(a, x, y) \wedge (\forall x)((\exists y)\neg Q(y, b) \wedge \neg R(x))$$

第三步，左移存在量词，变元易名，直至所有的量词移到前面，得

$$(\forall x)(\exists y)P(a, x, y) \wedge (\forall x)((\exists y)\neg Q(y, b) \wedge \neg R(x))$$
$$\Leftrightarrow (\forall x)(\exists y)(P(a, x, y) \wedge (\forall x)((\exists z)\neg Q(z, b) \wedge \neg R(x))$$

第四步，消去存在量词"∃"：

消去(∃y)，因为它左侧只有(∀x)，所以使用 x 的函数 $f(x)$ 代替它，得

$$(\forall x)(P(a, x, f(x)) \wedge (\forall x)((\exists z)\neg Q(z, b) \wedge \neg R(x))$$

消去(∃z)，同理，使用 $g(x)$ 代替它，得

$$(\forall x)(P(a, x, f(x)) \wedge (\forall x)(\neg Q(g(x), b) \wedge \neg R(x))$$

第五步，将全称量词左移，略去"∀"：

$$P(a, x, f(x)) \wedge \neg Q(g(x), b) \wedge \neg R(x)$$

第六步，用"，"取代"∧"，建立子句集，然后进行归结。

以上为求 SKOLEM 标准型的步骤，需要注意的是，求解时也不必严格遵守此步骤，有时可做灵活处理。例如，上例也可进行如下求解，所得结果相同。

第一步、第二步同上。

第三步，任意量词左移，利用分配律，得

$$(\forall x)((\exists y)P(a, x, y) \wedge (\exists y)(\neg Q(y, b) \wedge \neg R(x)))$$

左移存在量词，变元易名，直至所有的量词移到前面，得

$$(\forall x)((\exists y)P(a, x, y) \wedge (\exists z)(\neg Q(z, b) \wedge \neg R(x)))$$
$$\Leftrightarrow (\forall x)(\exists y)(\exists z)(P(a, x, y) \wedge (\neg Q(z, b) \wedge \neg R(x)))$$

第四步，消去存在量词"∃"，略去"∀"：

消去(∃y)，因为它左侧只有(∀x)，所以使用 x 的函数 $f(x)$ 代替它，得

$$(\forall x)(\exists z)(P(a, x, f(x)) \wedge \neg Q(z, b) \wedge \neg R(x))$$

消去(∃z)，同理，使用 $g(x)$ 代替它，得

$$(\forall x)(P(a, x, f(x)) \wedge \neg Q(g(x), b) \wedge \neg R(x))$$

略去全称变量，原式的 SKOLEM 标准型为

$$P(a, x, f(x)) \land \neg Q(g(x), b) \land \neg R(x)$$

了解如何将谓词公式转换为 SKOLEM 标准型后，就可以运用谓词逻辑的归结演绎推理方法求解问题，求解步骤与命题逻辑相似。

例 8.12 已知：Joy 是 Jack 的父亲，Steven 与 Jack 是兄弟，若 x 与 y 是兄弟，则 x 的父亲也是 y 的父亲。求：Steven 的父亲是谁？

解：定义谓词和函数如下。

Father(x,y)：x 是 y 的父亲；Brother(x,y)：x 与 y 是兄弟。

R_1：Joy 是 Jack 的父亲。

一阶谓词公式：Father(Joy, Jack)。

CNF：（1）Father(Joy, Jack)。

R_2：Jack 与 Steven 是兄弟。

一阶谓词公式：Brother (Jack, Steven)。

CNF：（2）Brother (Jack, Steven)。

R_3：若 x 与 y 是兄弟，则 x 的父亲也是 y 的父亲。

一阶谓词公式：$(\forall x)(\forall y)(\forall z)((\text{Brother }(x, y) \land \text{Father}(z,x)) \rightarrow \text{Father}(z,y))$。

CNF：（3）$\neg \text{Brother }(x, y) \lor \neg \text{Father}(z,x) \lor \text{Father}(z,y)$。

结论否定："Steven 的父亲是谁"的否定。

一阶谓词公式：$\neg (\exists x)(\text{Father}(x, \text{Steven}))$。

CNF：（4）$\neg \text{Father}(u, \text{Steven})$。

归结：

（5）$\neg \text{Brother (Jack},y) \lor \text{Father(Joy}, y)$。   （1）与（3），Joy/$z$, Jack/$x$

（6）Father(Joy, Steven)。   （2）与（5），Steven/y

（7）nil。   （4）与（6），Joy/u

得出，u 为 Joy。

例 8.13 假设任何通过计算机考试并获奖的人都是快乐的，任何肯学习或幸运的人都可以通过所有的考试，张不肯学习但他是幸运的，任何幸运的人都能获奖。求证：张是快乐的。

解：定义如下谓词和函数。

Happy(x)：x 是快乐的； Study(x)：x 肯学习； Lucky(x)：x 是幸运的；Pass(x, y)：x 通过考试 y；Win(x, prize)：x 获奖。

R_1："任何通过计算机考试并获奖的人都是快乐的"。

一阶谓词公式： $(\forall x)((\text{Pass}(x, \text{computer}) \land \text{Win}(x, \text{prize})) \rightarrow \text{Happy}(x))$。

CNF：（1）$\neg \text{Pass}(x, \text{computer}) \lor \neg \text{Win}(x, \text{prize}) \lor \text{Happy}(x)$。

R_2："任何肯学习或幸运的人都可以通过所有的考试"。

一阶谓词公式： $(\forall x)(\forall y)(\text{Study}(x) \lor \text{Lucky}(x) \rightarrow \text{Pass}(x, y))$。

CNF：（2）$\neg \text{Study}(y) \lor \text{Pass}(y,z)$。

　　　（3）$\neg \text{Lucky}(u) \lor \text{Pass}(u,v)$。

R₃："张不肯学习但他是幸运的"。

一阶谓词公式：$\neg$Study(zhang)$\wedge$Lucky(zhang)。

CNF：（4）$\neg$Study(zhang)。

（5）Lucky(zhang)。

R₄："任何幸运的人都能获奖"。

一阶谓词公式：$(\forall x)$(Lucky(x)$\rightarrow$Win(x,prize))。

CNF：（6）$\neg$Lucky(w)$\vee$Win(w, prize)。

结论否定："张是快乐的"的否定。

一阶谓词公式：$\neg$Happy(zhang)。

CNF：（7）$\neg$Happy(zhang)。

归结：

（8）$\neg$Pass(w, computer)$\vee$Happy(w)$\vee$$\neg$Lucky($w$)。 （1）与（6），$\{w/x\}$

（9）$\neg$Pass(zhang, computer)$\vee$$\neg$Lucky(zhang)。 （8）与（7），$\{zhang/w\}$

（10）$\neg$Pass(zhang, computer)。 （9）与（5）

（11）$\neg$Lucky(zhang)。 （10）与（3），$\{zhang/u, computer/v\}$

（12） nil。 （11）与（5）

得证。

需要注意的是，对于一阶谓词逻辑，从不可满足的意义上说，归结原理也是完备的，即若子句集是不可满足的，则必存在一个从该子句集到空子句的归结演绎；若存在一个从子句集到空子句的演绎，则该子句集是不可满足的。

8.4 归纳推理

归纳方法是指从个别的、特殊的知识概括出一般性原理的方法。归纳推理泛指以个别性知识为前提推出一般性知识为结论的推理，它与前两节介绍的演绎推理有着明显的不同。

演绎推理是从一般性知识的前提推出一个特殊性知识的结论，即从一般到特殊；而归纳推理则是从一些特殊性知识前提推出一个一般性的知识结论，即从特殊到一般。演绎推理的结论不超出前提所断定的范围，其前提和结论之间具有必然联系，前提是结论的充分条件。一个演绎推理只要前提真实并且推理形式正确，其结论就必然真实。而归纳推理的前提和结论之间仅具有或然联系，其前提仅仅是结论的必要条件，结论（除完全归纳推理以外）超出了前提所断定的范围，哪怕前提为真，结论也不一定为真。

当然，演绎推理和归纳推理也是互相依赖、互为补充的[13]。演绎推理中一般性知识的大前提，常常是依靠归纳推理从具体的经验中概括出来的，而归纳推理由于不具有必然性，常常也需要应用演绎推理对某些归纳的前提或结论加以论证。有些人也认为，归纳推理是演绎推理的基础，演绎推理是归纳推理的先导。

归纳推理分为完全归纳推理和不完全归纳推理，完全归纳推理是指在进行归纳时考察了相应事物的全部对象，并根据这些对象是否都具有某种属性来推出这个事物是否具有这个属性；不完全归纳推理是指只考察了相应事物的部分对象，就得出了结论。

8.4.1　完全归纳推理

完全归纳推理是根据某类对象的每个个别对象具有（或不具有）某种属性，从而断定该类对象的全体都具有（或不具有）该属性的推理。

例如，北京的人口数超过 1000 万，上海的人口数超过 1000 万，天津的人口数超过 1000 万，重庆的人口数超过 1000 万，所以，我国的直辖市都是人口数超过 1000 万的城市。

再如，天文学家对太阳系的大行星运行轨道进行考察时发现：水星是沿着椭圆轨道绕太阳运行的，金星是沿着椭圆轨道绕太阳运行的，地球是沿着椭圆轨道绕太阳运行的，火星是沿着椭圆轨道绕太阳运行的，木星是沿着椭圆轨道绕太阳运行的，土星是沿着椭圆轨道绕太阳运行的，天王星是沿着椭圆轨道绕太阳运行的，海王星是沿着椭圆轨道绕太阳运行的[14]。而水星、金星、地球、火星、木星、土星、天王星、海王星是太阳系的全部大行星。由此，便得出结论：所有的太阳系大行星都是沿着椭圆轨道绕太阳运行的。

这一结论，就是运用完全归纳推理得出的。

完全归纳推理的结构为

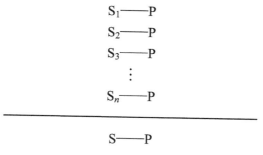

注：S_1，S_2，S_3，$\cdots$，S_n 是 S 类的部分对象

在进行完全归纳时，前提考察了某类对象的每个个别对象，结论知识实质上没有超出前提知识的范围，其实质是一种必然性推理。为保证完全归纳推理结论的真实性，必须确切知道所研究对象的全部个别对象的数量（必须是有限的），且具备对其逐一考察的可行性。与此同时，必须确切知道每个前提都是真实的。完全归纳比较好理解，在此不再赘述。

8.4.2　不完全归纳推理

在正常情况下，完全归纳推理是很难做到的，要么就是全部对象的数量太多，计算量过于庞大，要么就是根本无法找到对象的全部集合，无法穷尽，因此，探寻不完全归纳推理的各种方法是非常有必要的。

1. 简单枚举归纳推理

简单枚举归纳推理是根据某类对象的部分个别对象具有（或不具有）某种属性，并且没有发现相反的情况，从而推出该类对象的全体都具有（或不具有）该种属性的推理。

例如，树木有年轮，从其年轮可以知道树木生长的年数。乌龟也有年轮，从龟甲上环数的多少，就可以知道乌龟的年龄。牛马也有年轮，它们的年轮在牙齿上，从它们的牙齿就可以知道牛马的年龄。最近，日本科学家发现，人的年轮在脑中。这些事实表明，所有生物都有记录自己寿命长短的年轮[12]。

简单枚举归纳推理的结构为

$$
\begin{array}{l}
S_1\text{———}P \\
S_2\text{———}P \\
S_3\text{———}P \\
\quad\vdots \\
S_n\text{———}P \\
\hline
S\text{———}P
\end{array}
$$

注：S_1，S_2，S_3，…，S_n 是 S 类的部分对象，且未发现反例

在简单枚举归纳推理中，当没有发现与结论相关的反例时，前提所考察的个别对象越多，样本之间的个体差异越大，结论的可靠性就越大。

2. 科学归纳推理

科学归纳推理是在经验观察的基础上，通过分析所考察的某类对象的部分个别对象之所以具有（或不具有）某种属性的原因，进而推断该类对象的全体都具有（或不具有）该属性的推理。

例如，意大利那不勒斯城附近有个石灰岩洞，人们带牛马等高大牲畜通过岩洞时从未发生问题，但狗、猫、鼠等小动物走进洞里就会死亡。人们通过进一步的研究得知：小动物之所以死亡，是因为其头部靠近地面；小动物头部靠近地面之所以会死，是因为地面附近沉积了大量二氧化碳，缺乏氧气。这样，人们就得知：石灰岩洞缺氧的地面会造成头部离地面较近的小动物死亡。

科学归纳推理的结构为

$$
\begin{array}{l}
S_1\text{———}P \\
S_2\text{———}P \\
S_3\text{———}P \\
\quad\vdots \\
S_n\text{———}P \\
\hline
S\text{———}P
\end{array}
$$

注：S_1，S_2，S_3，…，S_n 是 S 类的部分对象且未发现反例，

同时 S_1，S_2，S_3，…，S_n 具有或不具有 P 是有某种原因的

科学归纳推理与简单枚举归纳推理的区别如表 8-5 所示。

表 8-5　科学归纳推理与简单枚举归纳推理的区别

区别项	科学归纳推理	简单枚举归纳推理
依据	经验观察＋科学分析	经验观察
前提事实数量对推出结论的意义	前提的典型性重于数量	前提数量越多结论越可靠
结论的可靠性程度	高	低

3. 排除归纳推理

排除归纳推理是用于探索事物间因果联系最常用的方法。英国心理学家、哲学家和经济学家 John Stuart Mill 提出了探索因果联系的 5 种逻辑方法，也称"穆勒五法"：求同法、求异法、求同求异并用法、共变法、剩余法，是最常用的排除归纳推理方法，它与枚举归纳推理方法的不同点在于：枚举归纳推理方法的结论主要是通过对前提加以总计而得出的，而排除归纳推理方法的结论则是通过对前提所确认的先行情况进行分离而获得的[13]。

（1）求同法。

考察被研究现象出现的若干场合，如果在这些场合中，只有一个先行情况是相同的，那么这个唯一相同的先行情况就是被研究现象的原因。

例如，对于形成彩虹的原因，科学家发现，彩虹可以出现在各种不同的场合：夏季雨过天晴，常可以看到天际一条彩虹；飞泻的瀑布旁，在水珠中常会出现彩虹；在河中划船，木桨击起水花，也可以见到彩虹。经过研究，科学家逐一排除了这些场合中不同的先行情况，终于发现了唯一相同的先行情况，即阳光穿过水珠，于是推断阳光穿过水珠是出现彩虹的原因。

求同法的结构如表 8-6 所示。

表 8-6　求同法的结构

先行情况	后继现象
A、B、C、D	a
A、B、E、F	a
A、C、E、G	a

注：大写英文字母分别表示先行情况，小写英文字母表示后继现象，其中 a 表示被研究现象。

所以，A 是 a 的原因。

应用求同法所得到的认识或找到的原因并不都是正确的，因为在各种不同场合存在的共同条件可能不止一个，而作为真正原因的某一共同条件可能正好被忽视了。

例如，小王坐在最后一排，上课迟到了，结果作业不会做；第二天他同样坐在最后一排，上课睡着了，结果作业不会做；第三天他又坐在最后一排，上课与同桌聊天，结果作业不会做。因此得出结论，坐在最后一排容易不会做作业。显然结论是不正确的。

总体来说，求同法是异中求同，除异求同，求同法可为人们提供找到原因的线索，但通过求同法得到的知识，还需通过实践或用其他方法进一步检验。

（2）求异法。

考察两个（或两组）场合，其中一个（或一组）出现被研究现象（正面场合），另一个（或一组）不出现被研究现象（反面场合）。如果在这两个（或两组）场合中只有一个先行情况是不同的，那么这唯一不同的先行情况就是被研究现象的原因。

例如，100 多年前，法国的牲畜中流行一种炭疽病，其致使大量家畜死亡，让人们损失巨大。著名细菌学家巴斯德经过研究培养出炭疽病防疫菌苗，当时的权威不相信巴斯德的研究成果，于是有了一次公开的实验：1881 年 2 月，50 只羊羔被分作两组，一组接种防疫菌苗，另一组不接种；同年 5 月底，上述 50 只羊羔又全部被注射了足以致命的炭疽病毒菌液，三天后，接种过防疫菌苗的羊羔全部生气勃勃，未接种防疫菌苗的羊羔全部死亡。

上述实验中，50 只羊羔被分为两组，一组接种了防疫菌苗，另一组未接种，其余的先行情况是一样的。结论很明显：接种防疫菌苗是部分羊羔生存的原因。

求异法的结构如表 8-7 所示。

表 8-7　求异法的结构

先行情况	后继现象
A、B、C、D	a
B、C、D	

所以，A 是 a 的原因。

求异法对正面场合与反面场合进行同中求异，除同求异，它作为一种实验的方法，在科学研究中，特别是科学实验中，被广泛运用其结论比作为观察方法的求同法更可靠一些。

在使用求异法的过程中，需要注意以下事项。

① 要确定被考察的正面场合与反面场合的先行情况中，除已发现的不同情况之外，不存在其他差异。

② 如果把握了正面场合与反面场合唯一不同的先行情况，那么应进一步分析这唯一不同的先行情况是被研究现象的全部原因，还是部分原因。

③ 要注意已发现的正面场合与反面场合不同的先行情况中，是否存在均引起被研究现象不相关的因素。

（3）求同求异并用法。

考察被研究现象出现的若干场合，如果在这些场合中只有一个先行情况 A 是相同的，而在不出现被研究现象的若干场合中，也只有一个先行情况 A 不存在是相同的，那么先行情况 A 就是被研究现象 a 的原因。

例如，为了探索太阳在候鸟迁徙过程中是否有定向功能，科学工作者曾做过以下实验。建立一座中心对称的六角亭，每一壁部开一个窗户。把玻璃底圆柱形铁丝笼罩于亭中，将处于迁徙兴奋状态的候鸟——椋鸟放入笼中，受试的椋鸟只能透过亭窗看到一块不大的天空。阳光透过亭窗时，椋鸟马上将头转向通常迁徙的方向，振翅欲飞。如果用镜子将阳光折射 60°或 90°，椋鸟飞行方向也随之相应地调转 60°或 90°。每逢阴天或雨天，云遮住了太阳，笼中的椋鸟就迷失了方向，在亭中六面墙壁上乱撞。而一旦太阳重新露脸，椋鸟则复取通常迁徙的方向飞行。科学家由上述实验得出结论：有些候鸟（如椋鸟）是以阳光作为定向标的。

求同求异并用法的结构如表 8-8 所示。

表 8-8　求同求异并用法的结构

	先行情况	后继现象
正面场合	A、B、C、D	a
	A、B、E、F	a
	A、C、E、G	a
反面场合	B、F、D	
	C、F、G	
	C、B、D	

所以，A 是 a 的原因（或部分原因）。

运用求同求异并用法的逻辑步骤如下。

① 运用求同法两次。

先正面场合求同，再反面场合求同。

② 运用求异法一次（对两次求同结果求异）。

在相继应用求同法和求异法时，先用求同法确定因果关系，再用求异法加以检查。

（4）共变法。

如果某一先行情况发生一定程度的变化而其他先行情况不变，被研究现象也随着发生一定程度的变化，那么这唯一发生变化的先行情况是被研究现象的原因。

例如，通过实验得知，对某一质量的液体，给其加热，温度升高则其质量减少，温度升高得越高，质量减少得越快；反之，温度升高得越慢，质量减少得就越慢。于是，就可以推断：温度升高液体会挥发，挥发的速度与温度高低有因果联系。

共变法的结构如表 8-9 所示。

表 8-9　共变法的结构

先行情况	后继现象
A_1、B、C、D	a_1
A_2、B、C、D	a_2
A_3、B、C、D	a_3

所以，A 是 a 的原因。

共变法的主要特点如下。

① 只适用于单一原因和单一结果的场合。

② 共变法是从先行情况和被研究现象的数量、程度的变化来判定因果联系的。

③ 在一些不能用求同法、求异法的场合，共变法是可行的方法。

共变法可以用在很多地方。例如，保持其他条件不变，某些导体的电阻随导体温度的下降而减小，甚至当温度降低到某一程度时，导体的电阻会突然消失，由此可以得出结论，导体温度降低是导体电阻减小的原因。

气温上升，放在器皿中的水银体积会增大；气温下降，水银体积会减小。根据气温与水银体积的共变关系，可推断：气温的升降是水银体积增大或减小的原因。

（5）剩余法。

如果已知某一复合事物情况是某一复杂现象的原因，又已知这一复合情况中的一部分情况是这一复杂现象的一部分现象的原因，那么复合情况的剩余部分与复杂现象的剩余部分有因果联系。

例如，1846 年前，天文学家在观察天王星的运行轨道时发现，其运行轨道与计算出的结果发生了 4 个方向的偏离。已知 3 个方向的偏离是由一些已知行星的引力所导致的，而另一个方向的偏离则原因不明。法国科学家罗维烈考虑，既然其余 3 个方向的偏离是行星引力所致，那么剩余的那个方向的偏离也应是另一个未知的行星的引力所引起的。根据天体力学理论，罗维烈计算并预测了未知行星的运行轨道。他于 1846 年 9 月 18 日向柏林天文台的伽勒请求帮助。果然，当年 9 月 23 日，海王星在与计算结果相差不到 1° 的地方被发现了。

剩余法的结构如表 8-10 所示。

表 8-10　剩余法的结构

先行情况	后继现象
复合情况 K（A、B、C、D）	复合情况 F（a、b、c、d）
B	b
C	c
D	d

所以，A 是 a 的原因。

剩余法是科学研究中常用的一种逻辑方法，居里夫人就运用这一方法发现了镭。她在对沥青铀矿的研究实验中发现，它所放出的射线比纯铀放出的强得多，纯铀不足以说明这种复杂现象，还有一个剩余部分，这个剩余部分必然有另外的原因（这个原因必然存在于沥青铀矿中）。据此，她反复研究，后来果然在沥青铀矿中发现了一种新的放射性元素——镭。

剩余法的主要特点如下。

① 不是探索因果联系一开始就采用的方法，必须以其他方法所求得的部分因果联系为前提。

② 必须确认被考察现象 F 的一部分（b、c、d）是复合先行情况 K 的一部分（B、C、D）引起的，而被考察现象 F 的剩余部分 a 并不是由上述先行情况 K 中的 B、C、D 引起的。

③ 复合现象的剩余部分 a 的原因 A，不一定是一个单一情况，也可能是一个复合情况。

4. 溯源推理

溯源推理是一种由结果推断原因的归纳推理。在日常生活中，特别是在提出假说的过程中，如在医生的诊疗实践中，以及在刑事侦查工作中，溯源推理都有着重要的作用。

例如，热水器突然没有热水了，为了让热水重新正常供应，总要先推测没有热水的原因，是停电了，还是电卡没钱了，还是停水了，或者是热水器坏了……上述推测过程就使用了溯源推理的形式：如果热水器坏了，那么就是"热水器坏了"这个原因导致没有热水了；如果停水了，那么就是"停水"这个原因导致没有热水了。

溯源推理的结构为

$$p \to q$$
$$q$$
_____
$$p$$

溯源推理的基本特征是，貌似是演绎推理，但并不是前提蕴含结论的必然性推理。它实质上是在已知 q 是 p 的必要条件的情况下，由 q 能被断定推断出 p 也能被断定。

5. 类比推理

根据两类对象 A 和 B 有若干共同的属性，并且 A 有另外某个属性，推断 B 也具有该属性。

例如，春秋时代鲁国的鲁班（被认为是木匠的鼻祖）一次去林中砍树时被一株齿形的茅草割破了手，他想，茅草是齿形的，茅草能割破手，那么能割断木头的工具也可以是齿形的。在此启发下，他发明了锯子。

类比推理的结构为

A 对象有属性 a、b、c，还有属性 d
B 对象有属性 a、b、c
_____
B 对象也有属性 d

客观事物属性之间的相互联系和相互制约关系是类比推理的客观基础，在类比推理中，前提要尽可能多地与确认对象具有相同属性，相同属性越多，其结论的可靠程度越高；前提 A 和 B 的相同属性应是较本质的属性，相同属性与推出属性之间越具有相关性，结论的可靠性程度就较高。要注意寻找与类比推理结论相排斥的情况。

8.5 非单调推理

建立在谓词逻辑基础上的传统系统是单调的，即已知为真的命题数目随时间而严格增加。那是因为新的命题可加入系统，新的定理可被证明，但这种加入和被证明决不会导致前面已知为真或已被证明的命题变为无效[14]。这种系统具有以下优点。

（1）当加入一个新命题时，不必检查新命题与原有知识间的不相容性。

（2）对每个已被证明了的命题，不必保留一个命题表。它的证明以该命题表中的命题为根据，因为不存在那些命题被取消的情况。

可是，这种单调系统不能很好地处理常常出现在现实问题领域的 3 类情况，即不完全的信息、不断变化的情况及求解复杂问题过程中生成的假设。

8.5.1 缺省推理

在处理过程中，一个系统很难拥有它所需要的一切信息。但是，当缺乏信息时，只要不出现相反的证据，就可以做一些有益的猜想。构造的这种猜想称为缺省推理

（Default Reasoning）。例如，假设你跟朋友打完球去买水，到了小卖部以后，对于"你的朋友需要喝水吗"这样一个问题，你可能没有任何具体信息作为回答问题的依据。但是，若利用一般的规则——你们一起打球，运动量很大，大多数人都很口渴，就可假定你的朋友需要你帮他买水喝，除非有相反的证据（朋友自己带水了），这样你就可做出决定。这类缺省推理是非单调的（加进一条信息就可能迫使取消另一条信息），因为用这种方式推导出来的命题依赖于在某个命题中缺少的某种信念，即前面那些缺省的命题一旦加入系统，就必须消除用缺省推理产生的命题。这样一来，如果你拿着水回到球场时，看见你的朋友正在喝水，你就应取消以前的信念——你的朋友需要你帮忙买水喝。当然，你也必须取消建立在已被取消的信念基础上的任何信念。

上述举例说明了一个普通类型的缺省推理，即最可能选择。如果知道一些事情中的某件事必为真，在缺乏完全知识的条件下，应选最可能的那个。例如，大多数人喜欢花；大多数狗有尾巴；对欧洲人而言，最一般的肤色为白色。另一重要类型的缺省推理是约束推理(Circumscription)，在这种推理中，只有当证明某些对象满足性质 P 时，才认为它们满足性质 P。例如，假设需要求解的问题是按时去约会，可能有许多妨碍按时约会的因素，如堵车、打不上出租车、公交车人太多挤上不去等，而需要注意的是，问题求解程序不必去证明这些是真的，因为可能问题本身与公交车等并没有关系。程序能做的是，假定只有那些能够清楚地被证明为真的事情才是真的（希望没一个为真），否则不为真。此时，程序才能向前推进并假定能使用出租车。

一个既精确又可算的缺省推理的描述，必涉及结论 Y 且缺少某一信息 X。所以缺省推理的定义如下。

定义 8.1 如果 X 未知，那么得结论 Y。

在所有的系统中，除最简单的系统以外，只有存储在数据库中的事件的极小部分可看成已知的。不过，通过各种努力，事件的其余部分可从已知部分推导出来。所以缺省推理的定义更像定义 2。

定义 8.2 如果 X 不能被证明，那么得结论 Y。

但是，如果仍然以谓词逻辑工作，那么如何能知道 X 不能被证明？由于该系统是不可判定的，因此对任一 X 来说，仍不能判断它能否被证明。于是不得不重新考虑定义。

定义 8.3 如果 X 不能在某个给定的时间内被证明，那么得结论 Y。

假如现在得到一证明，对证明过程中的某一步来说，由于没有能力证明 X，因此得结论 Y。但是，由于 X 是否可被证明是不可判定的，因此包含这个证明在内的更大的证明也就不可判定。于是，由于缺乏完全的知识，对缺省推理的需要迫使人们使用这样的系统，它的行为不易形式地描述出来。

即使有幸获得了关于某一情况的完全知识，也不能由此长时间使用它，因为客观世界在迅速地变化着。要解决这类问题有两种方法：一种方法是引入状态变量对它进行处理，但这种方法不很完善，因为只要状态中各谓词为真，它就要对每个状态做单独的描述，于是要花很多精力来重复地说明一个缓慢变化的事实；另一种方法是取消那些不能再精确描述世界的命题，而代之以另一些更精确的命题。这又使其变成了非单调系统。在这类系统中，命题既可从知识库中删除，也可加入。而且当一个命题被取消后，其证明依赖于这个被取消命题的其他命题也应取消。

即使供某一系统采用的知识不存在上述两个问题，一个好的问题求解系统在问题求解过程中，也可能产生某些非单调行为的知识。假如要编一个程序来求解一个极简单的问题，如找一适当时间使 3 个班的学生同时参加会议。一个方法是首先假设会议在某个具体日期举行，如星期二，并将关于此假设的命题放入数据库中，再从 3 个班的课程表中挨个检查每个时间段的不相容性。如果出现冲突，就表示假设的命题必须取消，而代之以另一个希望不矛盾的命题。当然，任何依赖于这个被取消命题而建立起来的命题也必须取消，这又得到一个非单调系统。

当然，这种情况可用带回溯的直接树搜索来处理。一切假设和由假设得出的推论，均记录在产生它们的搜索树的节点上。当产生一个不相容时，只需要回溯到尚未探索过的路径的一个节点上，这时原假设和它们的推论将自动消失。这种回溯方法如图 8-7 所示。

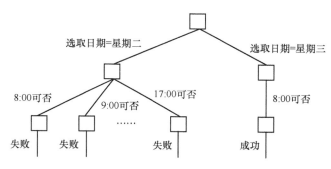

图 8-7　树搜索的回溯

图 8-7 显示出一个安排会议程序的搜索树的一部分。为此，程序必须求解一个约束满足问题，即找出每个班级都有空闲的开会日期与时刻。

求解该问题时，系统必须试图在一个时刻满足一个约束。最初，几乎没有根据可以肯定哪个时间最好，所以随意确定为星期二。于是产生一个新的约束，解的其余部分必须满足会议在星期二举行的假设，且存放在所产生的节点上。然后，程序试图选择一个时刻，使之适合于所有参加的班级。在班级的课程表中，通常 8:00、9:00、10:00 等会有课程安排，因此从 8:00 开始搜索。然而，程序发现星期二没有可用的时间段可以开会。所以它回溯穿过节点，并改在另一天，如星期三。至此，有关星期二的推理全部取消。

因此可以说，当不完全知识的出现要求缺省推理时，或者一个不断变化的世界必须用适应不断变化的数据库来描述时，或者产生一个问题的完全解可能要求关于部分解的暂时的假设时，都需要察觉非单调推理系统的必要性。

8.5.2　非单调推理系统

正确性维持系统（Truth Maintenance System，TMS）是一个已经实现了的非单调推理系统。它用以协助其他推理程序维持系统的正确性，所以它的作用不是生成新的推理，而是在其他程序所产生的命题之间保持相容性。一旦发现某个不相容，它就调出自已的推理机制，面向从属关系回溯，并通过修改最小的信念集来消除不相容。

在 TMS 中，每一命题或规则均称为节点，且对任一节点，以下两种状态必居其一：IN 表示相信为真；OUT 表示不相信为真，或者无理由相信为真，或者当前没有可相信的理由。

每个节点附有一证实表，表中每项表示一种确定节点有效性的方法。IN 节点是指那些至少有一个在当前来说是有效证实的节点。OUT 节点则指那些当前无任何有效证实的节点。

当使用缺省推理的结果时，后续节点都是在假设原始节点为 IN 的基础上产生的，如果有新的信息进来，可能会使此假设的原始节点变成 OUT，那么它后续的所有节点均变成 OUT。保留这些 OUT 节点是很有必要的，因为随着时间的推移，一旦有效信息发生了变化，使原始节点再次变为 IN 节点，那些在它的基础上用来产生其他节点的推理就不必重做了。

在系统中，以下两种方式可用来证实一个节点的有效性依赖于其他节点的有效性。

（1）支持表(SL(IN 节点)(OUT 节点))。

（2）条件证明(CP(结论)。

(IN 假设)。

(OUT 假设))。

1. 支持表（Support List，SL）

支持表最通用。如果在 IN 节点表中提到的节点当前都是 IN，且在 OUT 节点表中提到的节点当前都是 OUT，那么，它们是有效的。例如，下述节点：

（1）冬天到了(SL( )( ))。

（2）大雁南飞(SL(1)( ))。

节点（1）的 SL 证实中的 IN 和 OUT 表为空，表明它不依赖于任何其他节点中当前的信念或缺少信念，这类节点称为前提。而节点（2）的 SL 证实的 IN 表中含节点（1），这说明导致节点（2）可信任结论的推理链依赖于当前节点（1）的信念。如果在将来某个时刻，TMS 除掉了节点（2）的前提节点（1），那么，由于节点（2）失去了依据，因此也要从 IN 表中除去。

因此，TMS 的推理与直接的谓词逻辑系统相似，除了它能撤销前提并对数据库的其余部分做适当的修改。如果一个 SL 证实的 OUT 表不是空的，TMS 也能处理缺省推理。例如：

（1）冬天到了(SL( )( ))。

（2）大雁南飞(SL(1)(3))。

（3）气温没有下降。

若节点（1）是 IN，节点（3）是 OUT，则节点（2）才为 IN。这个证实实际上是说：如果现在冬天到了，又没有气温没有下降的证据，则结论为大雁南飞。如果在将来某一时刻，出现了气温没有下降的证据（节点（3）变成了 IN），那么 TMS 将使节点（2）也变为 OUT，因为它不再有一个有效的证实。像节点（2）这样的节点（它们为 IN 的根据是一个含有非空 OUT 表的 SL 证实）称为假设。这个例子再次说明有必要存储那些为 OUT 的节点，节点（3）为 OUT，构成了节点（2）证实的一部分。需要注意的是，节点（2）的证实来自冬天到了大雁一般都会南飞这样一个领域知识，TMS 能做的仅是利用证实来维持一个相容的信念数据库。

2. 条件证明（Condition Prove，CP）

条件证明的证实表示有前提的论点。无论何时，只要在 IN 假设中的节点为 IN，OUT 假设中的节点为 OUT，则结论节点往往为 IN。于是，条件证明的证实有效，TMS 是通过把它们转换成 SL 证实来进行处理的。

TMS 将显式证实与当前相信为真（在 IN 表上）的命题一起存储。当查出不相容时，它只消除必须删去者。如前所述，此过程称为面向从属关系的回溯。下面仍用安排会议的问题来说明它如何工作。

设从节点（1）、（2）开始：

（1）日期(会议)=星期二(SL( ) (2))。

（2）日期(会议)≠星期二。

目前没有相信"开会日期不应是星期二"的证实，所以节点（1）是 IN 以表示日期为星期二这一假设。

安排会议的程序要去找一个时间段，假设在星期二的 8:00—9:00。

（3）时段(会议)=8:00—9:00 (SL(1)(4))。

（4）时段(会议)≠8:00—9:00。

节点（1）、（3）在 IN，节点（2）和（4）在 OUT。现在，程序要去判断 3 个班级在 8:00—9:00 是否可以开会，即是否无课，这要通过其他若干节点（如课程表）来判断得出。于是产生以下一些节点。

（5）时段(班级 1)=8:00—9:00(SL(23,35,67) ( ))。

（6）时段(班级 2)=8:00—9:00(SL(43,36,77) ( ))。

（7）时段(班级 3)=8:00—9:00(SL(24,32,55) ( ))。

结果发现节点（5）、（6）是 IN，节点（7）是 OUT。说明班级 1 和班级 2 在星期二 8:00—9:00 没有课，可以开会。班级 3 有课，无法开会。于是通过下一节点来告诉 TMS：

（8）矛盾(SL(3,7) ( ))。

这时，调用面向从属关系的回溯过程。它查看矛盾节点的 SL 证实中的节点，试图找到一个假设，只要除去该假设，矛盾就可消除。在此例中，回溯找到假设（3），回溯机制通过产生一个不相容节点来记录它。于是得到下面的节点：

（9）不相容 N−1(CP8(3,7) ( ))。

在 TMS 中通过使节点（3）的 OUT 表中的一个节点变为 IN 来使节点（3）变为 OUT（因为一切假设都有非空的 OUT 表，所以可以这样做）。在本例中使节点（4）为 IN 的方法就为节点（4）提供了一个以不相容节点为根据的证实。于是，现在有：

（1）日期(会议)=星期二(SL( ) (2))。

（2）日期(会议)≠星期二。

（3）时段(会议)=8:00—9:00 (SL(1) (4))。

（4）时段(会议)≠8:00—9:00。

（5）时段(班级 1)=8:00—9:00(SL(23,35,67) ( ))。

（6）时段(班级 2)=8:00—9:00(SL(43,36,77) ( ))。

（7）时段(班级 3)=8:00—9:00(SL(24,32,55) ( ))。

（8）矛盾(SL(3,7) ( ))。

（9）不相容 N−1(CP8(3,7) ( ))。

节点（4）和节点（9）为 IN，使得节点（3）为 OUT，因为节点（3）的证实依赖于节点（4）是 OUT，然后，节点（8）现在也变成了 OUT。这样，矛盾就消除了，可以选择一个新的开会时段（如 9:00—10:00）。由于矛盾中不包含星期几，因此仍保持星期二不变。

8.6 实验：运用逻辑推理的方法解决八皇后问题

8.6.1 实验目的

（1）了解逻辑推理在实际中的应用。

（2）了解编程实现逻辑推理方法的步骤。

8.6.2 实验要求

（1）学会在 Python 中调用 pyDatalog。

（2）学会使用 pyDatalog 解决八皇后问题。

8.6.3 实验原理

首先介绍八皇后问题。八皇后问题是一个古老而著名的问题，该问题是国际西洋棋棋手马克斯·贝瑟尔于 1848 年提出的：在 8×8 格的国际象棋上摆放八个皇后，使其不能互相攻击，即任意两个皇后都不能处于同一行、同一列或同一斜线上，如图 8-8 所示，问有多少种摆法。高斯认为有 76 种方案。1854 年，在柏林的象棋杂志上，不同的作者发表了 40 种不同的解，后来有人用图论的方法解出 92 种结果。计算机出现后，有多种计算机语言可以解决此问题。

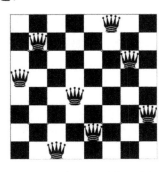

图 8-8　八皇后问题的一种解

逻辑推理是最常用的一种推理方式，使用逻辑推理，只要制定一定的规则，就可以推理出结果。Python 中的 pyDatalog 逻辑推理引擎提供了一种更方便地进行逻辑推理的引擎，以便快速简单地解决八皇后问题。

8.6.4　实验步骤

（1）下载 pyDatalog 库。

①　Python 环境下使用"pip install pyDatalog"命令。

②　下载地址为 https://pypi.org/project/pyDatalog/#files 。注意，下载适合自己开发环境的 pyDatalog 模块包，如图 8-9 所示。

Filename, size	File type	Python version	Upload date	Hashes
pyDatalog-0.17.1-cp27-none-win32.whl (208.1 kB)	Wheel	2.7	Jan 25, 2016	View
pyDatalog-0.17.1-cp27-none-win_amd64.whl (229.5 kB)	Wheel	2.7	Jan 25, 2016	View
pyDatalog-0.17.1-cp33-none-win32.whl (207.4 kB)	Wheel	3.3	Jan 25, 2016	View
pyDatalog-0.17.1-cp33-none-win_amd64.whl (219.4 kB)	Wheel	3.3	Jan 25, 2016	View
pyDatalog-0.17.1-cp34-none-win32.whl (207.2 kB)	Wheel	3.4	Jan 25, 2016	View
pyDatalog-0.17.1-cp34-none-win_amd64.whl (219.1 kB)	Wheel	3.4	Jan 25, 2016	View
pyDatalog-0.17.1-cp35-none-win32.whl (205.1 kB)	Wheel	3.5	Jan 25, 2016	View
pyDatalog-0.17.1-cp35-none-win_amd64.whl (222.9 kB)	Wheel	3.5	Jan 25, 2016	View
pyDatalog-0.17.1.zip (304.3 kB)	Source	None	Jan 25, 2016	View

图 8-9　不同开发环境的 pyDatalog 模块包

（2）导入 Python 的逻辑推理引擎 pyDatalog：

```
from pyDatalog import pyDatalog
```

（3）定义变量：

```
pyDatalog.create_atoms( 'N, N1, X, Y, X0, X1, X2, X3, X4, X5, X6, X7' )
pyDatalog.create_atoms( 'ok, queens, next_queen, pred, pred2' )
```

（4）建立规则：

```
size = 8
ok( X1, N, X2 ) <= ( X1 != X2 ) & ( X1 != X2 + N ) & ( X1 != X2 - N )


pred( N, N1 )    <= ( N > 1 ) & ( N1 == N - 1 )
queens( 1, X )   <= ( X1._in( range( size ) ) ) & ( X1 == X[0] )
queens( N, X )   <= pred( N, N1 ) & queens( N1, X[:-1] ) & next_queen( N, X )


pred2( N, N1 )      <= ( N > 2 ) & ( N1 == N - 1 )
next_queen( 2, X ) <= ( X1._in( range( 8 ) ) ) & ok( X[0], 1, X1 ) & ( X1 == X[1] )
```

```
next_queen( N, X ) <= pred2( N, N1 ) & next_queen( N1, X[1:] ) & ok( X[0], N1, X[-1] )
```

（5）将结果输出：

```
print( queens( size, ( X0, X1, X2, X3, X4, X5, X6, X7 ) ) )
```

8.6.5 实验结果

结果输出如图 8-10 所示，由于数量太多，只截取 26 个解进行展示。

X0	X1	X2	X3	X4	X5	X6	X7
2	5	7	0	4	6	1	3
5	1	6	0	2	4	7	3
4	7	3	0	6	1	5	2
2	5	3	0	7	4	6	1
6	2	0	5	7	4	1	3
3	6	4	1	5	0	2	7
6	3	1	4	7	0	2	5
5	2	4	7	0	3	1	6
1	4	6	0	2	7	5	3
5	2	4	6	0	3	1	7
4	6	3	0	2	7	5	1
3	6	4	2	0	5	7	1

2	5	1	6	4	0	7	3
1	3	5	7	2	0	6	4
3	1	6	2	5	7	0	4
3	6	2	7	1	4	0	5
2	5	1	6	0	3	7	4
2	5	3	1	7	4	6	0
4	2	7	3	6	0	5	1
2	0	6	4	7	1	3	5
5	2	0	6	4	7	1	3
5	2	0	7	3	1	6	4
4	2	0	5	7	1	3	6
2	6	1	7	5	3	0	4
5	7	1	3	0	6	4	2
2	4	1	7	0	6	3	5

图 8-10　八皇后问题的解输出示例

以上就是一个简单的、运用逻辑推理解决问题的例子，共得到 92 个解。当然，八皇后问题是一个典型的递归问题，有很多种解法，有兴趣的读者可以查询资料并一一实现。

习题

1．简述一般的推理过程。

2．知识推理都有哪些分类？简述各类推理方式的特点。

3．逻辑推理系统中的 5 种推理规则是什么？

4．用命题演算形式表示：如果是应届高中生，而且获得过数学或物理竞赛的一等奖，那么会保送上北京大学。

5．用命题演算形式表示：①所有的人都是要死的。②有的人活到 100 岁以上。

6．用谓词演算形式表示：对所有人来说，如果 A 是 B 的父亲，B 又是 C 的父亲，那么 A 是 C 的祖父。

7．用谓词演算形式表示：某些患者喜欢所有医生，没有患者喜欢庸医，所以没有医生是庸医。

8．假设任何通过计算机考试并获奖的人都是快乐的，任何肯学习或幸运的人都可以通过所有的考试，张不肯学习但他是幸运的，任何幸运的人都能获奖。求证：张是快乐的。

9．画出第 8 题的归结树。

10．查阅相关资料，尝试运用 Python 解决十六皇后问题（规则与 8.6 节实验描述的类似）。

参考文献

[1]　官赛萍，靳小龙，贾岩涛，等. 面向知识图谱的知识推理研究进展[J]. 软件学报，2018，29(10)：2966-2994.

[2]　姜全吉. 逻辑学[M]. 北京：高等教育出版社，1994.

[3]　席中洋. 专家系统开发工具的研究与应用[D]. 南京：南京理工大学，2003：1-57.

[4]　尹朝庆. 人工智能方法与应用[M]. 武汉：华中科技大学出版社，2007.

[5]　管涛. 基于网络的专家系统平台的研究与应用[D]. 青岛：青岛科技大学，2004.

[6]　王永庆. 人工智能：原理·方法·应用[M]. 西安：西安交通大学出版社，1994.

[7]　王勋，凌云，费玉莲. 人工智能原理及应用[M]. 海口：南海出版公司，2006.

[8]　鹿丙杰. 仪器仪表故障诊断专家系统[D]. 成都：电子科技大学，2006.

[9]　刘素姣. 一阶谓词逻辑在人工智能中的应用[D]. 开封：河南大学，2004.

[10]　张仰森. 人工智能原理与应用[M]. 北京：高等教育出版社，2004.

[11]　邱晓红. 离散数学[M]. 2 版. 北京：中国水利水电出版社，2015.

[12]　谷振诣，刘壮虎. 批判性思维教程[M]. 北京：北京大学出版社，2006.

[13]　周家庭，逻辑学教程[M]. 海口：南海出版公司，2014.

[14]　杨炳儒. 基于内在机理的知识发现理论及其应用[M]. 北京：电子工业出版社，2004.

[15]　蔡自兴，徐光祐. 人工智能及其应用[M]. 北京：清华大学出版社，2005.

第9章　不确定性推理

第 8 章讨论了建立在经典逻辑基础上的确定性推理，这是一种运用确定性知识进行的精确推理。但是，人们通常是在信息不完善、不精确的情况下运用不确定性知识进行思维的，因此本章简要对不确定性知识的推理进行介绍。本章主要包括基于概率理论的推理和基于模糊理论的推理两部分内容。

9.1　基本概念

9.1.1　不确定性推理的概念

所谓推理，就是从已知事实出发，通过运用相关知识逐步推出结论，或者证明某个假设成立或不成立的思维过程。其中，已知事实和知识是构成推理的两个基本要素，已知事实又称为证据，用于指出推理的出发点及推理时应该适用的知识，而知识是推理得以向前推进，并逐步达到最终目标的依据。

在第 8 章讨论的推理中，已知事实及推理时所依据的知识都是确定的，推出的结论或证明的假设也都是精确的。但是，现实世界中的事物及事物之间的关系是极其复杂的，由于客观上存在的随机性、模糊性及某些事物或现象暴露的不充分性，人们对它们的认识往往是不精确的、不完全的，具有一定程度的不确定性，这种认识上的不确定性反映到知识上来，就形成了不确定性知识。

正如费根鲍姆所说的那样，大量未解决的重要问题，往往需要运用专家的经验，而经验性知识一般都带有某种程度的不确定性。在此情况下，如果仍用经典逻辑做精确处理，就势必要把客观事物原本具有的不确定性及事物之间客观存在的不确定性关系划归为确定性的，在本来不存在明确类属界限的事物间人为地划定界限，这无疑会舍弃事物的某些重要属性，从而使其失去了真实性。由此可以看出，人工智能中对推理的研究不能仅仅停留在确定性推理这个层次上，还必须开展对不确定性的表示及处理的研究，这将使计算机对人类思维的模拟更接近人类的思维。

9.1.2　不确定性推理中的基本问题

在不确定性推理中，知识和证据都具有某种程度的不确定性，这就为推理增加了复杂性和难度。它除了必须解决推理方向、推理方法、控制策略等基本问题，一般还需要解决不确定性的表示与量度、不确定性匹配及阈值的选择、组合证据不确定性的算法、不确定性的传递算法，以及结论不确定性的合成等重要问题[1]。

1. 不确定性的表示与量度

不确定性推理中的"不确定性"一般分为两类：一是知识的不确定性；二是证据的不确定性。它们都要求有相应的表示方式和量度标准。

（1）知识不确定性的表示。知识的表示与推理是密切相关的两个方面，不同的推理方法要求有相应的知识表示模式与之对应。在不确定性推理中，由于要进行不确定性的计算，因此必须用适当的方法把不确定性及不确定的程度表示出来。

目前，在专家系统中，知识的不确定性一般是由领域专家给出的，通常是一个数值，它表示相应知识的不确定性程度，它可以是相应知识在应用中成功的概率，也可以是该条知识的可信程度或其他，其值的大小因其意义与使用方法的不同而不同。

（2）证据不确定性的表示。一般来说，证据不确定性的表示方法应与知识不确定性的表示方法保持一致，以便在推理过程中对不确定性进行统一处理。证据不确定性通常也用一个数值表示，它代表相应证据的不确定性程度。对于初始证据，其值由用户给出；对于用前面推理所得结论作为当前推理的证据，其值由推理中不确定性的传递算法通过计算得到。

（3）不确定性的量度。对于不同的知识及不同的证据，其不确定性的程度一般是不相同的，需要用不同的数据表示其不确定性的程度，同时需要事先规定它的取值范围，只有这样，每个数据才会有确定的意义。例如，在专家系统 MYCIN 中，用可信度表示知识及证据的不确定性，其取值范围为[-1,1]，当可信度取大于零的数值时，其值越大，表示相应的知识或证据越接近于"真"；当可信度的取值小于零时，其值越小，表示相应的知识或证据越接近于"假"[2]。

2. 不确定性匹配及阈值的选择

推理是一个不断运用知识的过程。在这一过程中，为了找到所需的知识，需要用知识的前提条件与数据库中已知的证据进行匹配，只有匹配成功的知识才有可能被应用，如 9.4 节中涉及的模糊推理匹配问题。

对于不确定性推理，由于知识和证据都具有不确定性，而且知识所要求的不确定性程度与证据实际具有的不确定性程度不一定相同，因此就出现了"怎样才算匹配成功"的问题。对于这个问题，目前常用的解决方法是设计一个算法来计算匹配双方的相似程度。另外，指定一个相似的"限度"来衡量匹配双方相似的程度是否落在指定的限度内[3]，如果落在指定的限度内，就称它们是可匹配的，相应知识可被应用；否则就称它们是不可匹配的，相应知识不可应用。上述中，用来计算匹配双方相似程度的算法称为不确定性匹配算法，用来指出相似的"限度"称为阈值。

3. 组合证据不确定性的算法

在基于产生式规则的系统中，知识的前提条件既可以是简单条件，也可以是用 AND 或 OR 把多个简单条件连接起来构成的复合条件。进行匹配时，一个简单条件对应于一个单一的证据，一个复合条件对应于一组证据，称这一组证据为组合证据。在不确定性推理中，由于结论的不确定性通常是通过对证据及知识的不确定性进行某种运算得到的，因此需要有合适的算法计算组合证据的不确定性。目前，关于组合证据不确定性的计算，人们已经提出了多种方法，如最大最小方法、 Hamacher 方法、概率方法、有界方法、 Einstein 方法等，其中目前用得较多的有如下 3 种[4]。

（1）最大最小方法。

$$T(E_1 \text{ AND } E_2)=\min\{T(E_1),T(E_2)\}$$
$$T(E_1 \text{ OR } E_2)=\max\{T(E_1),T(E_2)\}$$

（2）概率方法。

$$T(E_1 \text{ AND } E_2)= T(E_1)\times T(E_2)$$
$$T(E_1 \text{ OR } E_2)= T(E_1)+ T(E_2)-T(E_1)\times T(E_2)$$

（3）有界方法。

$$T(E_1 \text{ AND } E_2)= \max\{0,T(E_1)+T(E_2)-1\}$$
$$T(E_1 \text{ OR } E_2)= \min\{1,T(E_1)+T(E_2)\}$$

其中，$T(E)$表示证据 E 为真的程度，如可信度、概率等。另外，上述的每组公式都有相应的适用范围和使用条件，如概率方法只能在事件之间完全独立时使用。

4. 不确定性的传递算法

不确定性推理的根本目的是根据用户提供的初始证据，通过运用不确定性知识推出不确定性的结论，并推算结论的不确定性程度。为达到这一目的，除了需要解决前面提出的问题，还需要解决推理过程中不确定性的传递问题，它包括如下两个密切相关的子问题。

（1）在每步推理中，如何把证据及知识的不确定性传递给结论。

（2）在多步推理中，如何把初始证据的不确定性传递给最终结论。

对于第一个子问题，不同的不确定性推理方法所采用的处理方法各不相同，这将在下面几节中分别进行讨论。

对于第二个子问题，各种方法所采用的处理方法基本相同，即把当前推出的结论及其不确定性量度作为证据放入数据库中，供以后推理使用。由于最初那一步推理的结论是用初始证据推出的，其不确定性包含了初始证据的不确定性对它所产生的影响，因此当它又用作证据推出进一步的结论时，其结论的不确定性仍然会受到初始证据的影响。由此一步步地进行推理，必然就会把初始证据的不确定性传递给最终结论。

5. 结论不确定性的合成

推理中有时会出现这样一种情况：用不同知识进行推理得到了相同结论，但不确定性的程度不相同。此时需要用合适的算法对它们进行合成。不同的不确定性推理方法所采用的合成方法各不相同。

以上简要列出了不确定性推理中一般应该考虑的一些基本问题，但这并不是说任何一个不确定性推理都必须包括上述各项内容，如专家系统 MYCIN 就没有明确提出不确定性匹配的算法，而且不同的系统对它们的处理方法也不尽相同[4]。

9.1.3　不确定性推理方法的分类

目前，关于不确定性推理方法的研究是沿着以下两条不同的路线发展的。一条路线是模型方法，它在推理一级上扩展确定性推理，其特点是把不确定的证据和不确定的知识分别与某种量度标准对应起来，并且给出更新结论不确定性的算法，从而构成相应的不确定性推理的模型。上面关于不确定性推理中基本问题的讨论都是针对这一类方法的。

另一条路线是控制方法，它在控制策略一级处理不确定性，其特点是通过识别领域中引起不确定性的某些特征及相应的控制策略来限制或减少不确定性对系统产生的影响。这类方法没有处理不确定性的统一模型，其效果极大地依赖于控制策略[5]，如表 9-1 所示。本章只对模型方法展开讨论，至于控制方法，有兴趣的读者可查阅有关文献。

表 9-1　不确定性推理方法的分类

不确定性推理方法	模型方法	数值方法	基于概率的方法
			模糊推理
		非数值方法	
	控制方法	相关性制导回溯、机缘控制、启发式搜索等	

模型方法有数值方法和非数值方法两类。数值方法是一种对不确定性的定量表示和处理的方法，目前人们对它的研究及应用比较多。按所依据的理论不同，其又可分为两类：一类是依据概率论的有关理论发展起来的方法，称为基于概率的方法；另一类是依据模糊理论发展起来的方法，称为模糊推理[5]，以下几节将对它们进行详细讨论。非数值方法是指除数值方法以外的其他各种处理不确定性的方法，邦地（Bundy）于 1984 年提出的发生率计算就是这样的一种方法，它是采用集合来描述和处理不确定性的，而且满足概率推理的性质。

自 9.2 节开始，我们将详细讨论两种数值方法。

9.2　不确定性推理中的数学基础

人工智能科学中的知识表示与处理想要解决的问题是让计算机具有听、说、读、写、思考、学习、适应环境变化及解决各种实际问题的能力，逻辑、概率论及可信计算理论为人工智能的诞生奠定了数学基础，这些数学理论经历了上百年的发展，已经比较成熟。混沌与分形、模糊集与粗糙集、云模型等数学理论是近 30 年发展起来的，为不确定性人工智能奠定了数学基础[6]，虽然这些理论中还有很多问题需要解决，但它们仍极大地促进了不确定性人工智能的发展。下面对不确定性人工智能涉及的主要的数学方法加以介绍。

9.2.1　概率理论

随机性是人类知识和智能中最基本的不确定性之一，而概率理论是处理随机性最主要的数学工具。长期以来，概率论的有关理论和方法都被用作度量不确定性的重要手段，因为它不仅有完善的理论，而且为不确定性的合成与传递提供了现成的公式，所以它被最早用于不确定性知识的表示与处理。而由概率论、数理统计和随机过程构成的概率理论，则为研究随机性奠定了数学基础。

概率论起源于人们希望了解在概率游戏中能够取胜的概率，其为人们判断和推理某个结果发生的概率提供了数学方法。假设你感冒了，去医院看病。为了妥善治疗，医生必须确定导致感冒的原因：可能是因为受凉，也可能是因为病毒感染，还可能是因为受热过度，那么医生可能会看到如图9-1所示的情况。

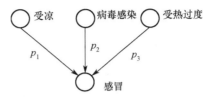

图 9-1　分析症状的贝叶斯网络

这是一个贝叶斯网络，其中节点代表变量。可能造成症状的 3 个变量以箭头指向导致的症状。p_1，p_2，p_3 表示概率，这些概率常常是由专家给出的，如果这个季节天气特别寒冷，那么医生可能会得出结论：p_1 的概率远大于 p_2 和 p_3。

许多专家系统就是这样用概率来应对系统面临的不确定性的。在现实生活中，概率理论应用于许多情况：银行对房主偿还抵押贷款的概率感兴趣；医生在治疗有某些症状的患者时，会权衡几种相互矛盾的诊断发生的概率；人们在赛马场上对一匹马下注时，可能会考虑赢的概率。事实上，在概率理论中，常常用到的是条件概率、全概率、贝叶斯定理和贝叶斯网络。

1. 条件概率和全概率

若一个事件的发生对另一个事件的发生没有任何影响，则称事件具有独立性。但是，在知识推理中，常常是根据前件推出结论，即已知某些前件，希望推理出结论，这必然是结论与前件不独立的情况。在概率论中，称这种情况为条件概率，即如果在随机试验中，已经观察到了事件 B 的发生，那么可以利用事件 B 发生的概率，去认识事件 A 的不确定性[7]。

设（Ω, P, F）是一个概率空间，A、B 是 F 中的任意两个事件。假设 $P(B)>0$，则有

$$P(A|B) = \frac{P(AB)}{P(B)}$$

其中，$P(A|B)$ 为在事件 B 出现的条件下，事件 A 发生的条件概率。

若 B_i 是 F 中任意有限个或可数个事件，且 B_i 满足互斥性和完备性，$P(B_i)>0$，则可以得到全概率公式：

$$P(A) = \sum_{i=1}^{n} P(B_i)P(A|B_i)$$

其中，互斥性：$B_iB_j = \varnothing, i \neq j; \ i, j = 1, 2, \cdots, n$。

完备性：$B_1 \bigcup B_2 \bigcup \cdots \bigcup B_n = \Omega$。

2. 贝叶斯定理

有了条件概率和全概率的概念，就可以来定义贝叶斯公式。设 B_i 是 F 中任意有限个或可数个事件，且 B_i 满足互斥性和完备性，$P(B_i)>0$，则对于 F 中的任意事件 A，$P(A)>0$，有

$$P(B_i|A) = \frac{P(B_i)P(A|B_i)}{\sum_{j=1}^{n} P(B_j)P(A|B_j)}$$

其中，由全概率公式可知，$P(A) = \sum_{j=1}^{n} P(B_j)P(A|B_j)$。

通常，贝叶斯定理可用于解释以下类型的问题。

设 B_i 是导致事件 A 发生的所有可能的原因，已知它们的概率为 $P(B_i)$，这些概率称为先验概率。又设 B_i 在随机试验中不能或没有被直接观察到，只能观察到与之联系的 A 的发生，要在此条件下对事件 B_i 出现的可能性做出判断，即求出它们关于 A 的条件概率 $P(B_i|A)$（又称为 B_i 的后验概率）。贝叶斯公式给出了先验概率与后验概率之间的关系，能确定在产生结果 A 的各种原因中哪一个起了更重要的作用 [8]。

例如，在医疗诊断中，设症状 A 可能由疾病 B_i 引起，为了诊断有症状 A 的人到底患了哪种疾病，可用贝叶斯公式计算在 A 出现的情况下，各疾病 B_i 发生的后验概率，然后按照后验概率的大小判断患者患哪种疾病的可能性最大。

基于这一思想发展而成的一系列统计推断方法称为贝叶斯统计方法。

3. 贝叶斯网络

贝叶斯网络又称为有向无环图（Directed Acyclic Graph，DAG），是一种概率图模型。可根据概率图的拓扑结构，考察一组随机变量及其条件概率分布的性质。给定随机变量集合 $V = \{v_1, v_2, \cdots, v_n\}$，建立在该集合上的联合概率分布 $P(V) = P(v_1, v_2, \cdots, v_n)$ 这可以表示为一个贝叶斯网络 $B = <G, P>$，其中，网络结构 G 是一个有向无环图，它有两个参数即 V 和 A。V 为图中的节点，它们可以是可观察到的变量，也可以是隐变量、未知参数等，节点的状态对应于随机变量的值；A 为图中有向边的集合，表示节点之间的条件（因果）依赖关系。

网络参数 P 为贝叶斯网络的条件概率表集合，两个节点间以一个单箭头连接在一起，表示其中一个节点是"因"（Parents），另一个节点是"果"（Children），两节点之间会产生一个条件概率值，即 P 中的每个元素代表节点 V_i 的条件概率表（Condition Probability Table，CPT）。由概率的链规则得

$$P(V) = P(v_1, v_2, \cdots, v_n) = \prod_{i=1}^{n} P(v_i \mid v_1, v_2, \cdots, v_{i-1})$$

由上式可以看出，为了确定贝叶斯网络的联合概率分布，要求给出如下先验概率：①所有根节点的概率；②所有非根节点与它们先导节点的条件概率。

图 9-2 所示为一个简单的贝叶斯网络。其完整 CPT 为
$$P(a), P(b|a), P(b|\neg a), P(c|a,b), P(c|\neg a,b), P(c|a,\neg b), P(c|\neg a,\neg b)$$

其联合概率为

$$P(a,b,c) = P(c|a,b) \times P(b|a) \times P(a)$$

对于 n 个离散二值随机变量，要确定它们的联合概率分布，需要给出 2^n-1 个条件概率值。当 n 较大时，通过各条件概率来计算联合概率往往是难以处理的，这时就要想办法找出变量间的条件独立性以简化计算，具体内容将在 9.3.1 节中介绍。

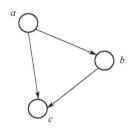

图 9-2　一个简单的贝叶斯网络

9.2.2　模糊集

概率理论是表示和处理随机性的强有力工具，长期以来，人们认为不确定性就是随机性，后来系统科学家 L.A.Zadeh 对此提出了挑战，他认为有一类不确定性问题无法用概率理论去表示和解决，并于 1965 年发表了 *Fuzzy Sets*，创建了模糊集合理论，为由模糊性引起的不确定性的表示及处理开辟了一种新途径[7]。

简单来说，模糊性与随机性的不同之处在于：对于随机性事物来说，事物本身含义明确，只是条件不明且不可预知；对于模糊性事物来说，事物本身就是模糊的，如年轻、年老，高、低。

例如，对于随机性来说，u 可能位于 A 的内部或外部，若 u 位于 A 的内部，则用 1 来记录；若 u 位于 A 的外部，则用 0 来记录，如图 9-3 所示。

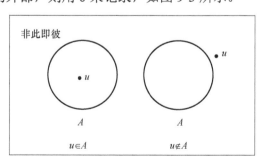

图 9-3　事物的随机性

对于模糊性来说，u 可能既在 A 的内部，又在 A 的外部。若 u 的一部分位于 A 的内部，一部分位于 A 的外部，则用 u 位于 A 的内部的长度来表示 u 对于 A 的隶属程度，如图 9-4 所示。

定义 A 是论域 U 上的一个集合，对于任意 $u \in U$，令

$$C_A(u) = \begin{cases} 1, & u \in A \\ 0, & u \notin A \end{cases}$$

则称 $C_A(u)$ 为集合 A 的特征函数。特征函数 $C_A(u)$ 在 $u=u_0$ 处的取值 $C_A(u_0)$ 称为 u_0 对 A 的隶属度，这个值越接近 1，表示隶属度越高。

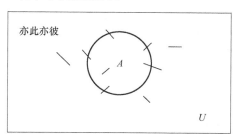

图 9-4　事物的模糊性

模糊集的思路是把特征函数的取值范围从经典集合中的 $\{0,1\}$，推广到模糊集合中的 $[0,1]$ 上。

设 U 是论域，μ_A 是把任意 $u \in U$ 映射为 $[0,1]$ 上某个值的函数，即

$$\mu_A : U \to [0,1]$$
$$u \to \mu_A(u) \in [0,1]$$

则称 μ_A 为定义在 U 上的一个隶属函数，由 $\mu_A(u)(u \in U)$ 所构成的集合 A 称为 U 上的一个模糊集，$\mu_A(u)$ 称为 u 对 A 的隶属度。

$\mu_A(u)$ 越接近 0，表示 u 隶属于 A 的程度越小；$\mu_A(u)$ 越接近 1，表示 u 隶属于 A 的程度越大；$\mu_A(u)=0.5$，则此时最具有模糊性，此点称为过渡点。

例 9.1　设有论域 $U=\{$王二，张三，李四$\}$；三人的平均成绩分别为 86 分、92 分、75 分，用模糊集 A 表示"学习好"这个概念。

解："学习好"这个概念可表示为隶属函数

$$\mu_A(u) = \frac{u}{100}$$

则隶属度分别为 $\mu_A(王二)=0.86$、$\mu_A(张三)=0.92$、$\mu_A(李四)=0.75$，得出对应的模糊集为 $A=\{0.86,0.92,0.75\}$。

关于模糊集，主要涉及模糊集的表示、模糊集的运算及隶属函数的确定，下面分别进行简单介绍。

1. 模糊集的表示

若论域离散且有限，则模糊集 A 可表示为

$$A = \{\mu_A(u_1), \mu_A(u_2), \cdots, \mu_A(u_n)\}$$

也可写为

$$A = \mu_A(u_1)/u_1 + \mu_A(u_2)/u_2 + \cdots + \mu_A(u_n)/u_n$$

即

$$A = \sum_{i=1}^{n} \mu_A(u_i)/u_i$$

有时也可表示为

$$A = \left\{ \mu_A(u_1)/u_1, \mu_A(u_2)/u_2, \cdots, \mu_A(u_n)/u_n \right\}$$

或

$$A = \left\{ (\mu_A(u_1), u_1), (\mu_A(u_2), u_2), \cdots, (\mu_A(u_n), u_n) \right\}$$

隶属度为 0 的元素可以不写。

例如，100 名消费者对 5 种商品 x_1, x_2, x_3, x_4, x_5 评价，结果 80 人认为 x_1 质量好，53 人认为 x_2 质量好，所有人认为 x_3 质量好，没有人认为 x_4 质量好，25 人认为 x_5 质量好，则模糊集（质量好）为

$$A = 0.8/x_1 + 0.53/x_2 + 1/x_3 + 0/x_4 + 0.25/x_5$$
$$= 0.8/x_1 + 0.53/x_2 + 1/x_3 + 0.25/x_5$$

若论域是连续的，则可以用实函数来表示模糊集，如例 9.1。

$$A(u) = \mu_A(u) = \frac{u}{100}$$

更精确些也可以表示为

$$A(u) = \begin{cases} 0, & 0 \leqslant u \leqslant 50 \\ \dfrac{u-50}{50}, & 50 < u \leqslant 100 \end{cases}$$

例 9.2 考虑年龄集 $U=[0,100]$，$O=$ "年老"，那么 O 也是一个年龄集。按照常识可以知道，$u=20 \notin O$，但 60 是否属于 "年老" 呢，60 为多 "年老" 呢？扎德选择用如下函数描述 "年老"。

$$O(u) = \begin{cases} 0, & 0 \leqslant u \leqslant 50 \\ \left[1 + \left(\dfrac{u-50}{5} \right)^{-2} \right]^{-1}, & 50 < u \leqslant 100 \end{cases}$$

"年老" 函数曲线如图 9-5 所示。

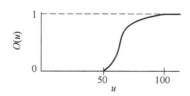

图 9-5 "年老" 函数曲线

而对于 $Y=$ "年轻"，它也是 U 的一个子集，它的隶属函数可表示为

$$Y(u) = \begin{cases} 1, & 0 \leqslant u \leqslant 25 \\ \left[1 + \left(\dfrac{u-25}{5} \right)^{2} \right]^{-1}, & 25 < u \leqslant 100 \end{cases}$$

"年轻" 函数曲线如图 9-6 所示。

事实上，隶属函数一般情况下并不唯一，常常由专家给出其样式，而无论论域 U 是有限

的还是无限的，是离散的还是连续的，扎德都用如下公式作为模糊集 A 的一般表示形式。

$$A = \int_{u \in U} \mu_A(u)/u$$

U 上的全体模糊集，记为

$$P(U) = \left\{ A \middle| \ \mu_A : U \to [0,1] \right\}$$

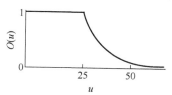

图 9-6 "年轻"函数曲线

因此，例 9.2 也可表示为

模糊集 O（年老）：

$$O = \int_{0 \leqslant u \leqslant 50} \frac{0}{u} + \int_{50 < u \leqslant 100} \frac{\left[1 + \left(\dfrac{u-50}{5} \right)^{-2} \right]^{-1}}{u}$$

模糊集 Y（年轻）：

$$Y = \int_{0 \leqslant u \leqslant 25} \frac{1}{u} + \int_{25 < u \leqslant 100} \frac{\left[1 + \left(\dfrac{u-25}{5} \right)^{2} \right]^{-1}}{u}$$

一般而言，模糊集上的运算主要有相等、包含、交、并、补等，分别表示如下。

设 A，B 是论域 U 的两个模糊子集，则

相等：$A = B \Leftrightarrow A(x) = B(x)$，$\forall x \in U$。

包含：$A \subset B \Leftrightarrow A(x) \leqslant B(x)$，$\forall x \in U$。

交：$(A \cap B)(x) = A(x) \wedge B(x)$，$\forall x \in U$。

并：$(A \cup B)(x) = A(x) \vee B(x)$，$\forall x \in U$。

补：$\neg A = 1 - A(x)$，$\forall x \in U$。

其中，$\vee$ 表示取小，$\wedge$ 表示取大。

2. 模糊矩阵

设 $\boldsymbol{R} = (r_{ij})_{m \times n}, 0 \leqslant r_{ij} \leqslant 1$，称 $\boldsymbol{R}$ 为模糊矩阵。当 r_{ij} 只取 0 或 1 时，称 $\boldsymbol{R}$ 为布尔（Boole）矩阵。当模糊方阵 $\boldsymbol{R} = (r_{ij})_{n \times n}$ 的对角线上的元素 r_{ij} 都为 1 时，称 $\boldsymbol{R}$ 为模糊单位矩阵。

如下式，$\boldsymbol{R}$ 为一个模糊矩阵。

$$\boldsymbol{R} = \begin{bmatrix} 1 & 0 & 0.1 \\ 0.5 & 0.7 & 0.3 \end{bmatrix}$$

与模糊集类似，模糊矩阵间主要的关系及运算也是相等、包含、并、交、补，分别表示如下。

设 $\boldsymbol{A} = (a_{ij})_{m \times n}, \boldsymbol{B} = (b_{ij})_{m \times n}$ 都是模糊矩阵，则有

相等：$\boldsymbol{A} = \boldsymbol{B} \Leftrightarrow a_{ij} = b_{ij}$。

包含：$\boldsymbol{A} \leqslant \boldsymbol{B} \Leftrightarrow a_{ij} \leqslant b_{ij}$。

并：$\boldsymbol{A} \bigcup \boldsymbol{B} = (a_{ij} \vee b_{ij})_{m \times n}$。

交：$\boldsymbol{A} \bigcap \boldsymbol{B} = (a_{ij} \wedge b_{ij})_{m \times n}$。

补：$\boldsymbol{A}^c = (1 - a_{ij})_{m \times n}$。

例 9.3 设 $\boldsymbol{A} = \begin{bmatrix} 1 & 0.1 \\ 0.2 & 0.3 \end{bmatrix}$，$\boldsymbol{B} = \begin{bmatrix} 0.4 & 0 \\ 0.3 & 0.2 \end{bmatrix}$，则

$$\boldsymbol{A} \bigcup \boldsymbol{B} = \begin{bmatrix} 1 & 0.1 \\ 0.3 & 0.3 \end{bmatrix}, \quad \boldsymbol{A} \bigcap \boldsymbol{B} = \begin{bmatrix} 0.4 & 0 \\ 0.2 & 0.2 \end{bmatrix}$$

$$\boldsymbol{A}^c = \begin{bmatrix} 0 & 0.9 \\ 0.8 & 0.7 \end{bmatrix}, \quad \boldsymbol{B}^c = \begin{bmatrix} 0.6 & 1 \\ 0.7 & 0.8 \end{bmatrix}$$

除了上述运算，模糊矩阵还有一个重要的运算，即合成运算：

设 $\boldsymbol{A} = (a_{ij})_{m \times n}, \boldsymbol{B} = (b_{ij})_{n \times l}$ 都是模糊矩阵，$\boldsymbol{A} \circ \boldsymbol{B} = (c_{ij})_{m \times l}$ 为 $\boldsymbol{A}$ 和 $\boldsymbol{B}$ 的合成，其中

$c_{ij} = \bigvee\limits_{k=1}^{s} (a_{ik} \wedge b_{kj})$，即 $\boldsymbol{C} = \boldsymbol{A} \circ \boldsymbol{B} \Leftrightarrow c_{ij} = \bigvee\limits_{k=1}^{s} (a_{ik} \wedge b_{kj})$。

例 9.4 设 $\boldsymbol{A} = \begin{bmatrix} 0.4 & 0.5 & 0.6 \\ 0.1 & 0.2 & 0.3 \end{bmatrix}$，$\boldsymbol{B} = \begin{bmatrix} 0.1 & 0.2 \\ 0.3 & 0.4 \\ 0.5 & 0.6 \end{bmatrix}$，则

$$\boldsymbol{A} \circ \boldsymbol{B} = \begin{bmatrix} 0.5 & 0.6 \\ 0.3 & 0.3 \end{bmatrix}$$

$$\boldsymbol{B} \circ \boldsymbol{A} = \begin{bmatrix} 0.1 & 0.2 & 0.2 \\ 0.3 & 0.3 & 0.3 \\ 0.4 & 0.5 & 0.5 \end{bmatrix}$$

3. 隶属函数的确定

在模糊集中，明晰的隶属函数一直没有严格的确定方法，通常靠直觉、经验、统计、排序、推理等确定，归纳起来大致有 6 种形态，为简便起见，这里仅取它们的简化形式加以介绍[9]。

（1）线性隶属函数：

$$\mu_A(x) = 1 - kx$$

（2）Γ 隶属函数：

$$\mu_A(x) = \mathrm{e}^{-kx}$$

（3）凹（凸）形隶属函数：

$$\mu_A(x) = 1 - ax^k$$

（4）柯西隶属函数：

$$\mu_A(x) = \frac{1}{1+kx^2}$$

（5）岭形隶属函数：

$$\mu_A(x) = 1/2 - (1/2)\sin\{[\pi/(b-a)][x-(b-a)/2]\}$$

（6）正态（钟形）隶属函数：

$$\mu_A(x) = \exp\left[-(x-a)^2/2b^2\right]$$

9.2.3　粗糙集

模糊性和随机性都是不确定性，模糊集理论使得区别于随机性的模糊性得到了一种数学的表述，从而使不确定性的表示和处理有了一套新的理论和方法。模糊集理论需要数据集合之外的先验信息，如要预先确定隶属度或隶属函数。一旦离开了隶属度或隶属函数，几乎所有的模糊集运算都将难以进行[10]。那么能否用不确定性本身提供的信息来研究不确定性呢？20 世纪 80 年代初，波兰科学家 Pawlak 基于边界区域的思想提出了粗糙集的概念，成为粗糙集理论的奠基人[11]。

模糊集理论从研究集合与元素的关系入手研究不确定性，而粗糙集理论从知识分类入手研究不确定性，其主要思想是在保持分类能力不变的情况下，通过知识约简来推导概念的分类规则，从而获得规则知识。粗糙集理论认为知识就是人类对对象进行分类的能力。例如，医生给患者诊断，他的知识就在于辨别患者得的是哪一种病。一种分类可以用一个等价关系描述。在分类过程中，相差不大的个体被归于同一类，它们的关系就是不可区分关系。

1. 不可区分关系

假定只用黑、白两种颜色把空间中的物体分割成两类：{白色物体}、{黑色物体}，那么同为黑色的两个物体就是不可区分的。如果再引入方、圆的属性，又可以将物体进一步分割为四类：{黑色方物体}、{黑色圆物体}、{白色方物体}、{白色圆物体}。这时，若两个同为黑色方物体，则它们还是不可区分的[12]。

在粗糙集中，论域 U 中的对象可用多种信息（知识）来描述。当两个不同的对象由相同的属性来描述时，这两个对象在该系统中被归于同一类，它们的关系称为不可区分关系。给定近似空间 $K=(U,R)$，子集 $X \subseteq U$ 称为 U 上的一个概念，对任一属性子集 $P \subseteq R$，如果对象 $x_i, x_j \in U$，$\forall p \in P$，当且仅当 $p(x_i) = p(x_j)$ 时，x_i, x_j 是不可区分的，记为 IND(P)。

$$\text{IND}(P) = \left\{\left((x_i, x_j) \in U \times U \mid \forall p \in P, p(x_i) = p(x_j)\right)\right\}$$

即所有在 R 中的 x，关于属性 P 是不可区分的，IND(P)也是等价关系且是唯一的。

不可区分关系是粗糙集理论的基础，其实质是指出这样一个事实[7]：由于人们对问题认识的深入程度有限，或者可获得的数据样本不完备，人们缺乏足够的知识去区分论域中的某些数据对象。在粗糙集理论中，将这种因在某些特定的属性子集上具有相同的信息而无法分辨的数据对象的集合，称为不可区分等价类。

另外，不可区分关系反映了论域知识的颗粒性。知识库中的知识越多，知识的颗粒度就越小，随着新知识不断加入知识库，知识的颗粒度会不断减小，直至将每个对象区分开来[13]。但知识库中的知识颗粒度越小，信息量越大，存储知识库的费用越高。

2. 基本范畴和基本集合

给定近似空间 $K=(U,R)$，子集 $X \subseteq U$ 称为 U 上的一个概念，形式上，空集 $\varnothing$ 也可视为一个概念；非空子族集 $P \subseteq R$ 所产生的不可区分关系 $\text{IND}(P)$ 的所有等价类的集合即 $U/\text{IND}(P)$，称为基本知识，相应的等价类称为基本集合，它是组成论域知识的颗粒。

例如，表 9-2 所示为 6 个对象的条件属性。

表 9-2 $x_1 \sim x_6$ 关于头疼和肌肉疼的条件属性

对象	条件属性	
	头疼 r_1	肌肉疼 r_2
x_1	是	是
x_2	是	是
x_3	是	是
x_4	否	是
x_5	否	否
x_6	否	是

考虑条件属性头疼和肌肉疼对于 x_1, x_2, x_3 这 3 个对象是不可区分的，x_4, x_6 在这两个属性上也是不可区分的，由此构成不可区分集：$\{x_1, x_2, x_3\}$，$\{x_4, x_6\}$，$\{x_5\}$，它们被称为基本集合，是组成论域知识的颗粒。

因此可以理解，基本集合就是分类，分类就是 U 上的知识，分类的族集就是知识库，或者说，知识库就是分类方法的集合。

定义：令 $X \subseteq U$，R 为 U 上的一个等价关系，当 X 能表示成某些 R 的基本集合的并时，称 X 是 R 可定义的；否则称 X 是 R 不可定义的。R 可定义集也称为 R 精确集，R 不可定义集也称为 R 不精确集或 R 粗糙集。

如图 9-7 所示，小方格表示基本知识 $U/\text{IND}(P)$ 所对应的基本集合，实线表示一个集合空间 X，由图可以看出，X 没办法精确地由某些 R 的基本集合的并来表示，因此 X 是 R 不可定义的，是一个粗糙集。为表示这个粗糙集，称深色灰框为 X 的下近似，浅色灰框与深色灰框的并为 X 的上近似。

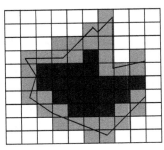

图 9-7 空间集合 X 的近似划分

3. 上近似、下近似

根据粗糙集的思想，知识是有确定的颗粒度的，如果待研究知识的颗粒度和已知知识的颗粒度正好匹配，那么待研究的知识是精确的，否则就有不精确的边界，是粗糙的。粗糙集理论中每个不精确概念由一对称为上近似和下近似的精确范畴来定义。

给定知识库 $K=(U,R)$，对于每个子集 $X \subseteq U$ 和一个等价关系 $R \in \text{IND}(K)$，定义两个子集

$$\underline{R}X = \cup\{Y \in U/R : Y \subseteq X\} = \left\{x \in U \big|[x]_R \subseteq X\right\}$$

$$\overline{R}X = \{Y \in U/R : Y \cap X \neq \varnothing\} = \left\{x \in U \big|[x]_R \cap X \neq \varnothing\right\}$$

分别称它们为 X 的下近似集和上近似集。下近似集包含了所有使用知识 R 可确切分类到 X 的元素，上近似集则包含那些所有可能属于 X 的元素的最小集合。

X 的边界区域为

$$\text{BNR}(X) = \overline{R}X - \underline{R}X$$

X 的 R 正区域为

$$\text{POSR}(X) = \underline{R}X$$

X 的 R 反区域为

$$\text{NEGR}(X) = U - \overline{R}X$$

粗糙集中的基本集合被认为是精确的，而且是最小颗粒度的，可用上近似集和下近似集"粗糙"地定义。它是用精确范畴来表述不确定性的一种具体方法。

4. 数据库之间的关系

设 $K_1 = (U, S_1)$ 和 $K_2 = (U, S_2)$ 为两个知识库，如果 $\text{IND}(S_1) = \text{IND}(S_2)$，即 $U/\text{IND}(S_1) = U/\text{IND}(S_2)$，则称知识库 K_1 和 K_2 是等价的，记为 $K_1 \cong K_2$ 或 $S_1 \cong S_2$。因此当两个知识库有同样的基本集合时，这两个知识库中的知识都能使人们确切地表达关于论域的完全相同的事实。这就意味着可以用不同的属性集对论域的对象进行描述，以表达关于论域完全相同的知识[14]。

如果 $\text{IND}(S_1) \subset \text{IND}(S_2)$，那么就称知识库 K_1（知识 S_1）比知识库 K_2（知识 S_2）更精细，或者说知识库 K_2（知识 S_2）比知识库 K_1（知识 S_1）更粗糙。当 S_1 比 S_2 更精细时，也称 S_1 为 S_2 的特化，或者 S_2 为 S_1 的泛化。泛化意味着将某些集合组合在一起，而特化则是将集合分割成更小的概念。如果上述两种情形都不满足，则称两个知识库不能比较粗细。如图 9-8 所示，知识库 K_1（知识 S_1）比知识库 K_2（知识 S_2）更精细。

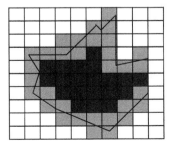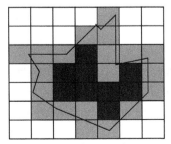

图 9-8　知识库 K_1（左）与知识库 K_2（右）的粗细比较

9.3 基于概率论的推理方法

基于概率论的推理是解决不确定推理问题的重要方法，有着严密的理论依据，但由于它通常要求给出事件的先验概率和条件概率，而这些数据又不易获得，因此，人们在概率理论的基础上发展了一些新的方法及理论，如证据理论、主观贝叶斯方法、可信度方法等。下面首先介绍需要先验概率和条件概率的贝叶斯网络方法，然后介绍主观贝叶斯方法和可信度方法。

9.3.1 贝叶斯网络方法

如果一个贝叶斯网络提供了足够的条件概率值，足以计算任何给定的联合概率，就称它是可计算的，即可推理的。但是，正如 9.2 节中介绍的那样，对于具有 n 个随机变量的贝叶斯网络，要确定它们的联合概率分布，需要给出 2^n-1 个条件概率值，当 n 较大时，通过各条件概率来计算联合概率往往是难以处理的。事实上，在贝叶斯网络中，节点之间的连接关系隐含着一些"条件独立"的断言（Assertion）和假设（Assumption），只要找出这些隐含的断言，在计算联合概率时，困难就可以大大降低。

Pearl 对贝叶斯网络中节点间的条件独立性进行了研究，给出了 D-分离条件（D-Separation Condition）的定义[16]。在贝叶斯网络中，独立关系表现为节点间的 D-分离。同理，没有 D-分离的节点之间是相互依赖的。

在定义 D-分离之前，下面首先介绍条件独立。

1. 条件独立

定义 给定集合 V ，如果一个随机变量 v_i 条件独立于另一个变量 v_j ，则有

$$P(v_i|v_j,V) = P(v_i|V) \tag{9-1}$$

根据条件概率的定义可以得

$$P(v_i|v_j,V)P(v_j|V) = P(v_i,v_j|V) \tag{9-2}$$

组合式（9-1）和式（9-2）可以得到，当随机变量 v_i 条件独立于另一个变量 v_j 时，

$$P(v_i,v_j|V) = P(v_i|V)P(v_j|V)$$

由此可知，当 V 给定时，如果 v_i 条件独立于 v_j ，则同样有 v_j 条件独立于 v_i。

条件独立对于贝叶斯网络的推理计算至关重要，能够极大地降低推理的复杂度，在贝叶斯网络中，称寻找条件独立的过程为 D-分离。

2. D-分离

可以这样定义 D-分离：在贝叶斯网络中，如果对于节点 v_i 和 v_j 之间的每个无向路径，在路径上有某个节点 v_b ，且它具有如下 3 个属性之一（其中，ε 为证据节点集），就说节点 v_i 和 v_j 条件独立于给定的节点集。

（1）$v_b \in \varepsilon$ ，且路径上的两条弧都以 v_b 开始。

（2）$v_b \in \varepsilon$，路径上的一条弧以 v_b 开始，另一条以 v_b 结束。

（3）v_b 和它的任何后继都不包含于 ε，路径上的两条弧都以 v_b 结束。

这样，随机变量集 V 上的一个贝叶斯网络唯一确定了一个 V 上的概率分布：

$$P(V) = \prod_{i=1}^{n} P(v_i \mid U_i)$$

其中，U_i 是 v_i 在网络结构中的父节点集。可以通过图 9-9 来对 D-分离形象地进行阐述。

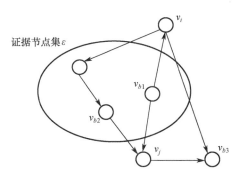

图 9-9　通过阻塞节点的条件独立

上述 3 个属性对应图 9-9 中的描述分别如下。

（1）v_{b1} 为证据节点，两条弧都以 v_{b1} 开始。

（2）v_{b2} 为证据节点，一条弧以 v_{b2} 开始，一条弧以 v_{b2} 结束。

（3）v_{b3} 及其任一后继都不是证据节点，两条弧都以 v_{b3} 结束。

在这种情况下，称 v_i 和 v_j 被 v_b 节点阻塞。如果 v_i 和 v_j 被证据节点集 ε 中的任意节点阻塞，则称 v_i 和 v_j 是被 εD-分离，节点 v_i 和 v_j 条件独立于给定的证据节点集 ε。

为简单起见，也可以借助以下 3 种连接方式来理解 D-分离。

（1）串行连接。

A 通过 B 影响 C，C 通过 B 影响 A，如果给定 B，则 A 和 C 互不影响，这时称 A 和 C 关于 B 条件独立，如图 9-10 所示。

图 9-10　串行连接

（2）分叉连接。

如果给定 A，没有信息可经由 A 传递给 A 的子节点，即给定 A 时，A 的子节点之间相互独立，那么称子节点 B、C、…、F 关于 A 条件独立，如图 9-11 所示。

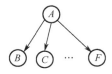

图 9-11　分叉连接

（3）汇集连接。

当多个原因有一个共同结果，且对结果一无所知时，原因之间条件独立，如图 9-12 所示。但是，当结果或其某个子孙已知时，父节点之间就不再独立了，如图 9-13 所示。

图 9-12　汇集连接　　　　图 9-13　子孙已知导致的不独立情况

由此可以看出，通过贝叶斯网络可以直观地得出一些变量是独立的，或者在某种条件下是独立的结论。也可以说，贝叶斯网络就是一个表示条件独立关系的图模型，这个属性抓住了概率分布的定性结构，被用来做高效推理和决策。

下面通过例 9.5 来说明贝叶斯网络中"条件独立"的应用。

例 9.5　已知节点及其解释如下。

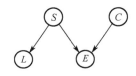

S：患者为吸烟者。

C：患者为煤矿工人。

L：患者患了肺癌。

E：患者患了肺气肿。

由上述"条件独立"断言可得出：若给定 S，则 E 独立于 L，L 独立于 C；若不给定 E，则 C 独立于 S。

因此联合概率为

$$P(S,C,L,E)\quad \text{全概率公式}$$
$$=\underline{P(E|S,C,L)}\times P(L|S,C)\times P(C|S)\times P(S)$$
$$\downarrow \text{给定} S，E \text{独立于} L$$
$$=P(E|S,C)\times \underline{P(L|S,C)}\times P(C|S)\times P(S)$$
$$\downarrow \text{给定} S，L \text{独立于} C$$
$$=P(E|S,C)\times P(L|S)\times \underline{P(C|S)}\times P(S)$$
$$\downarrow \text{不给定} E，S \text{独立于} C$$
$$=P(E|S,C)\times P(L|S,S)\times P(C)\times P(S)$$

这样即可求出联合概率，$P(E|S,C)$、$P(L|S)$、$P(C)$、$P(S)$ 都由 CPT 给出，具体在这里不再计算。

显然，简化后的公式更加简单明了，计算复杂度降低很多。如果原贝叶斯网络中的条件独立语义数量较多，这种复杂度降低程度更加明显[15]。可以看出，贝叶斯网络对已有的信息要求低，可以进行信息不完全、不确定情况下的推理，具有良好的可理解性和逻辑性。它具有形式化的概率语义且能作为存在于人类头脑中的知识结构的自然映像，有助于知识在概率分布方面的编码和解释，使基于概率的推理和最佳决策成为可能[16]。

3. 贝叶斯网的推理模式

利用建立的贝叶斯网络模型解决实际问题的过程称为贝叶斯网络推理。在一次推理中，那些值已确定的变量构成的集合称为证据 D，需要求解的变量集合称为假设 X，一个推理问题就是求解给定证据条件下假设变量的后验概率 $P(X|D)$。在贝叶斯网络中，有 3 种重要的推理模式：因果推理（由上向下推理）、诊断推理（自底向上推理）和辩解。下面通过例 9.5 来分别加以说明。

给出例 9.5 中贝叶斯网络的 CPT，如图 9-14 所示。

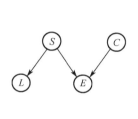

$P(S) = 0.4$
$P(C) = 0.3$
$P(E|S, C) = 0.9$
$P(E|S, \neg C) = 0.3$
$P(E|\neg S, C) = 0.5$
$P(E|\neg S, \neg C) = 0.1$
$P(L|S) = 0.6$
$P(L|\neg S) = 0.5$

(a) 贝叶斯网络　　　　　　(b) 完整的CPT

图 9-14　贝叶斯网络及其 CPT

（1）因果推理。

可以通过上面的例子来说明因果推理的过程。已知患者是一个吸烟者（S），计算他患肺气肿（E）的概率 $P(E|S)$。S 称为推理的证据，E 称为询问节点。

首先，寻找 E 的另一个父节点（C），并进行概率扩展：

$$P(E|S) = P(E,C|S) + P(E,\neg C|S)$$

即吸烟者得肺气肿的概率为吸烟者得肺气肿且他是煤矿工人的概率与吸烟者得肺气肿且他不是煤矿工人的概率之和，这就是全概率公式。

其中，

$$P(E,C|S) = P(E,C,S)/P(S)$$
$$= P(E|C,S) \times P(C,S)/P(S) \quad （贝叶斯定理）$$
$$= P(E|C,S) \times P(C|S) \quad （反向利用贝叶斯定理）$$

同理，可以得出 $P(E,\neg C|S)$ 的推导过程。

因此，可以得出

$$P(E|S) = P(E|C,S) \times P(C|S) + P(E|\neg C,S) \times P(\neg C|S)$$

这样就把 $P(E,C|S)$、$P(E,\neg C|S)$ 重新表达成双亲节点的条件概率。

在图 9-14 中，C 和 S 并没有双亲关系，符合独立条件，因此有

$$P(C|S) = P(C)$$

$$P(\neg C|S) = P(\neg C)$$

由此可得

$$P(E|S) = P(E|S,C) \times P(C) + P(E|\neg C,S) \times P(\neg C)$$

如果采用图 9-14 中给出的 CPT 的数据，则有 $P(E|S) = 0.9 \times 0.3 + 0.3 \times (1-0.3) = 0.48$。

从这个例子中不难得出这种推理的主要操作：

① 按照给定证据和它的所有双亲的联合概率，重新表达给定证据的询问节点的所求条件概率。

② 回到以所有双亲为条件的概率，重新表达这个联合概率。

③ 直到所有的概率值可从 CPT 表中得到，则推理完成。

（2）诊断推理。

同样以例 9.5 为例，计算"患者不得肺气肿且他不是煤矿工人"的概率 $P(\neg C|\neg E)$，即在贝叶斯网中，从一个子节点计算父节点的条件概率，也即从结果推测一个起因，这类推理称为诊断推理。使用贝叶斯公式就可以把这种推理转换成因果推理。

$$P(\neg C|\neg E) = P(\neg E|\neg C) \times P(\neg C)/P(\neg E) \quad （贝叶斯公式）$$

其中，

$$P(\neg E|\neg C) = P(\neg E,S|\neg C) + P(\neg E,\neg S|\neg C) \quad （因果推理）$$
$$= P(\neg E|S,\neg C) \times P(S) + P(\neg E|\neg S,\neg C) \times P(\neg S)$$
$$= (1-0.3) \times 0.4 + (1-0.10) \times (1-0.4) = 0.82$$

因此有

$$P(\neg C|\neg E) = P(\neg E|\neg C) \times P(\neg C)/P(\neg E)$$
$$= 0.82 \times (1-0.3)/P(\neg E)$$
$$= 0.574/P(\neg E)$$

同理，

$$P(C|\neg E) = P(\neg E|C) \times P(C)/P(\neg E)$$

其中，

$$P(\neg E|C) = P(\neg E,S|C) + P(\neg E,\neg S|C)$$
$$= P(\neg E|S,C) \times P(S) + P(\neg E|\neg S,C) \times P(\neg S)$$
$$= (1-0.9) \times 0.4 + (1-0.5) \times (1-0.4) = 0.34$$

因此有

$$P(C|\neg E) = P(\neg E|C) \times P(C)/P(\neg E)$$
$$= 0.34 \times 0.3/P(\neg E)$$
$$= 0.102/P(\neg E)$$

由全概率公式可知，

$$P(\neg C|\neg E) + P(C|\neg E) = 1$$

代入可得

$$P(\neg E) = 0.676$$

所以，

$$P(\neg C|\neg E) = 0.849$$

这种推理方式主要利用贝叶斯规则将推理转换成因果推理。

（3）辩解。

如果证据仅仅是 $\neg E$（不是肺气肿），像上述那样，可以计算 $\neg C$，即患者不是煤矿工人的概率。但是，如果也给定¬S（患者不是吸烟者），那么¬C 也应该变得不确定。在这种情况下，可以说¬S 解释¬E，使¬C 变得不确定。这类推理使用了嵌入在一个诊断推理中的因果推理。读者可以沿着这个思路计算上式，在这个过程中，贝叶斯规则的使用是辩解过程中的一个重要步骤。

本节就贝叶斯网络的基本问题进行了阐述，重点在推理计算上。其本质就是通过各种方法寻找网络中的条件独立性，以达到减少计算量和降低复杂性的目的。

9.3.2　主观贝叶斯方法

若证据 E 导致结论 H，则用产生式规则可表示为

IF　E　THEN　H

由 9.2.1 节的贝叶斯公式可知，在证据 E 的前提下，H 发生的条件概率为

$$P(H|E) = \frac{P(H)P(E|H)}{P(E)}$$

若 H 是由多个结论组成的，则上式可写为

$$P(H_i|E) = \frac{P(H_i)P(E|H_i)}{\sum_{j=1}^{n} P(H_j)P(E|H_j)}$$

用此公式可以求得在证据 E 发生的情况下 H_i 的先验概率。可以看出，在直接使用贝叶斯公式时，要想得出 H_i 的先验概率 $P(H_i|E)$，不仅需要已知 H_i 的先验概率 $P(H_i)$，而且需要知道事件 E 出现的后验概率 $P(E|H_i)$，这在实际应用中是相当困难的。为此，R.O.Duda 和 P.E.Hart 等于 1976 年在贝叶斯公式的基础上经适当改进，提出了主观贝叶斯方法，建立了相应的不确定性推理模型。

在主观贝叶斯方法中，$P(H_i)$ 是专家对结论 H_i 给出的先验概率，它是在没有考虑任何证据的情况下根据经验给出的。随着新证据的获得，对 H 的信任程度应该有所改变。主观贝叶斯方法推理的任务就是根据证据 E 的概率 $P(E)$ 及 LS、LN 的值，把 H_i 的先验概率 $P(H_i)$ 更新为后验概率 $P(H_i|E)$ 或 $P(H_i|¬E)$，即

$$P(H) \xrightarrow[\text{LS,LN}]{P(E)} P(H|E) \text{或} P(H|¬E)$$

也可以说，主观贝叶斯方法的基本思想是，证据 E 的出现使得 $P(H_i)$ 变成了 $P(H_i|E)$，因此，可利用证据 E 将先验概率 $P(H_i)$ 更新为后验概率 $P(H_i|E)$，方法是引入两个数值 (LS,LN)来度量规则成立的充分性和必要性。

在理解主观贝叶斯方法的过程中，知识用产生式规则表示，为简单起见，可以用 H 统一表示 H_i，具体形式为

IF　E　THEN　(LS,LN)　H　$(P(H))$

首先介绍规则的不确定性。在主观贝叶斯方法中，用一个数值对（LS,LN）来描述规则的不确定性[17]。

LS 为充分性度量：

$$LS = \frac{P(E|H)}{P(E|¬H)} \tag{9-3}$$

即 H 为真时 E 出现的概率除以 H 为假时 E 出现的概率，它表示 E 对 H 的支持程度，取值范围为 $[0,+\infty)$。

LN 为必要性度量：

$$LN = \frac{P(\neg E|H)}{P(\neg E|\neg H)} \tag{9-4}$$

即 H 为真时 E 不出现的概率除以 H 为假时 E 不出现的概率，它表示 E 对 H 为真的必要程度，取值范围为 $[0,+\infty)$。

为了讨论方便，引入概率函数：

$$O(x) = \frac{P(x)}{1-P(x)}$$

即

$$P(x) = \frac{O(x)}{1+O(x)}$$

由于

$$\frac{P(H|E)}{P(H|\neg E)} = \frac{P(E|H)}{P(E|\neg H)} \times \frac{P(H)}{P(\neg H)}$$

将其与式（9-3）结合，得出

$$O(H|E) = LS \times O(H) \tag{9-5}$$

同理，将其与式（9-4）结合，得出

$$O(H|\neg E) = LN \times O(H) \tag{9-6}$$

主观贝叶斯方法推理计算的目的是由已知的（LS,LN）和 $P(H)$、$P(E)$，计算 $P(H|E)$ 或 $P(H|\neg E)$。这里分为 3 种情况考虑：一是 E 一定存在，求 $P(H|E)$；二是 E 一定不存在，求 $P(H|\neg E)$；三是 E 不一定存在。

（1）当 E 一定存在时，$O(H|E) = LS \times O(H)$，即

$$P(H|E) = \frac{LS \times P(H)}{(LS-1) \times P(H) + 1}$$

上式在 E 肯定出现的情况下，将 H 的先验概率更新为后验概率。

（2）当 E 一定不存在时，$O(H|\neg E) = LN \times O(H)$，即

$$P(H|\neg E) = \frac{LN \times P(H)}{(LN-1) \times P(H) + 1}$$

上式在 E 肯定不出现的情况下，将 H 的先验概率更新为后验概率。

（3）当 E 不一定存在时，杜达等在 1976 年提出如下公式。

$$P(H|S) = P(H|E) \times P(E|S) + P(H|\neg E) \times P(\neg E|S)$$

其中，S 是对 E 的有关观察。若只有 70%的把握说明 E 为真，则 $P(E|S) = 70\%$。可以看

出，当证据肯定存在时，$P(E|S)=1$，则

$$P(H|S)=P(H|E)=\frac{\text{LS}\times P(H)}{(\text{LS}-1)\times P(H)+1}$$

当证据肯定不存在时，$P(E|S)=0$，则

$$P(H|S)=P(H|\neg E)=\frac{\text{LN}\times P(H)}{(\text{LN}-1)\times P(H)+1}$$

当证据与观察无关时，$P(E|S)=P(E)$，$P(H|S)=P(H)$。

当证据是除上述 3 种之外的其他情况时，$P(H|S)$ 可通过分段线性插值得到，如图 9-15 所示，证明过程此处省略。

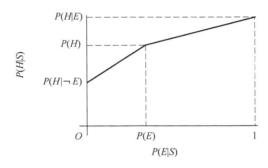

图 9-15　分段线性插值

$$P(H|S)=\begin{cases}P(H|\neg E)+\dfrac{P(H)-P(H|\neg E)}{P(E)}\times P(E|S), & 0\leqslant P(E|S)<P(E)\\[4mm] P(H)+\dfrac{P(H|E)-P(H)}{1-P(E)}\times\left[P(E|S)-P(E)\right], & P(E)\leqslant P(E|S)\leqslant 1\end{cases}$$

这样，当进行推理计算时，就可根据观察得到的 $P(E|S)$ 来得出 $P(H|S)$。

以上讨论的是证据对结论的影响，下面简单讨论如何确定 LS 和 LN 的值。

已经知道，LS 为充分性度量，LN 为必要性度量，它们的值由领域专家给出。由式（9-5）可知，

$$\text{LS}\begin{cases}=1, & O(H|E)=O(H)\\ >1, & O(H|E)>O(H)\\ <1, & O(H|E)<O(H)\end{cases}$$

即 LS=1 时，E 对 H 没有影响；LS>1 时，E 支持 H；LS<1 时，E 不支持 H。这就是领域专家为 LS 赋值的依据，证据 E 越支持 H 为真，则应使相应的 LS 值越大[18]。

同样地，由式（9-6）可知，

$$\text{LN}\begin{cases}=1, & O(H|\neg E)=O(H)\\ >1, & O(H|\neg E)>O(H)\\ <1, & O(H|\neg E)<O(H)\end{cases}$$

即 LN=1 时，¬E 对 H 没有影响；LN>1时，¬E 支持 H；LN<1 时，¬E 不支持 H。这就是领域专家为 LN 赋值的依据，证据 E 对 H 越必要，则相应的 LN 值应越小。

注意，在给 LS、LN 赋值时，须使 LS、LN 都大于 0；LS、LN 不能同时大于 1 或同时小于 1；LS、LN 可以同时等于 1。

主观贝叶斯方法的主要优点如下[19]。

（1）主观贝叶斯方法中的计算公式大多是在概率论的基础上推导出来的，具有较坚实的理论基础。

（2）知识的静态强度 LS 及 LN 是由领域专家根据实践经验给出的，这就避免了大量的数据统计工作。另外，主观贝叶斯方法既用 LS 指出了证据 E 对结论 H 的支持程度，又用 LN 指出了 E 对 H 的必要性程度，这就比较全面地反映了证据与结论间的因果关系，符合现实世界中某些领域的实际情况，使推出的结论有较准确的确定性。

（3）主观贝叶斯方法不仅给出了在证据肯定存在或肯定不存在情况下将 H 的先验概率更新为后验概率的方法，而且给出了在证据不确定情况下将先验概率更新为后验概率的方法。因此，可以说主观贝叶斯方法是一种比较实用且较灵活的不确定性推理方法。

主观贝叶斯方法的主要缺点如下。

（1）它要求领域专家在给出知识时，同时给出 H 的先验概率 P(H)，这是比较困难的。

（2）贝叶斯定理中关于事件间独立性的要求使主观贝叶斯方法的应用受到了限制。

9.3.3 可信度方法——C-F 模型

可信度方法是 Shortliffe 等在确定性理论（ Theory of Confirmation）的基础上，结合概率论等提出的一种不确定性推理方法，首先在专家系统 MYCIN 中得到了成功的应用。由于该方法比较直观、简单，而且效果也比较好，因此受到人们的重视。目前，许多专家系统都是基于这一方法建立起来的[21]。下面介绍可信度的概念及基于可信度表示的不确定性推理的基本方法（简称 C-F 模型）。

人们在长期的实践活动中，积累了大量对客观世界和认识和经验，当面临一个新事物或新情况时，往往可用这些经验对问题的真、假或为真的程度做出判断。例如，小李今日上班迟到了，其理由是"路上自行车出了问题"，就此理由而言，只有两种情况：一种情况是小李的自行车确实出了问题，从而耽误了上班时间，即其理由为真；另一种情况是小李的自行车没有问题，他只是想以此理由作为搪塞，即其理由为假。但是，对于听话的人来说，其对小李所说的理由可以是绝对相信，也可以是完全不相信，还可以是只有某种程度的相信，其依据是对小李以往表观情况所积累起来的认识[5]。像这样根据经验给出的对一个事物或现象为真的相信程度称为可信度。

显然，可信度带有较大的主观性和经验性，其准确性难以把握。但是，由于人工智能所面向的大多是结构不良的复杂问题，对这些问题难以给出精确的数学模型，也难以确定先验概率及条件概率，因此用可信度来表示知识及证据的不确定性不失为一种可行的方法。另外，由于领域专家都是所在领域的行家里手，有丰富的专业知识及实践经验，因此其不难对领域内的知识给出可信度。

1. 可信度方法的不确定性表示

C-F 模型是基于可信度表示的不确定性推理的基本方法，其他可信度方法都是在此基础上发展起来的。下面首先介绍 C-F 模型的知识表示方法，然后再介绍其推理机制。

在 C-F 模型中，知识是用产生式规则表示的，其一般形式为

IF E THEN H (CF(H,E))

CF(H,E)表示该条知识的可信度，称为可信度因子（Certainty Factor）或规则强度。CF(H,E)在[−1,1]上取值，它指出当前提条件 E 所对应的证据为真时，它对结论 H 为真的支持程度。CF(H,E)的值越大，就表示前提条件 E 越支持结论 H 为真。例如：

IF 打雷 AND 闪电 THEN 下雨 (0.7)

表示当确实有"打雷"及"闪电"的天气时，则有七成的把握会下雨。由此可以看出，CF(H,E)实际上反映了前提条件与结论的联系强度，是相应知识的知识强度。

在 C-F 模型中，把 CF(H,E)定义为

$$CF(H,E)= MB(H,E)-MD(H,E)$$

其中，MB（Measure Belief）称为信任增长度，它表示因与前提条件 E 匹配的证据的出现，使结论 H 为真的信任增长度。MB 定义为

$$MB(H,E) = \begin{cases} 1, & 若P(H)=1 \\ \dfrac{\max\{P(H\mid E),P(H)\} - P(H)}{1-P(H)}, & 其他 \end{cases} \quad (9\text{-}7)$$

MD（Measure Disbelief）称为不信任增长度，它表示因与前提条件 E 匹配的证据的出现，对结论 H 为真的不信任增长度。MD 定义为

$$MD(H,E) = \begin{cases} 1, & 若P(H)=0 \\ \dfrac{\min\{P(H\mid E),P(H)\} - P(H)}{-P(H)}, & 其他 \end{cases} \quad (9\text{-}8)$$

式（9-7）和式（9-8）中，$P(H|E)$表示在前提 E 所对应的证据出现的情况下，结论 H 的条件概率，$P(H)$表示 H 的先验概率。由式（9-7）和式（9-8）可以看出，MB、MD 和 CF 有如下性质。

（1）$0 \leqslant MB(H,E) \leqslant 1$；$0 \leqslant MD(H,E) \leqslant 1$；$-1 \leqslant CF(H,E) \leqslant 1$。

（2）若 MB(H,E)>0，MD(H,E)=0，则 CF(H,E)=MB(H,E)。

若 MD(H,E)>0，MB(H,E)=0，则 CF(H,E)=−MD(H,E)。

因此称 MB 和 MD 具有互斥性，进而可得 CF(H,E)的计算公式如下。

$$CF(H,E) = \begin{cases} \dfrac{P(H\mid E)-P(H)}{1-P(H)}, & 若P(H\mid E) > P(H) \\ 0, & 若P(H\mid E) = P(H) \\ \dfrac{P(H\mid E)-P(H)}{P(H)}, & 若P(H\mid E) < P(H) \end{cases}$$

根据此公式，可由先验概率 $P(H)$ 和后验概率 $P(H|E)$ 求出 CF(H,E)。但是，在实际应用中，$P(H)$ 和 $P(H|E)$ 的值是难以获得的，因此 CF(H,E) 的值一般由领域专家直接给出。其原则为：若由于相应证据的出现增加了结论 H 为真的可信度，则使 CF(H,E)>0，证据的出现越支持 H 为真，就使 CF(H,E) 的值越大；反之，则使 CF(H,E)<0，证据的出现越支持 H 为假，就使 CF(H,E) 的值越小；若证据的出现与 H 无关，则使 CF(H,E)=0。

2.可信度方法的推理

C-F 模型中的不确定推理，常常需要从不确定的初始证据出发，利用 CF(H,E) 推出结论的可信度值，其中，结论 H 的可信度由下式计算。

$$CF(H)=CF(H,E)\times \max\{0,CF(E)\}$$

其中，对于 CF(E) 来说，当组合证据为多个单一证据的合取时：

$$E=E_1 \text{ AND } E_2 \text{ AND}\cdots \text{AND } E_n$$

若已知 CF(E_1), CF(E_2),$\cdots$, CF(E_n)，则有

$$CF(E)=\min\{CF(E_1), CF(E_2),\cdots,CF(E_n)\}$$

即对于多个证据合取的可信度，取其可信度最小的那个证据的 CF 值作为组合证据的可信度。

当组合证据是多个单一证据的析取时：

$$E=E_1 \text{ OR } E_2 \text{ OR}\cdots \text{OR } E_n$$

若已知 CF(E_1), CF(E_2),$\cdots$, CF(E_n)，则有

$$CF(E)=\max\{CF(E_1), CF(E_2),\cdots,CF(E_n)\}$$

即对于多个证据析取的可信度，取其可信度最大的那个证据的 CF 值作为组合证据的可信度[20]。

此外，在很多情况下，多个前提并不能合取或析取，如推出了相同的结论，但可信度不同，这时，可以分别计算 CF(H)，然后再合成。

设有如下知识：

IF E_1 THEN H (CF(H, E_1))

IF E_2 THEN H (CF(H, E_2))

其结论 H 的综合可信度可按如下步骤求得。

（1）根据公式分别求出：

$$CF_1(H)=CF(H, E_1)\max\{0,CF(E_1)\}$$
$$CF_2(H)=CF(H, E_2)\max\{0,CF(E_2)\}$$

（2）求出 E_1 和 E_2 对 H 的综合影响所形成的可信度 $CF_{1,2}(H)$。

$$CF_{1,2}(H) = \begin{cases} CF_1(H) + CF_2(H) - CF_1(H)\cdot CF_2(H), & \text{若} CF_1(H)\geqslant 0, \ CF_2(H)\geqslant 0 \\ CF_1(H) + CF_2(H) + CF_1(H)\cdot CF_2(H), & \text{若} CF_1(H)<0, \ CF_2(H)<0 \\ \dfrac{CF_1(H) + CF_2(H)}{1-\min\{|CF_1(H)|,|CF_2(H)|\}}, & \text{若} CF_1(H)\cdot CF_2(H)<0 \end{cases}$$

9.4 模糊推理

模糊推理是利用模糊性知识进行的一种不确定性推理。模糊推理与 9.3 节介绍的不确定性推理有着实质性的区别。9.3 节介绍的不确定性推理的理论基础是概率论，它所研究的事件本身有明确而确定的含义，只是由于发生的条件不充分，使得在条件与事件之间不能出现确定的因果关系，从而在事件的出现与否上表现出不确定性，那些推理模型是对这种不确定性，即随机性的表示与处理。模糊推理的理论基础是模糊集理论及在此基础上发展起来的模糊逻辑，它所处理的事物自身是模糊的，即概念本身没有明确的外延，一个对象是否符合这个概念难以明确地确定，模糊推理是对这种不确定性，即模糊性的表示与处理[21]。

在人工智能的应用领域，知识及信息的不确定性大多是由模糊性引起的，这就使得对模糊推理的研究显得格外重要。1965 年，著名控制论专家 L.A.Zadeh 发表了论文 *Fuzzy Sets*，文中明确提出了模糊性问题，之后，关于模糊性问题的理论及技术不断发展。下面将介绍模糊推理方面重要的理论和技术。

9.4.1 模糊匹配

由于因果关系是现实世界中事物间最常见且用得最多的一种关系，因此，在产生式的基础上讨论模糊知识的表示和推理问题。

模糊产生式规则的一般形式为

IF E THEN H (CF, λ)

其中，E 是模糊条件；H 是模糊结论；CF 是该产生式规则所表示的知识的可信度因子，它可以是一个确定的实数，也可以是一个模糊数或模糊语言值，CF 的值由领域专家在给出知识的同时给出；λ 是阈值，用于指出相应知识在什么情况下可被应用，它可以有多种表示形式。例如：

（1） IF x is A THEN y is B (λ)；

（2） IF x is A THEN y is B (CF, λ)；

（3） IF x_1 is A_1 AND x_2 is A_2 THEN y is B (λ)；

（4） IF x_1 is A_1 AND x_2 is A_2 AND x_3 is A_3 THEN y is B (CF, λ)。

其中，A，A_1，A_2，A_3 分别是论域 U，U_1，U_2，U_3 上的模糊集，B 是论域 V 上的模糊集。

推理中所用的论据也是用模糊命题表示的，一般形式为

x is A'

或者

x is A' (CF)

其中，A' 是论域 U 上的模糊集，CF 是可信度因子。

在模糊推理中，由于知识的前提条件中的 A 与证据中的 A' 不一定完全相同，因此在决定选用哪条知识进行推理时，必须首先考虑哪条知识的 A 可与 A' 近似匹配，即它们的相似程度是否大于某个预先设定的阈值，或者它们的语义距离是否小于阈值。例如，设有如下知识及证据。

IF x is 小 THEN y is 大 (0.6)

x is 较小

此时为了确定知识的条件部分"x is 小"是否可与证据"x is 较小"模糊匹配，就要计算小与较小的相似程度是否落在阈值 0.6 所指定的范围内。由于小与较小都是用相应的模糊集及其隶属函数刻画的，因此对其相似程度的计算就转换为对其相应模糊集的计算。

两个模糊集所表示的模糊概念的相似程度又称为匹配度，目前常用的计算匹配度的方法主要有贴近度、语义距离及相似度等。

9.4.2 模糊推理的基本模式

第 8 章介绍了演绎推理的 3 种基本模式：假言推理、拒取式推理及假言三段论推理。对于模糊推理，相应地也有 3 种基本模式，即模糊假言推理、模糊拒取式推理及模糊三段论推理。

1. 模糊假言推理

设 $A \in F(U)$，$B \in F(V)$，且它们具有如下关系。

IF x is A THEN y is B

若有 $A' \in F(U)$，而且 A 与 A' 可以模糊匹配，则可推出 y is B'，$B' \in F(V)$。称这种推理为模糊假言推理。它可直观地表示为

知识：IF x is A THEN y is B
证据：　　　 x is A'
_____

结论：　　　　　　　　　　　　　　　 y is B'

对于复合条件，可表示为

知识：IF x_1 is A_1 AND x_2 is A_2 AND…AND x_n is A_n THEN y is B
证据：　 x_1 is A'_1 　　　 x_2 is A'_2 　　　　　　 x_n is A'_n
_____

结论：　　　　　　　　　　　　　　　　　　　　　　　　　　 y is B'

如果在知识及（或）证据中带有可信度因子，那么还需要对结论的可信度因子按某种算法进行计算。

2. 模糊拒取式推理

设 $A \in F(U)$，$B \in F(V)$，且它们具有如下关系。

IF x is A THEN y is B

若 $B' \in F(V)$，且 B 与 B' 可以模糊匹配，则可推出 x is A'。其中，$A' \in F(U)$，这种推理称为模糊拒取式推理，可直观地表示为

知识：IF　x　is　A　THEN　y　is　B

证据：　　　　　　　　　　　　y　is　B'

────────────────────

结论：　　　x　is　A'

3. 模糊三段论推理

设 $A \in F(U)$ ， $B \in F(V)$ ， $C \in F(W)$ ，若由

IF　x　is　A　THEN　y　is　B

IF　y　is　B　THEN　z　is　C

可以推出

IF　x　is　A　THEN　z　is　C

则称它为模糊三段论推理，可表示为

IF　x　is　A　THEN　y　is　B

IF　y　is　B　THEN　z　is　C

────────────────────

IF　x　is　A　THEN　z　is　C

关于推理方法，即如何由已知的模糊知识和证据具体地推出模糊结论，目前已经有多种方法。9.4.4 节将讨论 L.A.Zadeh 等提出的合成推理规则，这种方法的基本思路为：首先由知识

IF　x　is　A　THEN　y　is　B

求出 A 与 B 之间的模糊关系 R，然后通过 R 与相应证据的合成求出模糊结论。由于该方法是通过模糊关系 R 与证据合成求出证据的，因此称为基于模糊关系的合成推理。

9.4.3　模糊推理的基本模型

考虑一个简单的医疗诊断专家系统。假设有位患者到医院看病，医生为了确定该患者是否患有某种疾病，需要为患者做 5 项检查，通常医生根据这些检查结果给出诊断意见。可以将医生的临床经验总结为 20 条模糊规则，其中每条规则有 5 个输入和 1 个输出，这样就形成了一个简单的疾病诊断专家系统。

这样就可以归纳出模糊推理的一类应用最广泛的模型。

模型 1　多规则多输入模型 MRMI(m,n)：

规则 R_1　　IF x_1 is A_{11} AND $\cdots$ AND x_n is A_{1n}, THEN y is B_1

……

规则 R_m　　IF x_1 is A_{m1} AND $\cdots$ AND x_n is A_{mn}, THEN y is B_m

新输入　　　x_1 is A_1^* AND $\cdots$ AND x_n is A_n^*

────────────────────

输出　　　　　　　　　　　　　　　　y is B^*

其中，$A_{ij}, A_j^* \in F(U_j); B_i, B^* \in F(V); U_1, U_2, \cdots, U_n, V$ 是论域； $i=1,\cdots,m$ ； $j=1,\cdots,n$ 。

这个模糊推理模型也称为多重多维推理模型，其中的推理规则个数称为重数，而每

个推理中的变元的个数称为维数。

在具体问题的分析和研究中，这个模型常常被简化。可通过以下两个方式将它简化为相对简单的推理模型。

第 1 种方式：将每个规则中的 n 个前提转换为一个前提，主要方法是做 n 个模糊集的积，从而将模型 1 简化为以下的多规则单输入模型。

模型 2 多规则单输入模型 MRSI(m)。

规则 R_1 IF x is A_1, THEN y is B_1

……

规则 R_m IF x is A_m, THEN y is B_m

新输入 x is A^*

———————————————————————————

输出 y is B^*

第 2 种方式：将 m 条规则通过做模糊关系的并转换为一条规则，从而将模型 1 简化为以下的单规则多输入模型。

模型 3 单规则多输入模型 SRMI(n)：

规则 R IF x_1 is A_1 AND$\cdots$AND x_n is A_n, THEN y is B

新输入 x_1 is A_1^* AND$\cdots$AND x_n is A_n^*

———————————————————————————

输出 y is B^*

如果同时使用以上两种简化方式，那么模型 1 可以简化成以下最简单的推理模型。

模型 4 单规则单输入模型 FMP：

规则 R IF x is A, THEN y is B

新输入 x is A^*

———————————————————————————

输出 y is B^*

以上 4 种模型都属于模糊假言推理。在模糊推理的理论与应用研究中，还会见到以下的逆向推理模型，其又称为"模糊拒取式推理模型"或"广义拒取式推理模型"。

模型 5 逆向推理模型 FMT：

规则 R IF x is A, THEN y is B

新输入 y is B^*

———————————————————————————

输出 x is A^*

后面讨论的模糊推理方法，各自适用于不同的模型。

9.4.4 合成推理规则

下面具体讨论简单的模糊推理，这里只讨论知识中含简单条件且不带可信度因子的情况。

按照 L.A.Zadeh 等提出的合成推理规则，对于知识

IF x is A THEN y is B

首先要构造 A 与 B 之间的模糊关系 R，然后通过 R 与证据的合成求出结论。如果已

知证据为

x　is　A'

且 A 与 A' 可以模糊匹配，那么通过下述合成运算可求出 B'。

$$B' = A' \circ R$$

如果已知证据为

y　is　B'

且 B 与 B' 可以模糊匹配，那么通过下述合成运算求出 A'。

$$A' = R \circ B'$$

显然，在这种推理方法中，关键的工作是构造模糊关系 R。因为构造模糊关系 R 是一个相对复杂的过程，在这里不做详细介绍，有兴趣的读者可以继续查阅资料。

9.5　实验：模糊矩阵的运算

9.5.1　实验目的

（1）了解模糊矩阵运算用 Python 实现的方法。

（2）利用模糊矩阵的合成运算解决实际问题。

9.5.2　实验要求

（1）学会使用 Python 完成模糊矩阵的交、并、补等运算。

（2）学会在 Python 中实现简单的模糊矩阵的运用。

9.5.3　实验原理

从 9.2.2 节可知，模糊矩阵有相等、交、并、补、合成等运算，依据这些运算规则，可在 Python 中实现模糊矩阵的运算。

9.5.4　实验步骤

实验 1　用 Python 实现模糊矩阵的运算。

（1）导入 numpy 包。

```
import numpy as np
```

（2）定义矩阵类型判断函数。

```
def check_type(a):
    a=np.array(a)
    s = np.eye(a.shape[0],a.shape[1])
    if (a>=s).all() and (a.T == a).all():
```

```
            return "模糊自反矩阵、模糊对称矩阵"
        elif (a>=s).all():
            return "模糊自反矩阵"
        elif (a.T == a).all():
            return "模糊对称矩阵"
        elif (hecheng(a,a) <= a).all():
            return "模糊传递矩阵"
        else:
            return "一般模糊矩阵"
```

（3）定义判断两个矩阵是否相等的函数。

```
def isequal(a,b):
    # 判断模糊矩阵 a,b 是否相等
    a,b = np.array(a),np.array(b)
    if (a==b).all():
        print("相等")
    else:
        print("不相等")
```

（4）定义两个模糊矩阵的并运算函数。

```
def bing(a,b):
    # 求模糊矩阵 a 和模糊矩阵 b 的并
    a,b = np.array(a),np.array(b)
    c=np.fmax(a,b)  # 元素级的最大值计算
    return c
```

（5）定义两个模糊矩阵的交运算函数。

```
def jiao(a,b):
    # 求模糊矩阵 a 和模糊矩阵 b 的交
    a,b = np.array(a),np.array(b)
    c=np.fmin(a,b)  # 元素级的最小值计算
    return c
```

（6）定义一个模糊矩阵的补运算函数。

```
def bu(a):
    # 求模糊矩阵 a 的补
    a = np.array(a)
    c=1-a  # 元素级的计算
    return c
```

（7）定义两个模糊矩阵的合成运算函数。

```
def hecheng(a,b):
```

```
# 求模糊矩阵 a 和模糊矩阵 b 的合成
a,b = np.array(a),np.array(b)
if a.shape[1] == b.shape[0]:
    c=np.zeros_like(a.dot(b))
    for i in range(a.shape[0]): # 遍历 a 的行元素
        for j in range(b.shape[1]): # 遍历 b 的列元素
            empty=[]
            for k in range(a.shape[1]):
                empty.append(min(a[i,k],b[k,j])) # 行列元素比小
            c[i,j]=max(empty) # 比小结果取大
    return c
else:
    print("输入矩阵不能做合成运算！\n 请检查矩阵的维度！")
```

实验 2　利用模糊矩阵的合成运算计算子女与祖父母的相似程度。

已知：某家中子女与父母的长相相似关系 R 为模糊关系，可表示为

R	父	母
子	0.2	0.8
女	0.6	0.1

用模糊矩阵 R 来表示：

$$R=\begin{bmatrix}0.2 & 0.8 \\ 0.6 & 0.1\end{bmatrix}$$

该家中父母与祖父母长相的相似关系也是模糊关系，可表示为

S	祖父	祖母
父	0.5	0.7
母	0.1	0

用模糊矩阵 S 可表示为

$$S=\begin{bmatrix}0.5 & 0.7 \\ 0.1 & 0\end{bmatrix}$$

试计算子女与祖父、祖母长相的相似程度。

（1）导入 numpy 包。

```
import numpy as np
```

（2）定义两个模糊矩阵的合成运算函数。

```
def hecheng(a,b):
```

```
        # 求模糊矩阵 a 和模糊矩阵 b 的合成
    a,b = np.array(a),np.array(b)
    if a.shape[1] == b.shape[0]:
        c=np.zeros_like(a.dot(b))
        for i in range(a.shape[0]):  # 遍历 a 的行元素
            for j in range(b.shape[1]):  # 遍历 b 的列元素
                empty=[]
                for k in range(a.shape[1]):
                    empty.append(min(a[i,k],b[k,j]))  # 行列元素比小
                c[i,j]=max(empty)  # 比小结果取大
        return c
    else:
        print("输入矩阵不能做合成运算！\n请检查矩阵的维度！")
```

9.5.5 实验结果

实验 1

（1）模拟输入矩阵 *a*、*b*。

```
输入矩阵:
    a = [
        [1, 0.87, 0.5,   0],
        [0.34, 0.63, 0.98, 0.2],
        [0.56, 0.21, 0.25, 0.5],
        [0.4, 0.36, 0.64, 0.9]
    ]
    b = [
        [0.99, 0.87, 1, 0],
        [0.34, 1, 0.98, 0.2],
        [1, 0.87, 0.32, 0.7],
        [0.4, 0.78, 0.54, 1]
    ]
```

（2）打印输出运算结果。

判断模糊矩阵 a 的类型:
一般模糊矩阵
判断模糊矩阵 b 的类型:
一般模糊矩阵
判断模糊矩阵 a,b 是否相等:
不相等
求模糊矩阵 a 和模糊矩阵 b 的并:

[[1.　　0.87 1.　　0.]

　[0.34 1.　　0.98 0.2]

　[1.　　0.87 0.32 0.7]

　[0.4　0.78 0.64 1.　]]

求模糊矩阵 a 和模糊矩阵 b 的交:

[[0.99 0.87 0.5　0.]

　[0.34 0.63 0.98 0.2]

　[0.56 0.21 0.25 0.5]

　[0.4　0.36 0.54 0.9]]

求模糊矩阵 a 的补:

[[0.　　0.13 0.5　1.]

　[0.66 0.37 0.02 0.8]

　[0.44 0.79 0.75 0.5]

　[0.6　0.64 0.36 0.1]]

求模糊矩阵 a 和模糊矩阵 b 的合成:

[[0.99 0.87 1.　　0.5]

　[0.98 0.87 0.63 0.7]

　[0.56 0.56 0.56 0.5]

　[0.64 0.78 0.54 0.9]]

实验 2

（1）模拟输入矩阵 a、b。

输入矩阵:

$a = [$

　　[0.2, 0.8],

　　[0.6, 0.1]

]

$b = [$

　　[0.5, 0.7],

　　[0.1, 0]

]

（2）打印输出运算结果。

求模糊矩阵 a 和模糊矩阵 b 的合成:

[[0.2　0.2]

　[0.5　0.6]]

这一计算结果表明，孙子与祖父、祖母长相的相似程度为 0.2、0.2；而孙女与祖父、祖母长相的相似程度为 0.5、0.6。

习题

1. 简述确定性推理和不确定性推理的区别。

2. 列出日常生活中的 5 个不确定的事件。

3. 尝试列出日常生活中与模糊集相对应的 5 件事情。

4. "明确集是非黑即白,模糊集是既黑又白。"讨论这个论断。

5. 你认为用模糊集和粗糙集描述不确定事件分别有什么好处?

6. 令 $X=\{a,b,c,d\}$,列出 X 的所有子集。

7. 分别有 A 和 B 两个容器,容器 A 里有 2 个红球、3 个白球,容器 B 里有 4 个红球、1 个白球。现在从任意一个容器中拿出一个球,发现是红球,求这个红球来自容器 A 的概率。

8. 知识可用产生式规则表示为

IF　E　THEN　(LS,LN)　H　($P(H)$)

现有规则为

R_1 : IF　E_1　THEN　(1,0.004)　H_1　(0.5)

R_2 : IF　E_2　THEN　(17,1)　H_2　(0.06)

R_3 : IF　E_3　THEN　(13,1)　H_3　(0.04)

求解证据出现和不出现时,$P(H_i|E_i)$ 和 $P(H_i|\neg E_i)$ 的值各是多少。

9. 设有如下一组推理规则。

R_1 : IF　E_1　THEN　H　(0.8)

R_2 : IF　E_2　THEN　H　(0.7)

R_3 : IF　E_3　THEN　H　(0.5)

R_4 : IF　E_4　AND　E_5　THEN　E_1　(0.7)

已知 $CF(E_3)=0.3$,$CF(E_4)=0.9$,$CF(E_5)=0.6$,求 $CF(H)$。

10. 什么是模糊匹配,有哪些计算模糊匹配的方法?

参考文献

[1] 王宏生. 人工智能及其应用[M]. 北京:国防工业出版社,2006.

[2] 蓝章礼. 基于不确定推理的学生兴趣与习惯模型研究[D]. 重庆:重庆大学,2004.

[3] 鹿丙杰. 仪器仪表故障诊断专家系统[D]. 成都:电子科技大学,2006.

[4] 杨宝祝,吴建伟,薛敏菊,等. 基于网络的智能化专家系统开发平台的研究[J]. 农业图书情报学刊,2009,29(9):5-8.

[5] 黄玮. 专家系统在人机环可靠性评价系统中的应用[D]. 长春:长春理工大学,2009.

[6] 李敏. 人工智能数学理论基础综述[J]. 物联网技术,2017,7(7):99-102.

[7] 李德毅,杜鹃. 不确定性人工智能[M]. 北京:国防工业出版社,2005.

[8] 高文森，李忠范. 应用概率统计[M]. 长春：吉林大学出版社，2003.

[9] WANG S L, LI D, SHI W Z, et al. Rough spatial description[J]. International Archives of Photogrammetry and Remote Sensing, 2002, XXXIII(II): 503-509.

[10] 王众托，吴江宁，郭崇慧. 信息与知识管理[M]. 北京：电子工业出版社，2010.

[11] PAWLAK Z. Rough Set: Theoretical Aspects of Reasoning about Data[M]. Boston: kluwer Academic Publishers, 1991.

[12] 徐立中，李士进，石爱业. 数字图像的智能信息处理[M]. 北京：国防工业出版社，2007.

[13] 王瑜. 知识工程中知识度量、推理与融合的若干关键技术研究[D]. 上海：复旦大学，2004.

[14] 李道国. 信息粒度计算模型及其在智能信息处理中的应用研究[D]. 上海：同济大学，2005.

[15] 马少平，朱小燕. 人工智能[M]. 北京：清华大学出版社，2004.

[16] 申锦标，吕跃进. 基于粗糙集与贝叶斯网络的推理和诊断模型[J]. 广西大学学报（自然科学版），2009，34(6)：815-818.

[17] 马鸣远. 人工智能与专家系统导论[M]. 北京：清华大学出版社, 2006.

[18] 李道亮，傅泽田，田东. 智能系统：基础、方法及其在农业中的应用[M]. 北京：清华大学出版社，2004.

[19] 王永庆. 人工智能的原理与方法[M]. 西安：西北工业大学出版社，2002.

[20] 蔡自兴，徐光祐. 人工智能及其应用[M]. 北京：清华大学出版社，2005.

[21] 陈翔. 不精确推理模型及其应用[J]. 合肥学院学报（自然科学版），2005，15(4)：16-17.

第 10 章　知识迁移学习

《论语·为政篇》中说"温故而知新，可以为师矣"。从已学的知识中，推陈出新，开拓领域，是学习的固有之道。温故知新，是要从既有知识中融会贯通，从而产生新领悟，获取新认识，形成智慧涌现。这就涉及本章所介绍的迁移学习。

当前，学科领域及其知识交融越来越密切，人类和机器都要面对更多领域的综合问题，需要灵活应用跨领域、跨专业的融合知识，需要具有更强大的知识迁移学习能力。具备知识迁移学习能力是人类现代教育教学的重要目标，也是人工智能机器学习进一步深入发展的重要方向。本章着重介绍机器学习中的知识迁移学习。

10.1　知识迁移简述

在众多学习途径中，知识迁移是相对容易的一种。一名拥有丰富经验的自行车车手，学习成为一名摩托车车手是轻松自然的事情；一名英语教师转行从事国际商业演讲，要比教体育的老师容易得多。其奥秘在于知识迁移的作用。

知识迁移是一种学习对另一种学习的影响，或者是习得的经验对完成其他活动的影响[1]。对于人类来说，知识迁移是在学习这个连续过程中，在学习者已经具有的知识经验和认知结构、已获得的动作技能、习得的态度等基础上进行的[1]。对于机器来说，知识迁移学习是把一个领域（源域）的知识迁移到另一个领域（目标域），使得目标域能够取得更好的学习效果[2]。

10.1.1　人类知识迁移

对于人类来说，知识迁移是一种广泛而普遍的学习方式，因为学习活动总是建立在已有的知识经验之上的，这种利用已有的知识经验不断地获得新知识和技能的过程，可以认为是广义的知识迁移；新知识技能的获得也不断地使已有的知识经验得到扩充和丰富，这个过程也属于广义的知识迁移。人类教育心理学所研究的知识迁移是狭义的迁移学习，特指两种学习之间的相互影响[1]。

人类对自身的知识迁移进行了广泛深入的研究，发现了很多有趣的现象。

1. 知识迁移的分类

（1）正迁移、负迁移和零迁移。

当一种学习对另一种学习起到积极的促进作用时，这种知识迁移称为正迁移。例如，学习语言文学利于学习历史政治；学习自行车利于学习电动摩托车；会英语的人学习法语相对容易等。

当两种学习之间互相干扰、阻碍时，这种知识迁移称为负迁移。例如，汉语拼音的学习干扰英语音标的学习；方言影响普通话的学习等。

当两种学习之间不存在直接的互相影响时，这种知识迁移称为零迁移，如学习 Python 和学习游泳。

（2）顺向迁移和逆向迁移。

先前的学习对后来学习的影响称为顺向迁移。例如，温故知新，从实数到复数，从笔画到结构的知识扩展等。

后来的学习对先前学习的影响称为逆向迁移。例如，学习了量子力学后，对先前学习的经典力学的重新理解；学习了信息理论后，对人类认识论的重新认知等。

（3）一般迁移和具体迁移。

当把从一种学习学得的一般原理、方法、策略或态度迁移到另一种学习中时，这种知识迁移称为一般迁移。例如，获得基本的运算技能、阅读技能后，将其运用到各种具体的学科学习中；把非线性动力学理论应用到分形的解释中等。

当把一种学习中的具体、特殊性的经验直接运用到另一种学习中时，这种知识迁移称为具体迁移。例如，学习汉字"人"之后，学习"众"就很简单；学习画直角后，学习画矩形就更容易等。一般迁移与具体迁移也相应地被称为非特殊迁移与特殊迁移。

（4）自迁移、近迁移和远迁移。

个体所学的经验影响相同情景中的任务操作，这种知识迁移称为自迁移，如反复训练、巩固练习等。

把所学的经验迁移到与最初学习情景相似的情境中，这种知识迁移称为近迁移，如学生遇到与例题相似的题时，会用相关方法进行解答。

把所学的经验迁移到与最初学习情景极不相似的情境中，这种知识迁移称为远迁移，如运用控制学中的反馈理论解释人类社会革命进程等。

（5）水平迁移和垂直迁移。

根据迁移内容的抽象水平和概括水平的不同，可把知识迁移分为水平迁移和垂直迁移。

处于同一抽象水平和概括水平的经验之间相互影响，这种知识迁移称为水平迁移。例如，锂、钠、钾等金属元素都比较活泼，物理性质有相近性，适合进行比较学习。

先学内容与后学内容是不同水平的学习活动之间的知识迁移称为垂直迁移。例如，学习了"角"这一概念后，再学习"直角""锐角"等概念就相对容易。

（6）低通路迁移和高通路迁移。

反复练习的技能自动化地迁移称为低通路迁移。例如，学会素描的人很容易学会彩色铅笔绘画。

有意识地将习得的抽象知识运用到新情境中的知识迁移称为高通路迁移。例如，学习物理学中的阶跃响应时，考虑其在社会管理实践中的应用。

（7）同化性迁移、顺应性迁移和重组性迁移。

根据迁移过程中所需要的内在心理机制的不同，知识迁移可分为同化性迁移、顺应性迁移和重组性迁移。

直接将原有的认知经验应用到本质特征相同的一类事物中的知识迁移称为同化性迁移，如举一反三、闻一知十。

将原有认知经验运用于新情境中时，需要调整原有的经验或对新经验加以概括，形成一种能包容新、旧经验的更高一层的认知结构，以适应外界变化的知识迁移称为顺应性迁移，如相对论的建立就是对原有以牛顿定律为代表的经典物理学的改造和包容。

重新组合原有认知结构中的某些构成要素或成分，调整各成分间的关系或建立新的关系，从而应用于新情境的知识迁移称为重组性迁移，如对"人名"与"名人"概念的学习。

随着研究的不断深入，研究者逐渐认识到，在不同的任务中，迁移的机制、条件是不同的，至今知识迁移的分类方法还在不断发展。

针对这些类别的知识迁移现象，人类尤其是心理学家进行了大量的工作，提出了许多迁移学习理论。

2．迁移学习理论

（1）相同要素说理论。

相同要素说于 19 世纪末 20 世纪初由桑代克（Thorndike E. L.）和伍德沃斯（Woodworth R. S.）提出。相同要素说认为，一种学习之所以有助于另一种学习，是因为两种学习具有相同因素。若两种情境含有相同因素，不管学习者是否察觉到这种因素的相同性，总有迁移现象发生。

相同要素即相同的刺激与反应的联结，刺激相似且反应也相似时，两种情境的迁移才能发生。相同联结越多，迁移越多。后来相同要素被改为共同要素，即认为两种情境中有共同成分时可以产生迁移。迁移是非常具体的且是有条件的，需要有共同的要素。

（2）认知结构理论。

布鲁纳（Jeromes S. Bruner）和奥苏伯尔（David P. Ausubel）把迁移放在学习者的整个认知结构的背景下进行研究，他们在认知结构的基础上提出了关于迁移的理论和见解。布鲁纳认为，学习是类别及其编码系统的形成。迁移就是把习得的编码系统用于新的事例。正迁移就是把适当的编码系统应用于新事例；负迁移则是把习得的编码系统错误地用于新事例。

认知结构理论指出，当人类学习新知识时，认知结构的可利用性高、可辨识性大、稳定性强，能促进人类对新知识学习的迁移。

（3）经验类化理论。

经验类化理论又称为概括化理论，是由贾德（Judd）提出的。这个理论认为，只要一个人对他的经验进行了概括，就可以完成从一个情境到另一个情境的迁移。两种学习材料之间的共同因素固然是产生迁移的必要条件，但不是充分条件。如果不能通过概括把握一般原理，掌握事物的本质和规律，也难以产生迁移。事物虽然是多种多样的，却有共同的东西，即事物的本质和规律。掌握了事物的本质和规律，人就能以不变应万变，产生广泛的迁移。

（4）关系转换理论。

关系转换理论是格式塔心理学家于 1929 年提出的学习迁移理论。格式塔心理学家从理解事物关系的角度对经验类化理论进行了重新解释，代表人物是科勒（Kohler W.）。科勒认为，学习迁移产生的实质是个体对事物间的关系的理解，即迁移的产生依赖两个条件：一是两种学习之间存在一定的关系；二是学习者对这一关系的理解和顿悟。其中后者比前者重要。习得的经验能否迁移，并不取决于是否存在某些共同的要素，也不取决于能否孤立地掌握原理，而取决于个体能否理解各要素之间形成的整体关系，能否理解原理与实际事物之间的关系，即对情境中一切关系的理解和顿悟是获得一般迁移的最根本的要素和真正的手段。科勒认为，人们越能发现事物之间的关系，越能加以概括、推广，则迁移越普遍。

但是，这些理论都有其适用的条件和范围，它们都只能解释某一特定范围内的学习迁移现象。迄今为止，还没有一个统一的理论能够解释人类复杂多样的迁移学习现象，但这些理论或多或少有一些共同的基础，那就是迁移学习要建立在两种学习具有某种相似性的基础上。这种相似性，可指两种学习情景中的具体内容或元素，以及学习者认知结构的相似性，也可指一般关系和概括性原理的相似性。这为机器学习的知识迁移提供了借鉴。

10.1.2　迁移学习的意义

百度前首席科学家吴恩达（Andrew Ng）曾经说过："迁移学习将会是继监督学习之后的下一个机器学习商业成功的驱动力。"这里，迁移学习是指机器学习中的知识迁移。为简单起见，后文皆使用迁移学习这个术语。

近几年来，机器学习获得长足进步，人类已经获得了训练越来越准确的模型的能力。对很多任务而言，最先进的模型已经达到或超越了人类的认知水平。例如，最新的 ImageNet 模型在进行物体识别时准确率超过了人类；Google 的 Smart Reply 系统可以实现移动手机智能回复；百度可以实时地生成逼真的语音，类似的例子还有很多。这种成熟、准确的模型得到了广泛的采用。

但是，这些机器学习的模型应用在不同的自然环境中时，也遭遇了许多前所未有的挑战。它们需要处理和生成不同于之前用于训练的数据，也要求执行很多与训练相关但不相同的任务。在这些情况下，即使是最先进的模型，其还是表现不佳甚至完全失败。

其表现不佳或完全失败的主要原因是数据没有满足同分布假设。在传统的机器学习框架下，学习的任务就是在给定充分的已标定训练数据的基础上来学习一个分类模型或曲线拟合模型；然后利用这个学习的模型来对测试数据进行分类与预测。这种学习得到的模型在对测试数据进行分类和预测时，要求假设训练数据与测试数据服从相同的数据分布。然而，在许多情况下，这种同分布假设并不满足。

如何解决这样的问题呢？是针对具体问题重新训练这些模型以获取更好的性能，还是尽量重用这些模型及其知识，通过迁移学习适应新的领域，解决新的问题。

重新训练这些模型适应新领域以解决具体问题，有较大的难度。一是大量训练用标签数据难以获取。这些成功的模型都极其重视数据，依靠大量的标签数据来实现它们的性能，但大量的标签数据在一些新出现的领域非常难得到。例如，大量新的 Web 应用领域不断涌现，从传统的新闻，到网页、图片，再到博客、播客等，这些数据要标签化，需要标定大量的训练数据，这将耗费大量的人力与物力。而没有大量的标签数据，则很多与学习相关的研究和应用无法开展。二是重新训练这些模型适应新领域以解决具体问题复杂且耗时，将耗费巨大的时间资源和计算资源。三是当前成熟应用的模型，其训练成果是来之不易的，也是极其珍贵的，其训练数据、测试数据都是多年精心收集来的，完全丢弃这些数据非常可惜。

因此好的做法应该是合理地利用这些数据，从现有的数据中迁移知识，以帮助后续的学习。通过模型重用、知识迁移，可将从一个环境中学到的知识用于新环境中的学习任务。表 10-1 简要列举了迁移学习和传统机器学习之间的异同。

表 10-1　迁移学习和传统机器学习之间的异同

比较项	传统机器学习	迁移学习
数据分布	训练数据和测试数据同分布	训练数据和测试数据不需同分布
数据标签	需要足够的数据标注	不需要足够的数据标注
建模	每个任务分别建模	可以重用之前的模型

机器的迁移学习是一种机器学习方法，它把一个领域（源域）的知识迁移到另一个领域（目标域），使得目标域能够取得更好的学习效果。在实践中，要力求将尽可能多的知识从源域迁移到目标任务和目标域。迁移学习不像传统机器学习那样需要同分布假设，适用于源域数据量充足，而目标域数据量较小的场景。在实际应用中，在计算机视觉任务和自然语言处理任务中，将预训练的模型作为新模型的起点是一种常用的方法，迁移学习可以将已习得的强大技能迁移到相关的问题上。

从前文可知，人类的迁移学习要建立在两种学习具有某种相似性的基础上，机器的迁移学习也是如此。迁移学习强调的是在不同但相似的领域、任务和分布之间进行知识的迁移，源域和目标域的特征空间或类别空间可以不同，但需要具有相似性。

对于迁移学习，有两个主要的常用定义：一是域（Domain），二是任务（Task）。域由数据特征和特征分布组成，是学习的主体，常表现为数据集。在迁移学习中，域分为源域和目标域。源域是已有知识的域，可以理解为有足够训练数据的数据集；而目标域则是要进行学习的域，可以理解为人们感兴趣的，但可能缺乏足够训练数据的数据集。任务由目标函数和学习结果组成，是学习的目标结果，分为源域任务和目标任务。当源域和目标域一样，源域任务和目标任务也一样时，这是传统的机器学习；当源域和目标域不同但源域任务和目标任务相同时，称为转换迁移学习；当源域和目标域相同而源域任务和目标任务不同时，称为引导迁移学习；当域和任务都不相同时，则称为无监督迁移学习。

根据源域和目标域特征空间或类别空间的异同，机器迁移学习可以分为两类：异构迁移学习（源域和目标域的特征空间不同或类别空间不同）和同构迁移学习（源域和目标域的特征空间相同且类别空间相同）。同构迁移学习又分为基于实例的迁移学习和基于特征的迁移学习。

当然，迁移学习的分类方法有多种。从迁移情境来看，其又分为归纳式迁移学习、直推式迁移学习和无监督迁移学习。当源域和目标域的学习任务不同时，常采用归纳式迁移学习；当源域和目标域不同，但学习任务相同时，常采用直推式迁移学习；当源域和目标域数据都没有标签时，常采用无监督迁移学习。

从迁移方法来看，迁移学习又分为基于实例的迁移学习、基于特征的迁移学习、基于模型的迁移学习和基于关系的迁移学习。基于实例的迁移学习是指通过权重重用源域和目标域的样例进行迁移学习；基于特征的迁移学习是指将源域和目标域的特征变换到相同空间，再进行迁移学习；基于模型的迁移学习是指利用源域和目标域的参数共享模型进行迁移学习；基于关系的迁移学习是指利用源域的逻辑网络关系进行迁移学习。

本章主要从同构迁移学习和异构迁移学习两方面进行介绍。

10.2 同构空间实例迁移学习

当在同构空间（源域和目标域的特征空间相同且类别空间相同）进行迁移学习时，可以采用基于实例的迁移学习方式。

在迁移学习中，源域训练数据比较丰富且有标记，目标域训练数据可能只有少量有标记，其余大量数据是无标记的。测试数据与目标域训练数据是同分布的，与源域训练数据一般情况下不是同分布的。应尽量采用源域训练数据作为辅助训练数据来训练和学习目标域的分类模型。

基于实例的迁移学习的基本思想是，尽管辅助训练数据和目标域训练数据或多或少有些不同，但辅助训练数据中应该有一部分比较适合用于训练一个有效的分类模型，并且适合测试数据。于是，可以先从辅助训练数据中找出那些适合测试数据的实例，并将这些实例迁移到目标训练数据的学习中。

选择那些对目标域分类有利的辅助训练数据或样本，这是基于实例的迁移学习要着力解决的问题。基于实例的迁移学习通过度量有标签的训练样本和无标签的测试样本之间的相似度来重新分配源域中样本的采样权重，相似度大的，即加大对训练目标模型有利的辅助训练数据或样本的权重，否则削弱其权重。

基于上述思想的迁移学习算法已被大量研究，本章简要介绍其中两种：一种是TrAdaBoost[3]算法，该算法基于传统的 AdaBoost 算法[4]，使之具有迁移学习的能力，从而能够较大限度地利用辅助训练数据来进行目标分类；另一种是核均值匹配算法。

10.2.1 TrAdaBoost 算法

1. 概要

TrAdaBoost 算法由戴文渊等[3]提出，主要利用 boosting 技术来过滤辅助数据中与目标域训练数据最不像的数据。该算法建立了一种全新的自动调整权重的机制，可以有效地将与目标域数据差异较大的源域辅助训练数据过滤掉，保留相似度较高的数据，从而最大限度地利用源域辅助训练数据来帮助进行目标域数据分类。其中，boosting 的作用是建立一种自动调整权重的机制，使重要的辅助训练数据的权重增加，不重要的辅助训练数据的权重减小。调整权重之后，这些带权重的辅助训练数据将会作为额外的训练数据，与目标域训练数据一起来提高分类模型的可靠度。

在此算法中，AdaBoost 算法被用在目标域训练数据中，以保证分类模型在目标域数据上的准确性。与此同时，Hedge 被应用在源域辅助训练数据上，用于自动调节源域辅助训练数据的重要度。

AdaBoost 算法是一种通过调整训练实例权重来提升弱分类器性能的算法。它与其他的机器学习算法一样，要求训练数据和测试数据服从相同的分布。为了解决训练数据和测试数据分布不同的问题，TrAdaBoost 算法对源域辅助训练数据和目标域数据分别建立不同的权重调整机制，即目标域数据采用 AdaBoost 算法权重调整机制，以保证分类模型在目标域数据上的准确性，而源域辅助训练数据采用的权重调整机制称为 Hedge(β)。具体地，首先初始化一个权重矩阵，赋予每个实例一个初始的权重值。然后同时对源域辅助训练数据和目标域训练数据进行学习。在每次迭代中，判断实例的预测情况，如果目标域训练数据预测错误，则加大其权重，以强调这个样本；如果源域辅助训练数据预测错误，则减小其权重，以降低其对分类模型的消极影响。经过若干轮迭代后，与目标域数据相似度较高的源域辅助训练数据具有较高的权重，而与目标域数据差异性较大的源域辅助训练数据权重较低。权重较高的源域辅助训练数据将会对分类器的学习产生积极的影响。一个极端的情况是，如果源域辅助训练数据全部被忽略，则 TrAdaBoost 算法变为传统的 AdaBoost 算法。

TrAdaBoost 算法一个直观的例子如图 10-1 所示。

2. 具体算法

如果目标域有无标签测试数据集：

$$S = \{(x_i^t)\}, \ x_i^t \in X_s \ (i = 1, 2, \cdots)$$

则记与测试数据集相同分布的目标域训练数据空间为 X_s，与测试数据集不同分布的源域辅助训练数据空间为 X_d。

假设目标域问题是二分类问题，$Y = \{0,1\}$，则整个训练数据空间为

$$X = X_s \bigcup X_d$$

这里的算法是需要找到 $X \rightarrow Y$ 的映射函数 C。

此时，训练数据集

$$T \subseteq X \times Y$$

训练数据集 T 可以来自分布不同的 X_s 和 X_d。其中，

$$T_d = \left\{ \left(x_i^d, C(x_i^d) \right) \right\}, \quad T_s = \left\{ \left(x_j^s, C(x_j^s) \right) \right\}$$

全部的训练数据为

$$x_i = \begin{cases} x_i^{\mathrm{d}}, i = 1, 2, \cdots, n \\ x_i^{\mathrm{s}}, i = n+1, n+2, \cdots, n+m \end{cases}$$

其中，有 n 个数据来自源域辅助训练数据空间 X_{d}，m 个数据来自目标域训练数据空间 X_{s}。

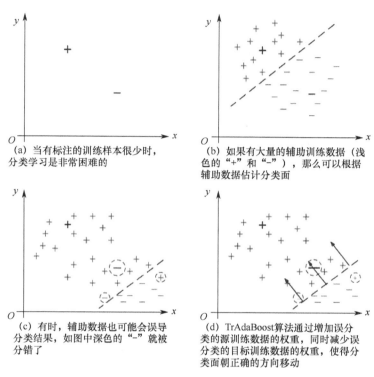

(a) 当有标注的训练样本很少时，
分类学习是非常困难的

(b) 如果有大量的辅助训练数据（浅色的 "+" 和 "−"），那么可以根据辅助数据估计分类面

(c) 有时，辅助数据也可能会误导分类结果，如图中深色的 "−" 就被分错了

(d) TrAdaBoost算法通过增加误分类的源训练数据的权重，同时减少误分类的目标训练数据的权重，使得分类面朝正确的方向移动

图 10-1　TrAdaBoost 算法直观示例[3]

整体算法如下。

输入： 两个已标记的数据集 T_{d} 和 T_{s}，未标记数据集 S，一个基础型的分类学习算法 Learner 和最大循环次数 N。

初始化： 最初的权重向量初始化为

$$\boldsymbol{W}^1 = \left(w_1^1, w_2^1, \cdots, w_{n+m}^1 \right)$$

$\boldsymbol{W}^1$ 的初始值设置应该允许用户指定。

For $t = 1, 2, \cdots, N$

第一步，归一化每个数据的权重，使其成为一个分布。

$$\boldsymbol{P}^t = \boldsymbol{W}^t \bigg/ \sum_{i=1}^{n+m} w_i^t$$

第二步，调用弱分类器 Learner。将数据集 T_{d} 和 T_{s} 的数据整体作为训练数据，过程和用 AdaBoost 算法训练弱分类器一样。在此步中，训练数据集 T_{d} 将对模型的建立起作用。

第三步，计算错误率。注意，只计算 T_s 中提取的数据，也就是与测试数据同分布的目标域训练数据，而与测试数据不同分布的 T_d 则不进行计算。而且计算错误率时，需要将从 T_s 中提取的数据权重重新归一化。

$$\varepsilon_t = \sum_{i=n+1}^{n+m} \frac{w_i^t \cdot \left| h_t(x_i) - c(x_i) \right|}{\sum\limits_{i=n+1}^{n+m} w_i^t}$$

第四步，分别计算 T_d 和 T_s 权重调整的速率。注意，每次迭代，T_s 的权重调整速率都不一样，而 T_d 的是一样的。在 AdaBoost 算法中，β_t 代表每个弱分类器的话语权大小，β_t 越大，该弱分类器的话语权越小。

T_s 的权重调整速率 β_t 为

$$\beta_t = \varepsilon_t / (1 - \varepsilon_t), \quad \beta_t \leqslant 0.5$$

T_d 的权重调整速率 β 为

$$\beta = 1 / (1 + \sqrt{2\ln(n/N)})$$

第五步，更新数据权重。对于 T_s 中的数据，如果分类错误，那么提高其权重值，与传统 AdaBoost 算法一致。对于 T_d 中的数据则相反，若分类错误，则降低其权重值，这是因为分类错误，说明这部分源域辅助训练数据与目标域数据差距太大。

$$w_i^{t+1} = \begin{cases} w_i^t \, \beta^{|h_t(x_i) - c(x_i)|}, & 1 \leqslant i \leqslant n \\ w_i^t \, \beta_t^{-|h_t(x_i) - c(x_i)|}, & n+1 \leqslant i \leqslant n+m \end{cases}$$

循环学习。

输出：以后半数弱分类器（$N/2 \sim N$）的投票为准。

$$h_f(x) = \begin{cases} 1, & \prod\limits_{t=[N/2]}^{N} \beta_t^{-h_t(x)} \geqslant \prod\limits_{t=[N/2]}^{N} \beta_t^{\frac{1}{2}} \\ 0, & \text{其他} \end{cases}$$

10.2.2 核均值匹配算法

核均值匹配（Kernel Mean-Match，KMM）算法[5]是一种基于实例的算法，它考虑了训练数据重新加权的问题，使其分布更接近于测试数据的分布。该算法通过在高维特征空间［特别是再生核希尔伯特空间（RKHS）］中匹配训练集和测试集之间的协变量分布来实现这一目标。这种方法不需要进行训练集和测试集的分布估计，样本权重是通过一个简单的二次规划过程获得的。其主要思路是将原始特征空间映射到 RKHS，然后通过二次规划，计算并优化映射后的 RKHS 的均值差，这个均值差是映射后的 RKHS 中训练集和测试集协变量分布的表征，优化这个均值差可获得源域数据与目标域数据的相似程度，并对源域样本按相似程度的不同赋予相应的权值信息。当获得这些权值信息以后，便可以利用源域数据的权值信息建立一个可迁移的分类模型，为目标域做分类。

当进行迁移学习时，可通过最小化期望风险来从一个源域优化模型迁移学习到目标域，此时可采用求解下面的优化问题来学习，并将结果模型用于目标域。

$$\theta^* = \arg\min \sum_{(x,y)\in D_S} \frac{P(D_T)}{P(D_S)} P(D_S) l(x,y,\theta) \approx \arg\min_{\theta\in\theta} \sum_{i=1}^{n_S} \frac{P_T(x_T,y_T)}{P_S(x_S,y_S)} l(x_S,y_S,\theta)$$

式中，θ 是学习模型的参数；$l(x,y,\theta)$ 是取决于参数 θ 的损失函数；D_S 是源域数据集；D_T 是目标域数据集；$P(D_S)$ 是源域数据集的分布；$P(D_T)$ 是目标域数据集的分布；n_S 是源域数据项数；$P_S(x_S,y_S)$ 是源域数据集的协变量分布；$P_T(x_T,y_T)$ 是目标域数据集的协变量分布。

这样，通过为每个具有相应权重 $P_T(x_T,y_T)/P_S(x_S,y_S)$ 的实例 (x_S,y_S) 增加惩罚值，可以为目标域学到一个精确的模型。更进一步地，既然 $P(Y_T|X_T) = P(Y_S|X_S)$，$P(D_S)$ 和 $P(D_T)$ 之间的差异由 $P(X_S)$ 和 $P(X_T)$ 引起，并且 $P_T(x_{T_i},y_{T_i})/P_S(x_{S_i},y_{S_i}) = P(x_{S_i})/P(x_{T_i})$，如果可以为每个实例估计 $P(x_{S_i})/P(x_{T_i})$，那么就可以解决当前这个迁移学习问题。

KMM 算法通过再生核希尔伯特空间匹配源域和目标域的平均值来直接学习 $P(x_{S_i})/P(x_{T_i})$。KMM 算法可以表示为下面的二次规划优化问题。

$$\left\| \frac{1}{m} \sum_{i=1}^{m} \beta_i \Phi(x_i) - \frac{1}{m'} \sum_{i=1}^{m'} \beta_i \Phi(x_i') \right\|^2 = \frac{1}{m^2} \beta^T \boldsymbol{K} \beta - \frac{2}{m^2} \boldsymbol{K}^T \beta + \text{const}$$

$$\min_{\beta} \frac{1}{2} \beta^T \boldsymbol{K} \beta - \boldsymbol{K}^T \beta$$

$$s.t.\ \beta^i \in [0,B]\ \text{且}\ \left| \sum_{i=1}^{n_S} \beta_i - n_S \right| \leqslant n_S \varepsilon$$

式中，$\Phi(x_i)$ 和 $\Phi(x_i')$ 分别表示在 RKHS 的源域数据和目标域数据；m 为源域实例数目；m' 为目标域实例数目。

$$\boldsymbol{K}_i := \frac{m}{m'} \sum_{j=1}^{m'} k(x_i, x_j'),\quad \boldsymbol{K} = \begin{bmatrix} \boldsymbol{K}_{S,S} & \boldsymbol{K}_{S,T} \\ \boldsymbol{K}_{T,S} & \boldsymbol{K}_{T,T} \end{bmatrix},\quad \boldsymbol{K}_{ij} = k(x_i, x_j)$$

其中，$\boldsymbol{K}_{S,S}$，$\boldsymbol{K}_{T,T}$ 分别是源域数据和目标域数据的核矩阵，$x_i \in X_S \bigcup X_T$，$x_{T_i} \in X_T$，可以证明 $\beta_i = P(x_{S_i})/P(x_{T_i})$。

采用 KMM 算法的一个优点是它可以避免 $P(x_{S_i})$ 和 $P(x_{T_i})$ 的密度估计。当数据集很小时，密度估计是很难的。

10.2.3　同构空间实例迁移学习的特点

基于实例的迁移学习算法比较简单，容易实现。但是，基于实例的迁移学习只能发生在源数据与辅助数据非常相近的情况下，如图 10-2 所示。

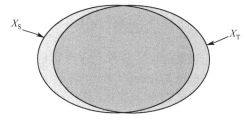

图 10-2　基于实例的迁移学习适用于源数据与辅助数据非常相近的情况

在实际应用中，源域和目标域的数据分布往往不同，当源数据和辅助数据差别比较大时，基于实例的迁移学习算法往往很难找到可以迁移的知识。另外，源域与目标域实例权重选择和相似度度量需要依赖经验进行。

10.3 同构空间特征迁移学习

基于实例的迁移学习只能发生在源域数据与目标域数据非常相近的情况下。当源域数据和目标域数据差别比较大时，基于实例的迁移学习算法往往很难找到可以迁移的知识。根据人类知识迁移学习的经验可以发现，即便有时源域数据与目标域数据在实例层面上没有共享一些公共的知识，它们也可能在特征层面上有一些交集。因此基于特征的迁移学习算法得到了比较深入的研究，它讨论的是如何利用特征层面公共的知识进行学习的问题。这些算法大致可以分为基于特征选择的迁移学习算法和基于特征映射的迁移学习算法。

10.3.1 基于特征选择的迁移学习算法

基于特征选择的迁移学习算法会识别源域与目标域中共有的特征表示，然后利用这些特征进行知识迁移。对基于特征选择的迁移学习算法的研究很多，如 Jiang 等[6]针对领域适应问题提出了一种两阶段的特征选择框架：第一阶段选出所有领域（包括源域和目标域）共有的特征来训练一个通用的分类器；第二阶段从目标域无标签样本中选择特有特征来对通用分类器进行精化，从而得到适合目标域数据的分类器。而 Dai 等[7]则提出了一种基于联合聚类（Co-clustering）的预测领域外文档的分类算法 CoCC，该算法通过对类别和特征进行同步聚类，实现知识与类别标签的迁移。CoCC 算法的关键思想是识别领域内（也称为目标域）与领域外（也称为源域）数据共有的部分，即共有的词特征。然后通过这些共有的词特征将类别信息及知识从源域传到目标域。Fang 等[8]则利用迁移学习对跨网络中的协作分类进行研究，试图从源网络将共同的隐性结构特征迁移到目标网络。该算法通过构造源网络和目标网络的标签传播矩阵来发现这些隐性特征。

下面具体介绍 CoCC 算法。

1. CoCC 算法原理

设 X 和 Y 是两个关联分布的随机变量，其联合分布为 $p(X,Y)$，边缘分布为 $p(X)$ 和 $p(Y)$，定义其互信息 $I(X;Y)$ 为

$$I(X;Y) = \sum_x \sum_y p(x,y) \lg \frac{p(x,y)}{p(x)p(y)} \tag{10-1}$$

互信息是度量两个随机变量独立性的参考。它为非负值，其值越大，表明两个随机变量相关度越高。也可用 Kullback-Leibler（KL）散度或相对熵来度量两个随机变量的独立性，定义两个概率质量函数 $p(X)$ 和 $q(X)$，其相对熵为

$$D(p \| q) = \sum_x p(x) \lg \frac{p(x)}{q(x)} \tag{10-2}$$

相对熵可以用来度量两个概率分布之间的距离。当然，由于其不对称性，相对熵不是一种真正的距离，但可以作为一种有益的参考量。同样，相对熵也是非负值。

定义 源域内有标记的数据集为 D_i，源域外的无标记数据集为 D_o。可以将 D_i 和 D_o 视为两个随机变量。对于源域内数据集 D_i，可以得到一系列的类别标签 C，源域外数据集 D_o 的类别标签则是未知且需要预测的。对于 D_i 和 D_o，其词特征集 W 可以从 D_i 和 D_o 的词语出现率获取，其中 $|W| = k$。

CoCC 算法意在将联合聚类作为传播桥梁，将源域内的知识和类别信息传播到源域外。其目的是同时联合聚类源域外的文档类别和词特征类别，将 D_o 聚类到 $|C|$ 个文档类别中，将词特征集 W 聚类到 k 个词特征类别中。

设 $\hat{D}_o$ 表示源域外的文档类别，$\hat{W}$ 表示源域外的词特征类别，$|\hat{W}| = k$。文档类别分类函数定义为

$$C_{D_o}(d) = \hat{d}, \ d \in \hat{d} \wedge \hat{d} \in \hat{D}_o \tag{10-3}$$

词特征类别分类函数定义为

$$C_W(w) = \hat{w}, \ w \in \hat{w} \wedge \hat{w} \in \hat{W} \tag{10-4}$$

由此，联合聚类可以由 (C_{D_o}, C_W) 或 $(\hat{D}_o, \hat{W})$ 表示。为了估量联合聚类的质量，可以用互信息表征联合聚类的损失函数：

$$I(D_o; W) - I(\hat{D}_o; \hat{W}) + \lambda(I(C; W) - I(C; \hat{W})) \tag{10-5}$$

式中，$I(D_o; W) - I(\hat{D}_o; \hat{W})$ 为文档类别聚类损失；$I(C; W) - I(C; \hat{W})$ 为词特征类别聚类损失；λ 为权衡参数，用于平衡两者。这样，将源域内文档分类及知识传播到源域外的问题就转换为求解最小化式（10-5）。

定义 $f(D_o, W)$ 为 D_o 和 W 的联合概率分布，即

$$f(d, w) = p(d, w) \tag{10-6}$$

$\hat{f}(D_o, W)$ 为 D_o 和 W 在联合聚类 $(\hat{D}_o, \hat{W})$ 下的联合概率分布。

$$\hat{f}(d, w) = p(\hat{d}, \hat{w}) p(d | \hat{d}) p(w | \hat{w}) = p(\hat{d}, \hat{w}) \frac{p(d)}{p(\hat{d})} \frac{p(w)}{p(\hat{w})} \tag{10-7}$$

类似地，定义 $g(C, W)$ 为 C 和 W 的联合概率分布。

$$g(c, w) = p(c, w) \tag{10-8}$$

$\hat{g}(C, W)$ 为 C 和 W 在词特征聚类 $\hat{W}$ 下的联合概率分布。

$$\hat{g}(c, w) = p(c, \hat{w}) p(w | \hat{w}) = p(c, \hat{w}) \frac{p(w)}{p(\hat{w})} \tag{10-9}$$

可以证明

$$I(D_o; W) - I(\hat{D}_o; \hat{W}) + \lambda\left(I(C; W) - I(C; \hat{W})\right)$$

$$= D\left(f(D_o, W) \parallel \hat{f}(D_o, W)\right) + \lambda D\left(g(C, W) \parallel \hat{g}(C, W)\right) \tag{10-10}$$

其中，$D(\cdots \parallel \cdots)$ 为相对熵。

$$D\left(f(D_o, W) \parallel \hat{f}(D_o, W)\right) = \sum_{d \in \hat{D}_o} \sum_{d \in \hat{d}} f(d) D\left(f(W \mid d) \parallel \hat{f}(W \mid \hat{d})\right) \tag{10-11}$$

$$D\left(f(D_o, W) \parallel \hat{f}(D_o, W)\right) = \sum_{\hat{w} \in \hat{W}} \sum_{w \in \hat{W}} f(w) D\left(f(D_o \mid w) \parallel \hat{f}(D_o \mid \hat{w})\right) \tag{10-12}$$

同理可得

$$D\left(g(C, W) \parallel \hat{g}(C, W)\right) = \sum_{\hat{w} \in \hat{W}} \sum_{w \in \hat{W}} g(w) D\left(g(C \mid w) \parallel \hat{g}(C \mid \hat{w})\right) \tag{10-13}$$

2. CoCC 算法步骤

有了上述公式，可得 CoCC 算法的步骤如下。

输入：一个有标记的源域内数据集 D_i；一个无标记的源域外数据集 D_o；一个类别标签合集 C；一个包含所有词特征的类别合集 W；初始化后的第一个联合聚类 $(C_{D_o}^{(0)}, C_W^{(0)})$；遍历的最大次数 T。

初始化：按照式（10-6）～式（10-9）初始化联合概率分布 $f, \hat{f}, g, \hat{g}$。

For $t \leftarrow 1, 3, 5, \cdots, 2T+1$

第一步，计算文档聚类。

$$C_{D_o}^{(t)}(d) = \arg\min_d D(f(W \mid d) \parallel f^{2(t-1)}(W \mid \hat{d}))$$

第二步，根据 $C_{D_o}^{(t)}$ 更新概率分布 $\hat{f}^{(t)}$、$C_W^{(t-1)}$ 和式（10-7）。

$$C_W^{(t)} = C_W^{(t-1)}, \quad \hat{f}^{(t)} = \hat{f}^{(t-1)}$$

第三步，计算词特征聚类。

$$C_W^{(t+1)} = \arg\min_{\hat{W}} f(w) D(f(D_o \mid w) \parallel f^{2(t)}(D_o \mid \hat{w})) + \lambda g(w) D(g(C \mid w) \parallel \hat{g}^{(t)}(C \mid \hat{w}))$$

第四步，在 $C_W^{(t+1)}$ 的基础上更新 $\hat{g}^{(t+1)}$，计算式（10-9）。

$$\hat{f}^{(t+1)} = \hat{f}^{(t)}, \quad C_{D_o}^{(t+1)} = C_{D_o}^{(t)}$$

循环计算直至最大次数。

输出：分类的结果，即 $C_{D_o}^{(T)}$ 和 $C_W^{(T)}$。

10.3.2 基于特征映射的迁移学习算法

基于特征映射的迁移学习算法把各领域的数据从原始高维特征空间映射到低维特征空间，在该低维空间中，源域数据与目标域数据拥有相同的分布。这样就可以利用低维空间表示的有标签的源域样本数据训练分类器，对目标测试数据进行预测，其主要思想如图 10-3 所示。

Pan 等 [9] 提出了一种新的维度降低迁移学习算法，他通过最小化源域数据与目标域数据在隐性语义空间上的最大均值偏差（Maximun Mean Discrepancy，MMD）来求解降维后的特征空间。在该隐性空间上，不同的领域具有相同或非常接近的数据分布，因此就可以直接利用监督学习算法训练模型并对目标域数据进行预测。Blitzer 等 [10]提出了一种结构对应学习（Structural Corresponding Learning，SCL）算法，该算法把领域特有的特征映射到所有领域共享的"轴"特征，然后就在这个"轴"特征下进行训练学习。

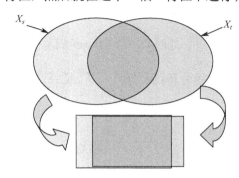

图 10-3　基于特征映射的迁移学习适用于源数据与辅助数据具有相近特征的情况

下面主要介绍 Pan 等提出的基于最大均值偏差的迁移学习算法。

1. 算法原理

基于最大均值偏差的迁移学习算法旨在利用隐性语义空间极小化源域和目标域数据分布之间的距离来提高迁移学习的效能。

理论上可以用很多方法来估计不同分布之间的距离，常见的例子就是相对熵、Kullback-Leibler（KL）散度，这些方法大部分是参数化的，需要中间的密度估计。MMD 是一种基于 RKHS 的估计方法，它是非参数化的，适用于不同分布数据集的距离估计。

设两个随机变量 $X = \{x_1, x_2, \cdots, x_{n1}\}$，$Y = \{y_1, y_2, \cdots, y_{n2}\}$，$X$ 服从分布 P，Y 服从分布 Q。则 P、Q 两个分布之间距离的 MMD 经验估计为

$$\text{Dist}(X,Y) = \sup_{\|f\|_{\mathcal{H}} \leqslant 1} \left(\frac{1}{n_1} \sum_{i=1}^{n_1} f(x_i) - \frac{1}{n_2} \sum_{i=1}^{n_2} f(y_i) \right)$$

其中，$\mathcal{H}$ 是通用 RKHS；$\text{Dist}(X,Y)$ 是非负值，当且仅当 $P = Q$，$n_1, n_2 \to \infty$ 时，$\text{Dist}(X,Y) = 0$。基于 RKHS 的空间特性，当 $\Phi(x) : X \to H$ 时，$f(x) = \langle \Phi(x), f \rangle$，MMD 经验估计可重写为

$$\text{Dist}(X,Y) = \left\| \frac{1}{n_1} \sum_{i=1}^{n_1} \Phi(x_i) - \frac{1}{n_2} \sum_{i=1}^{n_2} \Phi(y_i) \right\|_{\mathcal{H}}$$

也就是说，基于 MMD 理论，两个随机分布之间的距离等于 RKHS 中两个分布的均值差。

在迁移学习问题中，设带标记的源域数据集 $D_S = \{(x_{S1}, y_{S1}), \cdots, (x_{Sn1}, y_{Sn1})\}$ 和无标记的目标域数据集 $D_T = \{x_{T1}, \cdots, x_{Tn2}\}$，现利用上述 MMD 理论，寻求一种映射 φ，使得分布 $\varphi(X_S)$ 和 $\varphi(X_T)$ 在隐性语义空间 F 中尽量靠近。为简便起见，这里用 $X_S' = \{X_{Si}'\}$ 表示 $\varphi(X_S)$，用 $X_T' = \{X_{Ti}'\}$ 表示 $\varphi(X_T)$。

计算其距离：

$$\text{Dist}(X_\text{S}', Y_\text{T}') = \left\| \frac{1}{n_1} \sum_{i=1}^{n_1} \Phi(x_{\text{S}i}') - \frac{1}{n_2} \sum_{i=1}^{n_2} \Phi(x_{\text{T}i}') \right\|_\mathcal{H} \tag{10-14}$$

可以证明，在 RKHS，在相应的通用核函数矩阵 $\boldsymbol{K}$ 定义的基础上，式（10-14）可重写为

$$\text{Dist}(X_\text{S}', Y_\text{T}') = \text{trace}(\boldsymbol{KL}) \tag{10-15}$$

其中，$\boldsymbol{K} = \begin{bmatrix} \boldsymbol{K}_{\text{S,S}} & \boldsymbol{K}_{\text{S,T}} \\ \boldsymbol{K}_{\text{T,S}} & \boldsymbol{K}_{\text{T,T}} \end{bmatrix}$ 是一个组合核函数矩阵；$\boldsymbol{K}_\text{S}$ 是经过 k 重定义源域数据集所获得的核函数矩阵，而 $\boldsymbol{K}_\text{T}$ 是经过 k 重定义目标域数据集所获得的核函数矩阵；$\boldsymbol{L} = [L_{ij}] \geqslant 0$，

$$L_{ij} = \begin{cases} \dfrac{1}{n_1^2} & x_i, x_j \in X_\text{S} \\ \dfrac{1}{n_2^2} & x_i, x_j \in X_\text{T} \\ -\dfrac{1}{n_1 n_2} & \text{其他} \end{cases}$$

当 $\boldsymbol{K} = \tilde{\boldsymbol{K}} + \varepsilon \boldsymbol{I}$，其中 $\varepsilon > 0$，$\tilde{\boldsymbol{K}} \geqslant 0$，$\boldsymbol{I}$ 为单位矩阵时，式（10-15）可转换为求解一个优化问题，如下式。

$$\min_{\tilde{K} \geqslant 0} \text{trace}(\tilde{\boldsymbol{K}} \boldsymbol{L}) - \lambda \text{trace}(\tilde{\boldsymbol{K}})$$

$$\text{s.t.} \tilde{K}_{ii} + \tilde{K}_{jj} - 2\tilde{K}_{ij} + 2\varepsilon = d_{ij}^2, \forall (i,j) \in \mathcal{N}, \quad \tilde{\boldsymbol{K}} \boldsymbol{1} = -\varepsilon \boldsymbol{1} \tag{10-16}$$

这个优化问题可以由标准的 SDP（Semi Definite Program）方法求解。

当获得适当的特征映射空间后，就可以利用 X_S' 和 y_S 获得训练学习模型，学习完成后，就可以利用 X_T' 和模型获取相应 y_T 的预测。

2. 算法步骤

完整的基于最大均值偏差的迁移学习算法步骤如下。

输入：一个有标记的源域数据集 $D_\text{S} = \{(x_{\text{S}i}, y_{\text{S}i})\}$，一个无标记的目标域数据集 $D_\text{T} = \{x_{\text{T}i}\}$ 和一个整数 λ。

输出：为目标域未标记数据集 D_T 提供的分类标记 Y_T。

求解步骤如下。

第一步，利用 SDP 方法求解最小化问题式（10-16），获取核函数矩阵 $\boldsymbol{K}$。

第二步，应用 PCA 法通过 $\boldsymbol{K}$ 从 $\{x_{\text{S}i}\}$、$\{x_{\text{T}i}\}$ 获取新的 $\{x_{\text{S}i}'\}$、$\{x_{\text{T}i}'\}$。

第三步，利用 $\{x_{\text{S}i}'\}$、$\{y_{\text{S}i}\}$ 学习获得分类器或回归模型，$f: x_{\text{S}i}' \to y_{\text{S}i}$。

第四步，利用获得的分类器或回归模型预测目标域数据集 D_T 的标记：$y_{\text{T}i} = f(x_{\text{T}i}')$。

第五步，当目标域新的数据 D_T^{new} 出现时，使用关于 $\{x_{\text{T}i}, f(x_{\text{T}i}')\}$ 的调和函数预测其分类标记。

10.3.3　同构空间特征迁移学习的特点

基于特征的迁移算法主要是在源域和目标域之间寻找典型特征代表，以进一步弱化两个域之间的差异，从而实现知识的跨领域迁移和复用，该迁移算法根据是否在原有特征中进行选择，又可进一步分为基于特征选择的迁移学习方法和基于特征映射的迁移学习算法。基于特征选择的迁移学习算法是直接在源域和目标域中选择共有特征，把这些特征作为两个域之间知识迁移的桥梁；基于特征映射的迁移学习算法不是直接在领域的原有特征空间中进行选择，而是首先通过特征映射，把各领域的数据从原始高维特征空间映射到低维特征空间，使得源域数据与目标域数据之间的差异性在该低维特征空间缩小，然后利用在低维空间表示的有标签源域数据训练分类器，并对目标域数据进行预测。

基于特征的迁移学习算法被广泛采用，获得了较大的成功，但基于特征的迁移学习算法常常是一个难以求解的优化问题，也容易发生过适配现象。

10.4　异构空间迁移学习

前文所述的同构空间基于实例和基于特征的迁移学习算法解决的都是源域数据与目标域数据在同一特征空间内或同一类别的迁移学习问题。当源域数据与目标域数据所在的特征空间不同时，需要采用异构空间迁移学习算法或领域自适应方法来解决。同构迁移学习与异构迁移学习之间的异同如图 10-4 所示。

（a）同构迁移学习　　　　　　　　　　　（b）异构迁移学习

图 10-4　同构迁移学习和异构迁移学习之间的异同

在当今飞速发展的信息化社会，出现在人类日常生活和工作中的各种信息，如文本、图像、语音和视频等多媒体数据急剧增长，这些数据具有数据量巨大、内容和形式多样等特点，并且常常是对事物的多源、多视角的描述，如带有标签文本描述信息的图片，带有内容简介、创作人员名单的视频等。这样的数据由于是描述同一事物的不同视角，其源域数据和目标域数据来源于同一宏观领域，因此两类数据存在一定的相似性，但由于视角不同，描述不同，源域数据和目标域数据具有迥然不同的数据分布、特征空间或标签空间。在异构迁移学习中，源域数据和目标域数据之间的特征空间是非对等的，领域特征的维度也可能不同。

要实现这样异构空间知识的迁移学习和领域自适应，需要考虑如何计算源域与目标域的相关性，并且研究如何把有用的知识从源域运用到目标域中，必须制定一种方法来弥合空间的差异。这就需要用特征和（或）标签空间转换来弥合知识迁移的空白，需要处理跨领域数据分布差异及这些跨域中可能存在的其他学习任务。

现在异构空间迁移学习主要的挑战是要建立跨领域特征空间的桥梁。为了解决这个问题，有监督的异构空间迁移学习通常在目标域具有的少量已标记实例的基础上建立跨领域连接的方法，它们利用这些已标记数据去学习从源域到目标域的特征映射函数，或者将源域和目标域同时映射到一个共同的子空间，这些方法的性能高度依赖于目标域已标记实例的数量和质量。有一些半监督的异构空间迁移学习则进一步挖掘目标域未标记实例，以减轻对已标记实例的限制并促进特征变换和分类的学习能力，还有一些半监督学习则利用平行未标记实例来学习跨领域表征。然而，这些算法仍然需要依赖于目标域的已标记实例。有少数无监督的异构空间迁移学习算法解决了对目标域已标记实例的依赖性问题，它们从平行实例中学习潜在的关联子空间，然而这些算法都需要大量的平行实例来学习，以获得较好的学习效果。

下面介绍两种异构空间迁移学习算法：一种是"翻译学习"[11]，另一种是基于稀疏特征变换的无监督异构迁移学习[12]。

10.4.1　翻译学习

翻译学习致力于解决源域数据与目标域数据分别属于两个不同的特征空间的情况。Dai 等使用两个视角的数据来构建沟通两个特征空间的桥梁。虽然这些多视角数据不一定能用来做分类用的训练数据，但它们可以用来构建翻译器。通过这个翻译器，可把近邻算法和特征翻译结合在一起，将目标域数据翻译到源域数据特征空间中，然后用一个统一的语言模型进行学习与分类。利用这种翻译学习算法，可通过大量容易得到的标注过的文本数据来解决仅有少量标注的图像分类的问题。显然，这是异构直推式迁移学习算法。

1. 翻译学习原理

定义　X_S 为源域数据空间，任何实例 $x_S \in X_S$ 都可以由源域特征空间 Y_S 中的特征向量 $(y_S^{(1)}, \cdots, y_S^{(n_S)})$ 表示，$y_S^{(i)} \in Y_S$。X_t 为目标域数据空间，同样，在目标域数据空间，任何实例 $x_t \in X_t$ 都可以由目标域特征空间 Y_t 中的特征向量 $(y_t^{(1)}, \cdots, y_t^{(n_t)})$ 表示，$y_t^{(i)} \in Y_t$。在领域空间有一些已标记的训练数据 $\mathcal{L}_S = \left\{(x_S^{(i)}, c_S^{(i)})\right\}_{i=1}^n$，其中 $x_S^{(i)} \in X_S$，并且 $c_S^{(i)} \in C = \left\{1, \cdots, |C|\right\}$，

是 $x_s^{(i)}$ 的类别标签。在目标域空间，也有一些已标记的训练数据 $\mathcal{L}_t = \left\{(x_t^{(i)}, c_t^{(i)})\right\}_{i=1}^m$，其中 $x_t^{(i)} \in X_t$，并且 $c_t^{(i)} \in C$。通常情况下，m 比较小，不足以用来训练生成一个可靠的模型。目标域数据空间中还有一个未标记的测试数据集 $\mathcal{U}$，$\left\{x_u^{(i)}\right\}_{i=1}^k$，其中 $x_u^{(i)} \in X_t$。这里，$x_s^{(i)}$ 的特征空间远不同于 $x_t^{(i)}$ 和 $x_u^{(i)}$，如 $x_s^{(i)}$ 可能是一个文本文档，而 $x_t^{(i)}$ 和 $x_u^{(i)}$ 可能是可视化的图像。

（1）翻译器。

为了连接源域和目标域的特征空间，需要建立一个翻译器 $p(y_t \mid y_s) \propto \Phi(y_t, y_s)$。为了获取和估计这个翻译器 $p(y_t \mid y_s)$，需要一些数据来自源域和目标域的两个特征空间，这些数据形如 $p(y_t, y_s)$、$p(y_t, x_s)$、$p(x_t, y_s)$ 或 $p(x_t, x_s)$。在跨语言翻译问题中，字典或词典就是形如 $p(y_t, y_s)$ 的数据集合；在 Web 网络上，图像注释（如在 Flicker 上，图像一般具有关键词描述）和搜索引擎的查询结果可以视为形如 $p(y_t, x_s)$、$p(x_t, y_s)$ 的相关数据；一些多视角数据，如图文并茂的网页，可以视为形如 $p(x_t, x_s)$ 的数据。在这些同时存在的数据集的基础上，就可以建立连接两个空间的翻译器 $\Phi(y_t, y_s)$。

特别地，为了建立这个翻译器，形如 $p(y_t, y_s)$、$p(x_t, y_s)$ 的相关数据可用于估计 $p(y_t, x_s)$。有 $p(y_t, y_s) = \int_{X_s} p(y_t, x_s) p(y_s \mid x_s) \mathrm{d}x_s$ 和 $p(y_t, y_s) = \int_{X_t} p(x_t, y_s) p(y_t \mid x_t) \mathrm{d}x_t$。同样，形如 $p(x_t, x_s)$ 的数据也可以用于估计，$p(y_t, y_s) = \int_{X_t} \int_{X_s} p(x_t, x_s) p(y_s \mid x_s) p(y_t \mid x_t) \mathrm{d}x_s \mathrm{d}x_t$，其中，$p(y_s \mid x_s)$、$p(y_t \mid x_t)$ 分别从 Y_s、Y_t 获取。有了 $p(y_t, y_s)$，就可以估计翻译器，即 $p(y_t \mid y_s) = p(y_t, y_s) / \int_{Y_t} p(y_t', y_s) \mathrm{d}y_t'$。

（2）最小化风险框架。

有了翻译器 Φ 和训练数据 $\mathcal{L} = \mathcal{L}_s \bigcup \mathcal{L}_t$，训练学习的目的是获取一个分类器，$h_t : X_t \to C$，使得测试数据集 $x_u^{(i)} \in \mathcal{U}$ 的分类越精确越好。

为此，利用风险函数 $R(c, x_t)$ 来评估将 x_t 划分到类别 c 的风险，即

$$h_t(x_t) = \arg\min_{c \in C} R(c, x_t) \tag{10-17}$$

当 c 和 x_t 相关时，风险函数可用期望损失估计：

$$R(c, x_t) \equiv L(r = 1 \mid c, x_t) = \int_{\Theta_C} \int_{\Theta_{X_t}} L(\theta_C, \theta_{X_t}, r = 1) p(\theta_C \mid c) p(\theta_{X_t} \mid x_t) \mathrm{d}\theta_{X_t} \mathrm{d}\theta_C \tag{10-18}$$

其中，$r = 1$ 表示相关性，表示 c 和 x_t 是相关的，或者说 x_t 的类别标签为 c；θ_C 是基于类别 C 的模型，仅与 c 相关；θ_{X_t} 是基于目标域数据空间的模型，仅与 x_t 相关；Θ_C 是包括所有 θ_C 模型的空间；Θ_{X_t} 是包括所有 θ_{X_t} 模型的空间。

（3）估计。

由于风险函数式（10-18）难以计算，因此用合适的简化方式予以估计：

$$R(c, x_t) \propto \Delta(\hat{\theta}_C, \hat{\theta}_{X_t}) \tag{10-19}$$

其中，$\Delta(\hat{\theta}_C, \hat{\theta}_{X_t})$ 表示了两个模型 $\hat{\theta}_C$ 和 $\hat{\theta}_{X_t}$ 之间的差异，通常可用距离函数，如 KL 散度来估算。因此有

$$\Delta(\hat{\theta}_C, \hat{\theta}_{X_t}) \propto \mathrm{KL}(p(y_t | \hat{\theta}_C) \| p(y_t | \hat{\theta}_{X_t})) \qquad (10\text{-}20)$$

同时，可基于马尔可夫链来估计 $p(y_t | \hat{\theta}_C)$，其链条为 $\hat{\theta}_C \to c \to y_s \to y_t \to x_t \to \hat{\theta}_{X_t}$ 和 $\hat{\theta}_C \to c \to y_t \to x_t \to \hat{\theta}_{X_t}$，因此有

$$p(y_t | \hat{\theta}_C) = \int_{Y_s} \sum_{c' \in C} p(y_t | y_s) p(y_s | c') p(c' | \hat{\theta}_c) \mathrm{d}y_s + \lambda \sum_{c' \in C} p(y_t | c') p(c' | \hat{\theta}_C) \qquad (10\text{-}21)$$

其中，$p(y_t | y_s)$ 由翻译器 Φ 估计，$p(y_s | c')$ 可由源域特征空间 Y_s 中的已标记数据集 $\mathcal{L}_s$ 获取；$p(y_t | c')$ 可由目标域特征空间 Y_t 中的数据集 $\mathcal{L}_t$ 获取；当 $c = c'$ 时，$p(c' | \hat{\theta}_C) = 1$，否则 $p(c' | \hat{\theta}_C) = 0$；$\lambda$ 是平衡参数，用于控制目标域空间标记数据 $\mathcal{L}_t$ 的影响。

另外，

$$p(y_t | \hat{\theta}_{X_t}) = \int_{X_t} p(y_t | x_t') p(x_t' | \theta_{X_t}') \mathrm{d}x_t' \qquad (10\text{-}22)$$

其中，$p(y_t | x_t')$ 可从目标域特征空间 Y_t 获取；当 $x_t' = x_t$，$p(x_t' | \hat{\theta}_{X_t}) = 1$，否则 $p(x_t' | \hat{\theta}_{X_t}) = 0$。

2. 翻译学习算法步骤

联合式（10-17）和式（10-20）~式（10-22），可获得翻译学习算法步骤如下。

输入：源域已标记训练数据 $\mathcal{L}$，目标域未标记测试数据 $\mathcal{U}$，一个翻译器 Φ，用于连接两个特征空间 Y_s 和 Y_t，一个距离估计函数 $\Delta(...)$。

输出：为每个测试数据 $x_t \in \mathcal{U}$ 预测其所属的标签 $h_t(x_t)$。

训练过程：

For each $c \in C$ do

    利用式（10-21）估计模型 $\hat{\theta}_C$

End for

测试过程：

For each $x_t \in \mathcal{U}$ do

    利用式（10-22）估计模型 $\hat{\theta}_{X_t}$

    利用式（10-17）和式（10-19）为 x_t 预测标签 $h_t(x_t)$

End for

10.4.2 基于稀疏特征变换的无监督异构迁移学习

1. 算法原理

设源域数据空间 D_s 和目标域数据空间 D_t 具有不同的特征空间，源数据空间 D_s 中

有 n_s 个已标记实例 (X_s, Y_s)，$X_s \in \mathbb{R}^{n_s \times d_s}$ 是特征矩阵，$Y_s \in \{0,1\}^{n_s \times L}$ 是标签矩阵，每行只有一个 1 指明其属于 L 个类别标签中的哪一个。在目标域数据空间 D_t，不含有已标记实例，只含有 n_t 个未标记实例 $X_t \in \mathbb{R}^{n_t \times d_t}$，需要预测其标签矩阵 $Y_t \in \{0,1\}^{n_t \times L}$，$X_s, Y_t$ 同属于一个标签空间。在源域数据空间和目标域数据空间同时有一些平行实例，设有 n_p 个未标记平行实例 (X_s^0, X_t^0)，其中 $X_s^0 \in \mathbb{R}^{n_p \times d_s}$，$X_t^0 \in \mathbb{R}^{n_p \times d_t}$。这些未标记的平行实例在源域特征空间和目标域特征空间中有一些相同的特征表达，可以用来建立跨域的连接。相比于获取昂贵的标记目标数据实例来说，获取小数量的平行实例要方便得多，事实上，在很多应用中，这些数据的获取相当容易，如同时采用两台相机对同一事物进行拍照即可。

要发掘源域数据与目标域数据之间的信息，主要任务是建立异构特征空间之间的桥梁。通常的做法是将源域数据和目标域数据都映射到共有的第三方子空间，以尽量减小异构空间的差异。基于稀疏特征变换的无监督异构迁移学习算法则采用将源域空间特征通过线性变换直接转换到目标域的方式。通过线性变换函数 $f: \mathcal{X}_s \to \mathcal{X}_t$ 和变换矩阵 $A \in \mathbb{R}^{d_s \times d_t}$，可以将源域数据映射到目标域。

对于平行实例 (X_s^0, X_t^0)，其 $f(X_s^0) = X_x^0 A$ 应该是 X_t^0 的一个良好估计，所以利用最小化方差估计，可以得到一个转化学习问题：

$$\min_A \left\| X_s^0 A - X_s^0 \right\|_F^2$$

其中，$\|\bullet\|_F$ 是弗罗贝尼乌斯范数。这个学习问题只考虑了平行实例，然而在实际情况中，平行实例的数量很小，不足以得到一个有效的分类模型。当考虑源域及目标域其他大量的非平行实例时，利用二阶矩阵匹配策略和最小化两个特征空间二阶统计距离的方法可得

$$\min_A \left\| A^{\mathrm{T}} C_s A - C_t \right\|_F^2 + a \left\| X_s^0 A - X_t^0 \right\|_F^2$$

其中，$C_s \in \mathbb{R}^{d_s \times d_s}$ 为协方差矩阵，通过源域空间 X_s 中的非平行实例计算得出；$C_t \in \mathbb{R}^{d_t \times d_t}$ 为协方差矩阵，通过目标域空间 X_t 中的非平行实例计算得出。

为了减少过拟合、降噪等，加入稀疏特征变换，纳入稀疏正则化范数后得

$$\min_A \frac{1}{2} \left\| A^{\mathrm{T}} C_s A - C_t \right\|_F^2 + \frac{a}{2} \left\| X_s^0 A - X_t^0 \right\|_F^2 + \frac{\gamma}{q} \left\| A \right\|_{p,q}^q \tag{10-23}$$

其中，$\|A\|_{p,q} = \left[\sum_{j=1}^{d_t} \left[\sum_{i=1}^{d_s} \left| A_{i,j} \right|^p \right]^{q/p} \right]^{1/q}$，一般情况下，可考虑两种范数：$(p=1, q=1)$ 和 $(p=1, q=2)$。

2. 算法介绍

式（10-23）是带有不光滑稀疏正则化的二次规划问题，比较难学习和训练。可引入 ADMM（Alternating Direction Method of Multipliers）算法来解决这个约束最优化问题。引入额外的矩阵 B 和一个约束条件，重写式（10-23），得

$$\min_{A} \frac{1}{2}\left\|A^{\mathrm{T}} C_{\mathrm{S}} B - C_{\mathrm{t}}\right\|_{F}^{2} + \frac{a}{2}\left\|X_{\mathrm{S}}^{0} B - X_{\mathrm{t}}^{0}\right\|_{F}^{2} + \frac{\gamma}{q}\left\|B\right\|_{p,q}^{q}$$

$$\text{s.t.} \quad A=B$$

因此，这变为一个带约束的二次最小化问题，相应的增广拉格朗日函数为

$$L_{p}(A,B,\Lambda) = \frac{1}{2}\left\|A^{\mathrm{T}} C_{\mathrm{S}} B - C_{\mathrm{t}}\right\|_{F}^{2} + \frac{a}{2}\left\|X_{\mathrm{S}}^{0} B - X_{\mathrm{t}}^{0}\right\|_{F}^{2} + \frac{\gamma}{q}\left\|B\right\|_{p,q}^{q} + \mathrm{tr}(\Lambda^{\mathrm{T}}(A-B)) + \frac{\rho}{2}\left\|A-B\right\|_{F}^{2}$$

其中，Λ 是基于等式约束的双变量矩阵；ρ 是该约束的惩罚参数。在 ADMM 算法迭代学习过程中，每次迭代都分别独立求解矩阵 A、B 的最小化增广拉格朗日函数，然后迭代更新双变量矩阵 Λ。详细的算法步骤如下。

3．算法步骤

输入： 协方差矩阵 C_{S} 和 C_{t}；平行实例数据 $X_{\mathrm{S}}^{0}, X_{\mathrm{t}}^{0}$；$\alpha, \gamma, \rho, \lambda$ 和 ε。

初始化： $A^{(1)} = B^{(1)} = \arg\min_{B}\left\|X_{\mathrm{S}}^{0} B - X_{\mathrm{t}}^{0}\right\|_{F}^{2} + \lambda\left\|B\right\|_{F}^{2} = (X_{\mathrm{S}}^{0\mathrm{T}} X_{\mathrm{S}}^{0} + \lambda I_{d_{\mathrm{S}}})^{-1}(X_{\mathrm{S}}^{0\mathrm{T}} X_{\mathrm{t}}^{0})$。

重复：

$B^{(k+1)} := \arg\min_{B} L_{\rho}(A^{(k)}, B, \Lambda^{(k)}); A^{(k+1)} := \arg\min_{A} L_{\rho}(A, B^{(k+1)}, \Lambda^{(k)})$；

$\Lambda^{(k+1)} := \Lambda^{(k)} + \rho(A^{(k+1)} - B^{(k+1)}); k=k+1$。

直至： 收敛。

10.4.3 异构空间迁移学习的特点

异构空间迁移学习主要用于特征空间不相同的源域和目标域之间的知识迁移和领域自适应。在实际应用中，如从文本到图像的识别或语言迁移学习，都是异构空间迁移学习的实际案例。由于源域数据空间、特征空间和目标域都不同，因此异构空间迁移学习的一个关键问题就是要建立一个沟通源域和目标域的桥梁。这个桥梁可能是源域已标注数据和目标域少量已标注数据之间构成的映射函数；也可能是源域和目标域共同映射的特征子空间，在此空间，源域特征和目标域特征的差异会减到最小；还可能是通过源域和目标域共有的一些平行实例建立的映射关系。只有这个桥梁得以有效建立，源域的知识才能通过这个桥梁得到传播和迁移。目前，跨领域异构空间迁移学习在业界得到了广泛重视，也获得了较为丰硕的成果。

10.5　实验：基于预训练 VGG16 网络的迁移学习

10.5.1　实验目的

（1）了解神经网络迁移学习的基本原理。

（2）了解利用 Keras 完成神经网络迁移学习的步骤。

10.5.2　实验要求

（1）学会使用 Keras 构造深度学习神经网络，并进行训练和验证。

（2）学会使用 Keras 和预训练 VGG16 网络完成简单的图形数据迁移学习。

10.5.3　实验原理

深度学习神经网络可用于图形图像分类等多种任务，但一个强大的深度学习神经网络需要大量的样本数据和训练时间进行学习。利用已经训练良好的深度学习神经网络，以及利用少量数据进行某些层次结构或权重的微量调整，可以实现领域知识的迁移学习。本实验首先在 ImageNet 上预训练网络 VGG16，然后通过微调整个网络来实现 Kaggle 提供的猫、狗图片的分类 [13]。

10.5.4　实验步骤

（1）下载训练数据和验证数据。

从 Kaggle（https://www.kaggle.com/c/dogs-vs-cats/data）下载猫和狗的数据，并创建一个包含两个子目录（train 和 validation）的数据目录，每个子目录有两个额外的子目录，分别是 cats 和 dogs。

（2）导入 Keras 模块，并保存一些有用的常量。

```
from keras import applications
from keras.preprocessing.image import ImageDataGenerator
from keras import optimizers
from keras.models import Sequential,Model
from keras.layers import Dropout,Flatten,Dense

img_width,img_height=256,256
batch_size=16
epochs=50
train_data_dir='data/cats_and_dogs/train'
validation_data_dir='data/cats_and_dogs/validation'
OUT_CATEGORIES=1
#训练样本和验证样本的数量
nb_train_samples=2000
nb_validation_samples=100
```

（3）加载 ImageNet 上预训练的 VGG16 网络，省略最后一层。

```
#获取已经预训练完毕的 VGG16 网络
base_model=applications.VGG16(weights='imagenet',
                              include_top=False,
                              input_shape=(img_width,img_height,3))
base_model.summary()
```

此时，可以获得数据结果如下。

```
Layer (type)                   Output Shape              Param #
=================================================================
input_1 (InputLayer)           (None, 256, 256, 3)       0
_____
block1_conv1 (Conv2D)          (None, 256, 256, 64)      1792
_____
block1_conv2 (Conv2D)          (None, 256, 256, 64)      36928
_____
block1_pool (MaxPooling2D)     (None, 128, 128, 64)      0
_____
block2_conv1 (Conv2D)          (None, 128, 128, 128)     73856
_____
block2_conv2 (Conv2D)          (None, 128, 128, 128)     147584
_____
block2_pool (MaxPooling2D)     (None, 64, 64, 128)       0
_____
block3_conv1 (Conv2D)          (None, 64, 64, 256)       295168
_____
block3_conv2 (Conv2D)          (None, 64, 64, 256)       590080
_____
block3_conv3 (Conv2D)          (None, 64, 64, 256)       590080
_____
block3_pool (MaxPooling2D)     (None, 32, 32, 256)       0
_____
block4_conv1 (Conv2D)          (None, 32, 32, 512)       1180160
_____
block4_conv2 (Conv2D)          (None, 32, 32, 512)       2359808
_____
block4_conv3 (Conv2D)          (None, 32, 32, 512)       2359808
_____
block4_pool (MaxPooling2D)     (None, 16, 16, 512)       0
_____
block5_conv1 (Conv2D)          (None, 16, 16, 512)       2359808
_____
block5_conv2 (Conv2D)          (None, 16, 16, 512)       2359808
_____
block5_conv3 (Conv2D)          (None, 16, 16, 512)       2359808
_____
block5_pool (MaxPooling2D)     (None, 8, 8, 512)         0
=================================================================
Total params: 14,714,688
Trainable params: 14,714,688
Non-trainable params: 0
```

（4）冻结预训练完毕的 VGG16 网络最前面的 15 层，保留训练后网络内蕴含的知识，减少训练量。

```
#冻结预训练的 VGG16 网络最前面的 15 层
for layer in base_model.layers[:15]:
layer.trainable=False
```

（5）构造最顶层的分类器。

```
#添加用户自定义顶层，形成一个分类器
top_model= Sequential()
top_model.add(Flatten(input_shape=base_model.output_shape[1:]))
top_model.add(Dense(256,activation='relu'))
top_model.add(Dropout(0.5))
top_model.add(Dense(OUT_CATEGORIES,activation='sigmoid'))
```

（6）构造一个结合 VGG16 网络前 15 层和用户自定义的分类器的混合网络。

```
#建立一个复合的神经网络模型，结合了预训练 VGG16 网络的前 15 层和自定义的顶层
model=Model(inputs=base_model.input,
```

```
                ouput=top_model(base_model.output))
model.compile(loss='binary_crossentropy',
                optimizer=optimizers.SGD(lr=0.0001,momentum=0.9),
                metrics=['accurary'])
```

（7）重新训练构造混合网络。

```
#重新训练组合的新模型
#利用初始化训练和验证数据生成器 Image Augumentation
train_datagen=ImageDataGenerator(rescale=1./255,
                                horizontal_flip=True)
test_datagen=ImageDataGenerator(rescale=1./255)
train_generator=train_datagen.flow_from_directory(
        train_data_dir,
        target_size=(img_height,img_width),
        batch_size=batch_size,
        class_mode='binary')
validation_generator=test_datagen.flow_from_directory(
        validation_data_dir,
        target_size=(img_height,img_width),
        batch_size=batch_size,
        class_mode='binary',
        shuffle=False)

model.fit_generator(
        train_generator,
        steps_per_epoch=nb_train_samples/batch_size,
        epochs=epochs,
        validation_data=validation_generator,
        validation_steps=nb_validation_samples/batch_size,
        verbose=2,
        workers=12)
```

（8）测试与评估。

```
#评估混合网络的效果
score=model.evaluate_generator(validation_generator,
                    nb_validation_samples/batch_size)

scores=model.pridict_generator(validation_generator,
                    nb_validation_samples/batch_size)
```

10.5.5 实验结果

运行结果如图 10-5 所示。

```
Epoch 1/50
 - 1s - loss: 0.8657 - acc: 0.7245
Epoch 2/50
 - 1s - loss: 0.3472 - acc: 0.8135
...
Epoch 49/50
 - 1s - loss: 0.0120 - acc: 0.9932
Epoch 50/50
 - 1s - loss: 0.0021 - acc: 0.9961
```

图 10-5 运行结果

习题

1. 知识迁移的目的和意义是什么？
2. 知识迁移有哪些分类？
3. 基于实例的迁移学习的优缺点是什么？
4. 什么是异构空间迁移学习？其原理是什么？

参考文献

[1] 莫雷. 教育心理学[M]. 北京：教育科学出版社，2007.

[2] PRATT L Y, THRUN S. Special Issue on Inductive Transfer. Machine learning, 1997. 28(1): 5.

[3] DAI W, YANG Q, XUE G, et al. Boosting for Transfer Learning[C]. Proc. 24th Int'l Conf. Machine Learning, 2007.

[4] FREUND Y, SCHAPIRE R E. A decision-theoretic generalization of on-line learning and an application to boosting[J]. Journal of Computer and System Sciences, 1997, 55(1): 119-139.

[5] PAN S J, YANG Q. A survey on transfer learning[J]. IEEE Transactions on Knowledge and Data Engineering, 2010, 22(10): 1345-1359.

[6] JIANG J, ZHAI C X. A two-stage approach to domain adaptation for statistical classifiers[C]// Proc. of the 16th ACM Conf. on Information and Knowledge Management. New York: ACM Press, 2007.

[7] DAI W Y, XUE G R, YANG Q, et al. Co-clustering based Classification for Out-of-domain Documents[C]. the Thirteenth ACM SIGKDD International Conference on Knowledge Discovery and Data Mining (KDD 2007), San Jose, California, USA, 2007.

[8] FANG M, YIN J, ZHU X Q. Transfer learning across networks for collective

classification[C]. the 2013 IEEE 13th international Conf. on Data Mining, 2013.

[9]　PAN S J, NI X, SUN J T, et al. Cross-domain sentiment classification via spectral feature alignment[C]. the 19th International Conference on World Wide Web. Raleigh, NC, USA: ACM, 2010.

[10]　BLITZER J, MCDONALD R, PEREIRA F. Domain adaptation with structural correspondence learning[C]. the 2006 Conference on Empirical Methods in Natural Language Processing. Sydney, Australia: ACM，2006.

[11]　DAI W, CHEN Y, XUE G R, et al. Translated Learning: Transfer Learning across Different Feature Spaces[C]. the Twenty-Second Annual Conference on Neural Information Processing Systems, Vancouver, British Columbia, Canada, 2008.

[12]　SHEN C, GUO Y. Unsupervised Heterogeneous Domain Adaptation with Sparse Feature Transformation[C]. ACML, Beijing, China, 2018.

[13]　Francois Chollet. Building powerful image classification models using very little data [EB/OL].[2016-06-05].https://blog.keras.io/building-powerful-image-classification-models-using-very-little-data.html

附录 A　人工智能实验环境

在国家政策支持及人工智能发展新环境下，全国各大高校纷纷发力，设立人工智能专业，成立人工智能学院。然而，大部分院校仍处于起步阶段，需要探索的问题还有很多。例如，实验教学未成体系，实验环境难以让学生开展并行实验，同时存在实验内容仍待充实，以及实验数据缺乏等难题。在此背景下，"云创大数据"研发了 AIRack 人工智能实验平台（以下简称平台），提供了基于 KVM 虚拟化技术的多人在线实验环境。该平台支持主流深度学习框架，可快速部署训练环境，支持多人同时在线实验，并配套实验手册、实验代码、实验数据，同步解决人工智能实验配置难度大、实验入门难、缺乏实验数据等难题，可用于深度学习模型训练等教学、实践应用。

1．平台简介

AIRack 人工智能实验平台采用 KVM 虚拟化技术，可以合理地分配 CPU 的资源。不仅每个学生的实验环境相互隔离，使其可以高效地完成实验，而且实验彼此不干扰，即使某个学生的实验环境出现问题，对其他人也没有影响，只需要重启就可以重新拥有一个新的环境，从而大幅度节省了硬件和人员管理成本。

平台提供了目前最主流的 4 种深度学习框架——Caffe、TensorFlow、Keras 和 PyTorch 的镜像，镜像中安装了使用 GPU 版本框架必要的依赖，包括 GPU 开发的底层驱动、加速库和深度学习框架本身，可以通过平台一键创建环境。若用户想要使用平台提供的这 4 种框架以外的深度学习框架，可在已生成环境的基础上自行安装使用。

2．平台实验环境可靠

（1）平台采用 CPU+GPU 的混合架构，基于 KVM 虚拟化技术，用户可一键创建运行的实验环境，仅需几秒。

（2）平台同时支持多个人工智能实验在线训练，满足实验室规模的使用需求。

（3）平台为每个账户默认分配 1 个 VGPU，可以配置不同数量的 CPU 和不同大小的内存，满足人工智能算法模型在训练时对高性能计算的需求。另外，VGPU 技术支持"一卡多人"使用，更经济。

（4）用户实验集群隔离、互不干扰，且十分稳定，在停电等突发情况下，仅虚拟机关机，环境内资料不会被销毁。

3．平台实验内容丰富

当前大多数高校对人工智能实验的实验内容、实验流程等并不熟悉，实验经验不足。因此，高校需要一整套的软硬件一体化方案，集实验机器、实验手册、实验数据及实验培训于一体，解决怎么开设人工智能实验课程、需要做什么实验、怎么完成实验等

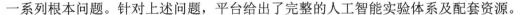

一系列根本问题。针对上述问题，平台给出了完整的人工智能实验体系及配套资源。

目前，平台的实验内容主要涵盖基础实验、机器学习实验、深度学习基础实验、深度学习算法实验 4 个模块，每个模块的具体内容如下。

（1）基础实验：深度学习 Linux 基础实验、Python 基础实验、基本工具使用实验。

（2）机器学习实验： Python 库实验、机器学习算法实验。

（3）深度学习基础实验：图像处理实验、Caffe 框架实验、TensorFlow 框架实验、Keras 框架实验、PyTorch 框架实验。

（4）深度学习算法实验：基础实验、进阶实验。

目前，平台实验总数达到了 117 个，并且还在持续更新中。每个实验呈现了详细的实验目的、实验内容、实验原理和实验步骤。其中，原理部分涉及数据集、模型原理、代码参数等内容，可以帮助用户了解实验需要的基础知识；步骤部分包括详细的实验操作，用户参照手册，执行步骤中的命令，即可快速完成实验。实验所涉及的代码和数据集均可在平台上获取。AIRack 人工智能实验平台的实验列表如表 A-1 所示。

表 A-1 AIRack 人工智能实验平台的实验列表

板块分类	实验名称
基础实验/深度学习 Linux 基础	Linux 基础——基本命令
	Linux 基础——文件操作
	Linux 基础——压缩与解压
	Linux 基础——软件安装与环境变量设置
	Linux 基础——训练模型常用命令
	Linux 基础——sed 命令
基础实验/Python 基础	Python 基础——运算符
	Python 基础——Number
	Python 基础——字符串
	Python 基础——列表
	Python 基础——元组
	Python 基础——字典
	Python 基础——集合
	Python 基础——流程控制
	Python 基础——文件操作
	Python 基础——异常
	Python 基础——迭代器、生成器和装饰器
基础实验/基本工具使用	Jupyter 的基础使用
机器学习实验/Python 库	Python 库——OpenCV(Python)
	Python 库——Numpy(一)
	Python 库——Numpy(二)
	Python 库——Matplotlib(一)
	Python 库——Matplotlib(二)
	Python 库——Pandas(一)
	Python 库——Pandas(二)
	Python 库——Scipy

（续表）

板块分类	实验名称
机器学习实验/机器学习算法	人工智能——A*算法实验
	人工智能——家用洗衣机模糊推理系统实验
	机器学习——线性回归
	机器学习——决策树(一)
	机器学习——决策树(二)
	机器学习——梯度下降法求最小值实验
	机器学习——手工打造神经网络
	机器学习——神经网络调优(一)
	机器学习——神经网络调优(二)
	机器学习——支持向量机 SVM
	机器学习——基于 SVM 和鸢尾花数据集的分类
	机器学习——PCA 降维
	机器学习——朴素贝叶斯分类
	机器学习——随机森林分类
	机器学习——DBSCAN 聚类
	机器学习——K-means 聚类算法
	机器学习——KNN 分类算法
	机器学习——基于 KNN 算法的房价预测(TensorFlow)
	机器学习——Apriori 关联规则
	机器学习——基于强化学习的"走迷宫"游戏
深度学习基础实验/图像处理	图像处理——OCR 文字识别
	图像处理——人脸定位
	图像处理——人脸检测
	图像处理——数字化妆
	图像处理——人脸比对
	图像处理——人脸聚类
	图像处理——微信头像戴帽子
	图像处理——图像去噪
	图像处理——图像修复
深度学习基础实验/Caffe 框架	Caffe——基础介绍
	Caffe——基于 LeNet 模型和 MNIST 数据集的手写数字识别
	Caffe——Python 调用训练好的模型实现分类
	Caffe——基于 AlexNet 模型的图像分类
深度学习基础实验/ TensorFlow 框架	TensorFlow——基础介绍
	TensorFlow——基于 BP 模型和 MNIST 数据集的手写数字识别
	TensorFlow——单层感知机和多层感知机的实现
	TensorFlow——基于 CNN 模型和 MNIST 数据集的手写数字识别
	TensorFlow——基于 AlexNet 模型和 CIFAR-10 数据集的图像分类
	TensorFlow——基于 DNN 模型和 Iris 数据集的鸢尾花品种识别
	TensorFlow——基于 Time Series 的时间序列预测

（续表）

板块分类	实验名称
深度学习基础实验/Keras 框架	Keras——Dropout
	Keras——学习率衰减
	Keras——模型增量更新
	Keras——模型评估
	Keras——模型训练可视化
	Keras——图像增强
	Keras——基于 CNN 模型和 MNIST 数据集的手写数字识别
	Keras——基于 CNN 模型和 CIFAR-10 数据集的分类
	Keras——基于 CNN 模型和鸢尾花数据集的分类
	Keras——基于 JSON 和 YAML 的模型序列化
	Keras——基于多层感知器的印第安人糖尿病诊断
	Keras——基于多变量时间序列的 PM2.5 预测
深度学习基础实验/PyTorch 框架	PyTorch——基础介绍
	PyTorch——回归模型
	PyTorch——世界人口线性回归
	PyTorch——神经网络实现自动编码器
	PyTorch——基于 CNN 模型和 MNIST 数据集的手写数字识别
	PyTorch——基于 RNN 模型和 MNIST 数据集的手写数字识别
	PyTorch——基于 CNN 模型和 CIFAR-10 数据集的分类
深度学习算法实验/基础	基于 LeNet 模型的验证码识别
	基于 GoogLeNet 模型和 ImageNet 数据集的图像分类
	基于 VGGNet 模型和 CASIA WebFace 数据集的人脸识别
	基于 DeepID 模型和 CASIA WebFace 数据集的人脸验证
	基于 Faster R-CNN 模型和 Pascal VOC 数据集的目标检测
	基于 FCN 模型和 Sift Flow 数据集的图像语义分割
	基于 R-FCN 模型的物体检测
	基于 SSD 模型和 Pascal VOC 数据集的目标检测
	基于 YOLO2 模型和 Pascal VOC 数据集的目标检测
	基于 LSTM 模型的股票预测
	基于 Word2Vec 模型和 Text8 语料集的实现词的向量表示
	基于 RNN 模型和 sherlock 语料集的语言模型
	基于 GAN 的手写数字生成
深度学习算法实验/进阶	基于 RNN 模型和 MNIST 数据集的手写数字识别
	基于 CapsNet 模型和 Fashion-MNIST 数据集的图像分类
	基于 Bi-LSTM 和涂鸦数据集的图像分类
	基于 CNN 模型的绘画风格迁移

（续表）

板块分类	实验名称
深度学习算法实验/进阶	基于 Pix2Pix 模型和 Facades 数据集的图像翻译
	基于改进版 Encoder-Decode 结构的图像描述
	基于 CycleGAN 模型的风格变换
	基于 U-Net 模型的细胞图像分割
	基于 Pix2Pix 模型和 MS COCO 数据集实现图像超分辨率重建
	基于 SRGAN 模型和 RAISE 数据集实现图像超分辨率重建
	基于 ESPCN 模型实现图像超分辨率重建
	基于 FSRCNN 模型实现图像超分辨率重建
	基于 DCGAN 模型和 Celeb A 数据集的男女人脸转换
	基于 FaceNet 模型和 IMBD-WIKI 数据集的年龄性别识别
	基于自编码器模型的换脸
	基于 ResNet 模型和 CASIA WebFace 数据集的人脸识别
	基于玻尔兹曼机的编解码
	基于 C3D 模型和 UCF101 数据集的视频动作识别
	基于 CNN 模型和 TREC06C 邮件数据集的垃圾邮件识别
	基于 RNN 模型和康奈尔语料库的机器对话
	基于 LSTM 模型的相似文本生成
	基于 NMT 模型和 NiuTrans 语料库的中英文翻译

4．平台可促进教学相长

（1）平台可实时监控与掌握教师角色和学生角色对人工智能环境资源的使用情况及运行状态，帮助管理者实现信息管理和资源监控。

（2）学生在平台上实验并提交实验报告，教师可在线查看每个学生的实验进度，并对具体实验报告进行批阅。

（3）平台增加了试题库与试卷库，提供在线考试功能。学生可通过试题库自查与巩固所学知识；教师可通过平台在线试卷库考查学生对知识点的掌握情况（其中，客观题可实现机器评分），从而使教师实现备课+上课+自我学习，使学生实现上课+考试+自我学习。

5．平台提供一站式应用

（1）平台提供实验代码及 MNIST、CIFAR-10、ImageNet、CASIA WebFace、Pascal VOC、Sift Flow、COCO 等训练数据集，实验数据做打包处理，可为用户提供便捷、可靠的人工智能和深度学习应用。

（2）平台可以为《人工智能导论》《TensorFlow 程序设计》《机器学习与深度学习》《模式识别》《知识表示与处理》《自然语言处理》《智能系统》等教材提供实验环境，内容涉及人工智能主流模型、框架及其在图像、语音、文本中的应用等。

（3）平台提供 OpenVPN、Chrome、Xshell 5、WinSCP 等配套资源下载服务。

6．平台的软硬件规格

在硬件方面，平台采用了 GPU+CPU 的混合架构，可实现对数据的高性能并行处理，最大可提供每秒 176 万亿次的单精度计算能力。在软件方面，平台预装了 CentOS 操作系统，集成了 TensorFlow、Caffe、Keras、PyTorch 4 个行业主流的深度学习框架。AIRack 人工智能实验平台的配置参数如表 A-2~表 A-4 所示。

表 A-2　管理服务器配置参数

产品型号	详细配置	单　位	数　量
CPU	Intel Xeon Scalable Processor 4114 或以上处理器	颗	2
内存	32GB 内存	根	8
硬盘	240GB 固态硬盘	块	1
	480GB SSD 固态硬盘	块	2
	6TB 7.2K RPM 企业硬盘	块	2

表 A-3　处理服务器配置参数

产品型号	详细配置	单　位	数　量
CPU	Intel Xeon Scalable Processor 5120 或以上处理器	颗	2
内存	32GB 内存	根	8
硬盘	240GB 固态硬盘	块	1
	480GB SSD 固态硬盘	块	2
GPU	Tesla T4	块	8

表 A-4　支持同时上机人数与服务器数量

上机人数	服务器数量
16 人	1（管理服务器）+1（处理服务器）
32 人	1（管理服务器）+2（处理服务器）
48 人	1（管理服务器）+3（处理服务器）

附录 B　人工智能云平台

人工智能作为一个复合型、交叉型学科，内容涵盖广，学科跨度大，实战要求高，学习难度大。在学好理论知识的同时，如何将课堂所学知识应用于实践，对不少学生来说是个挑战。尤其是对一些还未完全入门或缺乏实战经验的学生，实践难度可想而知。例如，一些学生急需体验人脸识别、人体识别或图像识别等人工智能效果，或者想开发人工智能应用，但还没有能力设计相关模型。为了让学生体验和研发人工智能应用，云创人工智能云平台应运而生。

人工智能云平台（见图 B-1）是"云创大数据"自主研发的人工智能部署云平台，其依托人工智能服务器和 cVideo 视频监控平台，面向深度学习场景，整合计算资源及 AI 部署环境，可实现计算资源统一分配调度、模型流程化快速部署，从而为 AI 部署构建敏捷高效的一体化云平台。通过平台定义的标准化输入/输出接口，用户仅需几行代码就可以轻松完成 AI 模型部署，并通过标准化输入获取输出结果，从而大大减少因异构模型带来的部署和管理困难。

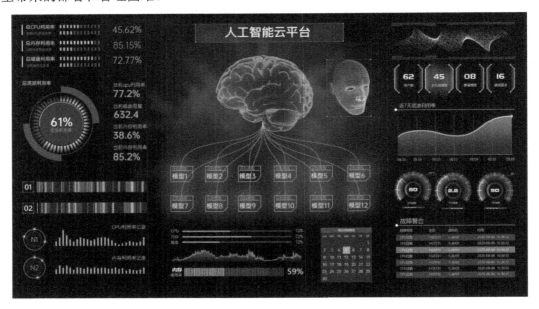

图 B-1　人工智能云平台示意

人工智能云平台支持 TensorFlow1.x 及 2.x、Caffe 1、PyTorch 等主流框架的模型推理，同时内嵌了多种已经训练好的模型以供调用。

人工智能云平台能够构建物理分散、逻辑集中的 GPU 资源池，实现资源池统一管理，通过自动化、可视化、动态化的方式，以资源即服务的交付模式向用户提供服务，并实现平台智能化运维。该平台采用分布式架构设计，部署在"云创大数据"自主研发的人工智能服务器上，形成一体机集群共同对外提供服务，每个节点都可以提供相应的管理服务，任何单一节点故障都不会引起整个平台的管理中断，平台具备开放性的标准化接口。

1．总体架构

人工智能云平台主要包括统一接入服务、TensorFlow 推理服务、PyTorch 推理服务、Caffe 推理服务等模块（见图 B-2）。

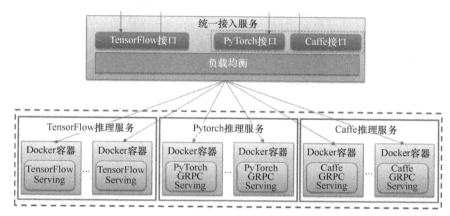

图 B-2　人工智能云平台架构

2．技术优势

人工智能云平台具有以下技术优势。

1）模型快速部署上线

人工智能云平台可实现模型从开发环境到生产部署的快捷操作，省去繁杂的部署过程，从而使模型部署时间从几天缩短到几分钟。

2）支持多种输入源

人工智能云平台内嵌 cVideo 视频监控云平台，支持 GB/T28181 协议、Onvif 协议、RTSP 及各大摄像头厂商的 SDK 等多种视频源。

3）分布式架构，服务资源统一，分配高效

分布式架构统一分配 GPU 资源，可根据模型的不同来调整资源的配给，支持突发业务对资源快速扩展的需求，从而实现资源的弹性伸缩。

3．平台功能

人工智能云平台具有以下功能。

1）模型部署

（1）模型弹性部署。可从网页直接上传模型文件，一键发布模型。同一模型下有不同版本的模型文件，可实现推理服务的在线升级、弹性 QPS 扩容。

（2）加速执行推理任务。人工智能云平台采用"云创大数据"自研的 cDeep-Serving，不仅同时支持 PyTorch、Caffe，推理性能更可达 TF Serving 的 2 倍以上。

2）可视化运维

（1）模型管理。每个用户都有专属的模型空间，同一模型可以有不同的版本，用户可以随意升级、切换，根据 QPS 的需求弹性增加推理节点，且调用方便。

（2）设备管理。人工智能云平台提供丰富的 Web 可视化图形界面，可直观展示服务器（GPU、CPU、内存、硬盘、网络等）的实时状态。

（3）智能预警。人工智能云平台在设备运行中密切关注设备运行状态的各种数据，智能分析设备的运行趋势，及时发现并预警设备可能出现的故障问题，提醒管理人员及时排查维护，从而将故障排除在发生之前，避免突然出现故障导致的宕机，保证系统能够连续、稳定地提供服务。

3）人工智能学习软件

人工智能云平台内置多种已训练好的模型文件，并提供 REST 接口调用，可满足用户直接实时推理的需求。

人工智能云平台提供人脸识别、车牌识别、人脸关键点检测、火焰识别、人体检测等多种深度学习算法模型。

以上软件资源可一键启动，并通过网页或 REST 接口调用，助力用户轻松进行深度学习的推理工作。

反侵权盗版声明

电子工业出版社依法对本作品享有专有出版权。任何未经权利人书面许可，复制、销售或通过信息网络传播本作品的行为；歪曲、篡改、剽窃本作品的行为，均违反《中华人民共和国著作权法》，其行为人应承担相应的民事责任和行政责任，构成犯罪的，将被依法追究刑事责任。

为了维护市场秩序，保护权利人的合法权益，我社将依法查处和打击侵权盗版的单位和个人。欢迎社会各界人士积极举报侵权盗版行为，本社将奖励举报有功人员，并保证举报人的信息不被泄露。

举报电话：（010）88254396；（010）88258888

传　　真：（010）88254397

E-mail：　dbqq@phei.com.cn

通信地址：北京市万寿路 173 信箱
　　　　　电子工业出版社总编办公室

邮　　编：100036